站在巨人的肩上
Standing on Shoulders of Giants

iTuring.cn

站在巨人的肩上
Standing on Shoulders of Giants
TURING
图灵教育
iTuring.cn

TURING 图灵原创

Django企业开发实战

高效Python Web框架指南

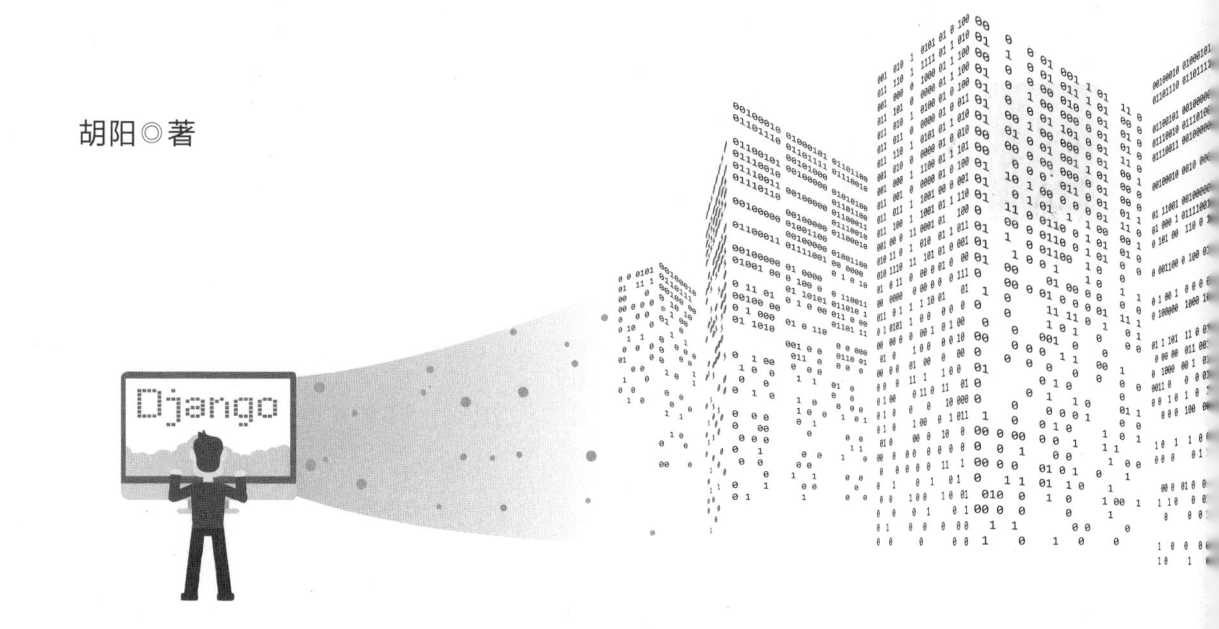

胡阳◎著

人民邮电出版社
北京

图书在版编目（CIP）数据

Django企业开发实战 : 高效Python Web框架指南 / 胡阳著. -- 北京 : 人民邮电出版社, 2019.2（2019.9重印）
（图灵原创）
ISBN 978-7-115-50689-4

Ⅰ. ①D… Ⅱ. ①胡… Ⅲ. ①软件工具－程序设计－指南 Ⅳ. ①TP311.561-62

中国版本图书馆CIP数据核字(2019)第008453号

内 容 提 要

本书以从零开发一个博客系统为例，介绍 Django 在日常工作中的应用。

本书共分为四部分。第一部分介绍编码之前的准备工作，包括需求分析、Web 开发基础以及选型时 Demo 的练习。第二部分开始正式实现需求，介绍了环境配置、编码规范以及合理的项目结构划分。通过对 Django 各部分（Model、Form、admin 和 View）的介绍和使用，我们完成了一个基础的博客系统。第三部分在前面的基础上介绍 Django 第三方插件的使用，通过引入这些插件进一步增强我们的系统。最后一部分也是正式工作中必不可少的部分，包含调试代码、优化系统、压力测试以及自动化等内容。

本书适合 Python Web 开发人员阅读。

◆ 著　　　胡　阳
责任编辑　王军花
责任印制　周昇亮
◆ 人民邮电出版社出版发行　　北京市丰台区成寿寺路11号
邮编　100164　　电子邮件　315@ptpress.com.cn
网址　http://www.ptpress.com.cn
北京市艺辉印刷有限公司印刷
◆ 开本：800×1000　1/16
印张：24.5
字数：573千字　　　2019年 2 月第 1 版
印数：6 501 – 7 500册　　　2019年 9 月北京第 4 次印刷

定价：99.00元

读者服务热线：**(010)51095183转600**　印装质量热线：**(010)81055316**
反盗版热线：**(010)81055315**
广告经营许可证：京东工商广登字 **20170147** 号

序　一

突然收到作者的邮件邀请，让我给新书写推荐序。由于之前对 the5fire 这个 ID 并没什么印象，所以按照老规矩加微信，一叙旧才知居然是 6 年前 BPUG 结下的善缘（详见 https://www.the5fire.com/957.html）。

BPUG（北京 Python 用户组）是 2004 年成立的 CPUG（中国 Python 用户组）的北京分会，从 2004 年到 2007 年共组织有 25 次线下活动，我发起并主持了其中绝大多数线下交流活动。全国各城市也分别成立了 Python 用户组，会不定期组织线下技术交流活动，至今已进行了总计 50 多场 Python 相关的活动。而本书作者就是参加了 2012 年那次 BPUG 活动后，坚定了从 Java 转变为一名 Python 行者的决心，进而积累成本书。

受邀写推荐序，我其实很纠结，因为 Python Web 开发有太多梗可以聊了，但又不好喧宾夺主，所以只能憋住，只说最憋不住的几点。

Django 在 2005 年发布其实也是个巧合，那之前有 all-in-one 的 Web 解决方案，而且异常强大；Zope/Plone 平台如日中天，但是无论学习还是开发部署都太重了。

而从 2003 年开始，堪萨斯城的 World Online 小组在维护一堆报社官网的过程中积累了大量最佳实践，并有意识地整合为快速可定制的 CMS 系统，直到从文档到工具链都成熟时才开源发布。

简单说，Django 和其他框架的不同在于，它是先有成功案例再发布的。这导致一开始，无论技术还是社区，Django 都异常务实。它贯彻了框架本身的职责：沉淀领域工程经验，指导/辅助程序员高效地交付工程。这和以往常见的模型/库（它们专注提供功能）是根本不同的知识凝结形态。可惜到今天，依然有哪种框架更加优秀的争论。刚刚在 CPyUG 列表中爆发的争议点为：

- Flask 集领域最优模块而成；
- 而 Django 大而全，却什么都没做好……

这其实也是新手在选择 Web 开发框架时最容易被误导的。

而本书出版得正是时候，通过长期工程中的 Django 使用体验，来展示为什么一个发布于 13 年前的框架今天依然可以站在 Web 开发一线。

背景

早在2009年出版的《可爱的Python》一书中，我就对纷繁的Python Web应用框架进行了讨论。那之后，有关Django的中文图书并不多，从z.cn上也只能查到5本。

但Django从发布之初，就一直是最活跃和发展最好的Web框架。在其他大型框架逐渐不活跃后，它以其绝对丰富的产品线以及生态环境，成为Python世界中商业网站开发的首选框架。但是，为何对应图书出版这么不活跃?

答案可能很囧：因为Django官方文档太完备了，几乎一切问题从文档中都可自行解决，几乎没有什么特殊知识点需要用图书来解决。此外，Django社区也极其活跃和友好。甚至对于想入门的妹子们，都有对应的Django Girls国际品牌活动。每年会组织上千场全天免费的培训活动来吸引有一定基础的程序媛从其他技术栈迁移到Django世界。（对了，在PyCon大会上，Guido老爹还专门点名赞扬了这一针对萌妹子服务的技术活动。）

触动点

作者的立意很清晰：

> 降低学习Django时的心智负担，主要针对想学习Django但又无从下手，或者看了很久文档能完成新手教程，但想自己开发一套系统时却无从开始的人。

即使官方文档将技术问题详尽陈列在前了，上手具体工程时依然存在问题。

简单来说，官方文档就像学校传统计算机教育或是几乎所有在线编程课程一样：只说了语言/框架本身，并没有涉及如何编程或者怎样进行工程实践。

即使读者确定自己需要的知识点都在官方文档中，也根本无从判定应该从哪里开始，以及在不短的时间里以什么路径从头构建一个稳定可持续发展的Web应用系统。这也是作者为什么在正式构建博客之前，用了三分之一的篇幅详细阐述了Django商用工程的前期筹备以及技术栈。读者只有穿过PM、UML、WSGI、Flask、Tornado、DBA、IDE、virtualenv等一系列成熟技术后，才能开始构建真正可用的博客系统原型。否则，用5分钟完成的原型在有点儿规模的协同过程中，一定会崩溃。

说回开头提及的那场争议，经过几十封邮件的交战后，有位知名不具的老司机总结了开源世界的共识或者规则，具体如下。

选择最适合自己的工具组成工具链。如果这个工具链不能适合几个场景，那么这几个点是不是很痛？不痛就可以忍。如果很痛，是否可以通过第三方补丁/插件改进？可以的话就用上补丁/插件，然后承担一定的非标准代价。如果没有补丁/插件，是否可以通过修改解决？如果可以自己改，然后看是不是可以放出去。如果很痛并且没有第三方插件，自己修改代价又很高，那么重新选择适合自己的工具链。如果真的没有合适的工具链，那么无非是以下两种情况。

- **用户数很多**：恭喜，你撞到了一片蓝海，即发现有个场景用户数很多（或者可以预见会很多），竟然还没合适的解决方案，这绝对是一个创业的好机会。
- **用户数很少**：恭喜，你发现了一个无人来过的狭小领域，攻克不得不解决的问题很可能是你将来的核心竞争力。

但是大多数人在面对软件系统的时候，实际上是以闭源软件的思路来解决问题的。

- 把这个问题给我解决了!
- 要多少钱?

这种思路其实无可厚非。每家公司都要集中解决自己的核心问题，而不是先解决非相关问题，例如框架。但是如果将这个思路用到开源社区中，就不大好使，这时就需要有对应的商业公司来解决两者间的鸿沟/商机。MySQL 和 Django 当年都不约而同地选择成立基金会，用商业来维持社区发展，就是意识到开源带来的活性可以令自己活得更久、更好、更强。本书作者也一样，公开自己的经验不仅可以加深自己的理解，还可以回馈 Django 这一伟大社区。

其实“降低学习 XXX 时的心智负担”这类通用解决方案是有的，就是每一位自学成功的开发者都具备的习惯。

以最小可用作品为核心的持续迭代，即在第一个 42 分钟就完成构建并发布一个几乎没有功能但是可运行的 Django 网站，然后持续迭代，在一直可运行的基础上一点一点追加功能，在这个过程中保持开发→调试→部署→运营的循环过程。接着要确保任何一个新知识点可以立即并入运行中的功能网站，这就可以依据一个健康的开发过程持续积累知识树，同时有可视、可用、可发布、可演示、可追踪……活的真实项目来印证。

当然，这样一来，整个图书的结构就不得不包含大量重复叙述，无法形成流畅的阅读体验。我期待作者在后续电子版本中能以这种实战自学的过程为线索来写。另外，这也是 2008 年我提出的 PythoniCamp 自学模型，用于专门构建对初学者友好的课程。配合这本对有工程经验者更加友好的图书，形成 Django 实效系列图书/课程。

综上，作者从大学时代开始独自挣扎了近 10 年，终于通过个人努力完成赛道升级，进入更大的平台，开始更高、更复杂、更强技术的求索。本书是一名靠谱工程师的私人经验集成，作者通过样例仓库、私人博客、公众号等渠道，期待和读者持续交流。本书的内容也将随着读者的加入持续增订，期待慢慢变成 Django 世界中最可靠的企业工程入门资料库。而购买本书，将成为你加入这一丰饶世界的门票。

Zoom.Quiet，uSEE.tech CTO

序　二

Python 拥有众多 Web 开发框架，但这里面我最喜欢的无疑就是 Django。首先，它提供了完整的项目组织实践，让团队协助变得更容易。其次，它提供了丰富的功能。关于这一点，可能很多人会提出质疑，因为他们喜欢更轻的框架。但是实际上每个项目都是复杂的，使用比较轻的框架时，最后还会安装一堆质量参差不齐的第三方库，这比使用 Django 还要臃肿。并且，到目前为止，它是组织最完善的 Python 框架，成立了自己的基金会，这为其长远发展提供了保障。另外，经过多年的发展，诸如 Instagram 等知名的互联网公司都在使用 Django。可以说，Django 没有明显的 bug，用在自己的项目中也更为放心，同时性能方面的优化方案也有更多的参考依据。

Django 有诸多优点，并且功能也比较多。市面上相关的英文书有很多，但中文书寥寥无几，所以看到有人写这方面的书，我感到很开心。在成书的过程中，本书作者与我有过邮件沟通和线下交流。作者在工作中深度使用 Django，书里凝结了他日常工作中的心得，内容更接地气，甚至可以直接应用到自己的工作中。

最后用一句比较俗的话结尾：预祝本书大卖。

清风，连续创业者

前　言

自 2011 年，我从 Java Web 开发转行到 Python Web 开发，到今天已经有 7 年多了。一开始，我就是从 SSH（Struts+Spring+Hibernate）框架转到 Django 的。当时的第一感觉是这玩意儿太轻便了，比 SSH 好用太多了。但熟悉了 Python 社区之后，我发现 Django 已然算是 Python 社区中一个比较重的框架了。说它重的主要原因在于它的定位是企业级开发框架，或者说全功能的 Web 开发框架，也因为它“通过更少的代码，更快速地开发 Web 应用”的口号。

在使用 Django 的几年中，我和同事们做了 *N* 多个系统，有对内的，比如 CAS 权限管理后台、新闻系统后台、电影内容系统后台、游戏内容管理后台、投票系统后台和运营相关系统等；也有对外的，比如游戏中心 H5 Web 版、用户留言系统、H5 活动页系统和交易相关系统等。

我们开发过的所有系统，无论是从开发速度还是上线后新功能的迭代，Django 都能很好地满足需求。所以我就在考虑，能不能总结出来一些对大家有帮助的东西，主要面向想学习 Django 但又无从下手，或者看了很久文档，虽能完成新手教程，但想自己开发一套系统时却无从下手的人。这就是我写这本书的第一个原因。

第二个原因是，我从 Java 转到 Python 之后，是通过 *The Django Book* 一书的在线翻译版学习 Django 的。对于快速学习来说，中文版无疑是最好的选择。当时 Django 的版本是 1.3，而那本书使用的版本是 1.1。虽说当时 Django 1.1 没有太大的版本差异，但是时至今日，Django 的最新版本已经是 2.0 了，整体结构以及功能都有了很大的变化，我发现依然有人在看那本书入门。因此，应该有新的教程出现，帮助初学者快速入门。

第三个原因是，我在 2012 年很幸运地通过了面试，从小公司跳槽到搜狐，但入职第一年的工作内容让我意识到在上家公司一年左右使用 Django 的经历并没有给我增加太多实战经验。我在 2012 年的年终总结里写道：

> 主要是因为之前的工作都是开发阶段的，用的也都是 Django 的皮毛，对部署和环境配置等都没有概念。

所以我希望为那些刚开始学习 Django 的人提供比较完整的内容，并且这些内容是从实际工作中总结出来的。

基于上述三个原因，也就有了这本书和之前录过的一套视频（https://st.h5.xiaoe-tech.com/st/57fHzIRWE）。希望我的经验对你有所帮助，使你不至于在使用了 Django 一年后还处于我当时的状态。

谁应该来读这本书

本书面向所有对 Python Web 开发感兴趣的人，无论你是刚开始学习编程的学生，还是刚入职场的程序员，抑或是有多年编程经验、打算转换自己技能栈的老程序员。

本书的目标读者概括如下：

- 学完 Python 基础、想要继续学习 Web 开发的人；
- 想要使用 Django 快速开发日常业务系统（商业 Web 项目、自动化运维系统等）的人；
- 有其他语言 Web 开发经验、想要转到 Python Web 开发的人。

哪些公司或产品在使用 Django

基于 Django 开发的比较有名的产品在 https://www.djangoproject.com/start/overview/ 上可以看到，其中有很多我们耳熟能详的产品，比如 Instagram、Disqus、Pinterest、Mozilla、Sentry 和 Open Stack 等。

国内使用 Django 的公司或产品有搜狐、奇虎 360、豆瓣、今日头条、妙手医生、闪银奇异、蚂蚁金服等。

生态

Django 之所以被广泛应用，除了本身提供了完备的功能之外，也得益于它的成熟生态。这一框架本身没有覆盖到的功能，一般都会有优秀的第三方插件来补足，比如用来做 RESTful 接口的 django-rest-framework、用来调试性能的 django-debug-toolbar 和用来搜索的 django-haystack 等。更多的第三方插件，可以在 https://djangopackages.org/上查看。

学习曲线

相对于 Flask、web.py 和 Bottle 这一类微型框架来说，Django 上手确实有点复杂，但也并不难，因为官网的新手指导写得很清晰。在众多框架中，Django 的文档算是相当优秀和完整的了。

你需要花费更多的时间来学习 Django，这是因为它提供的内容远多于其他框架。刚开始，可能会觉得很多地方不明白，但是等你熟悉了之后就会发现，在 Web 应用开发上，Django 已经提供了很完备的支持，比如登录认证、权限管理、admin 管理后台、缓存系统、常见的 Web 安全防御等。Django 每一层或者模块所提供的功能都很清晰，比如什么样的需求在哪一层来处理，或者在哪个模块中处理。

Django 一开始的学习曲线有点陡，然后是平缓上升的。先陡主要是因为新手需要一下子接受很多东西，但是随着后面不断使用和了解，你会发现，学习所耗费的时间完全值得。你可以更快地做出完善的系统，这会是一笔很划算的投资。

本书目的

本书的初衷前面也提到了，就是把我知道的关于软件开发的知识、实际项目开发中总结到的经验，以一个 Blog 系统为例写出来，让后来者可以参考我的经验快速成长，同时也可以搭建出自己的试验场。

本书内容

本书共分为四部分，分别为：初入江湖、正式开发、第三方插件的使用、上线前的准备及线上问题排查。

每一部分着重介绍一个大的主题：第一部分介绍正式进入编码之前的一些工作；第二部分在第一部分的基础上开始实现需求，进行编码，直到完成需求；第三部分重点介绍我们常用的第三方插件，如 xadmin、django-autocomplete-light 和 django-rest-framework 等；最后一部分介绍调试、优化、自动化部署以及压力测试等内容。

每一部分中的每一章专注介绍一个比较小的主题，像第 5 章主要介绍模型中涉及的内容，比如各种字段的介绍、`QuerySet` 的使用和优化以及 ORM 的概念等。

每一章的内容完成后，代码都可以正常运行，这样你可以快速看到运行结果。此外，每一章也都是基于前一章的结果来进行开发的。

本书对应的源码[①]放在 https://github.com/the5fire/typeidea，其中每一个分支对应每一章最后的源码。比如，第 5 章的源码是 book/05-initproject 分支下的代码，其他的以此类推。

即使 GitHub 上提供了源码，本书还是呈现出了完整的代码，建议读者根据内容进行编写，同时也要注意书中提到的一些需要自己独立完成的作业。

为什么选择一个 Blog 系统

选择写一个 Blog 系统，是因为绝大部分人对这个系统/业务都很熟悉。实际上，在工作中我们经常需要开发一些从来没接触过的业务，所以把业务落地（从开发到部署上线）比起曾经开发过什么系统更为重要。

这里选择一个大家都熟悉的业务，是为了降低大家理解业务的难度。用一句话来说的话，那就是：降低学习 Django 时的心智负担。

① 本书源码也可从图灵社区（iTuring.cn）本书主页免费注册下载。

“理解”这个词很重要。无论是设计语言、设计框架、设计项目结构，还是设计产品流程，都需要重视这个词。此外，也需要注意降低用户（团队）的心智负担。关于“心智负担”这个词，这里不再做过多解释，只强调一点：对于正式项目开发来说，降低开发人员维护代码时的心智负担，就是减少复杂度、降低风险的方式。

另外一个原因前面也提到过，每个开发者都需要有自己的“试验场”，这个观点我在书中也会多次提到。技术的世界变化非常快，比方说今天我在公司项目的技术选型上使用了 Django 1.11，那意味着在后续的维护过程中不太可能会升级到 Django 2.0 或者更高的版本。因为在成本上不允许这么做，但你会因此就放弃对新技术的追求和实践吗？当然不会，我们可以通过其他方式来获得新技术的实践经验，进而在某个时刻把这些经验引入到商业项目中来。

所以，即便现在有各种博客平台和公众号平台供你写下自己的技术总结、思考，你可能也需要一个能够随时实践新技术的“试验场”，来让你获得工作之外的经验点。

致谢

感谢我的父母，没有他们，也就没有我。

感谢搜狐，我在这个平台上学会了很多，收获了很多。

感谢一起共事过的同事们，跟你们一起编码、讨论的经历，催生了这本书。

感谢 Adrian Holovaty 和 Simon Willison 创造了这个优秀的框架。

感谢尹吉峰、董伟明、李者璈（Manjusaka）对本书的审校、建议和短评，让我能进一步完善本书内容。

特别感谢大妈（Zoom.Quiet）和清风老师给本书写推荐序，感谢他们给我提的各种建议（关于图书编写、编程规范、编码细节等非常实用的建议）。也非常感激大妈 2012 年组织的 BPUG，会上清风老师和其他众位前辈的分享对当时刚转入 Python 开发的我来说影响重大。

最后，感谢我的爱人和女儿。没有我爱人的支持以及对我和女儿的细心照料，我就不会有时间来完成工作之外的其他兴趣（如写书、写博客、录视频等）。感谢我的女儿给我带来不一样的世界，她每一天的成长都是肉眼可见的。对我而言，她的学习能力是我需要借鉴的，这不断督促我去学习更多新东西。她的成长是对时间很好的展现，这让我对时间有了更直观和深刻的认识。

勘误和反馈

鉴于我的经历和视野有限，书中错误之处在所难免，敬请读者指正。欢迎到 GitHub 上给我提问题，网址是 https://github.com/the5fire/django-practice-book，或者发邮件到我的邮箱 thefivefire@gmail.com（注明：《Django 企业开发实战》勘误），这里先行谢过。

如果你对本书的内容或者组织方式有任何疑问，也欢迎到我的博客（https://www.the5fire.com）上或者通过微信公众号（Python 程序员杂谈）给我留言。

目　　录

第一部分　初入江湖

第二部分 正式开发

第三部分　第三方插件的使用

第四部分 上线前的准备及线上问题排查

第一部分

初入江湖

在开始编码之前，你可能需要压制下心里那股抡起键盘、投入开发状态的劲儿。我们先要对 Django 以及 Web 系统开发有一个基本的了解，不然即便你根据文档或者网上的例子写了一个简单的 Hello World 程序，可能依然没明白，在实际开发中，你写的这个 Hello World 程序是怎么跟实际需求结合起来的。

这一部分的主要内容是帮助你建立 Python Web 开发的基本概念，介绍 Django 的基础知识，然后基于 Django 1.11（兼容 Python 2 和 Python 3 的最后版本）来开发一个 Demo 系统。

第1章 需　　求

凡事都得有个来由，做软件开发也一样，总得有一个需求过来，启动一个项目，或者推动整个项目进行下一步迭代。这个需求可能是根据用户反馈增加的，可能是老板提出来的，也可能是产品经理提出来的，但是无论是什么样的需求，重要程度如何，最终到开发人员这里都需要转化为功能点——可以被量化的功能点。因为产品经理或者老板需要知道，这个需求多久能够开发完成，多久能够上线让大家使用。

因此，就有了软件工程中的几个步骤——需求分析、软件设计和软件测试等。对于开发人员来说，需要对需求进行评审，这是为了避免产品经理提出无法实现的需求，最终导致需求被迫变更或者项目“流产”。

在需求评审之后，开发人员把需求转换为系统的功能点，然后评估开发时长。最终需要评估出来一个可把控的开发周期给产品经理或者项目经理，同时也给开发团队定下截止时间，避免出现无效的开发行为，比如某开发同学觉得时间还长，就开始在一些小的问题上死磕，力求得到一个完美的答案等。

做功能分析这个事，往往需要有独立项目开发能力的人来做，这样的人一般经历过几个项目的开发周期，爬过各种各样的“坑”，因此能很好地把控开发的各个阶段，处理开发过程中出现的各种意外，比如需求变更或者人员变更等。而刚刚入行的初级工程师或者是没独立承担过项目的工程师，很难在重要的项目上被委以重任，原因在于企业做项目是要盈利或者达到KPI的，是实打实的现实操作，这跟个人写几个小系统是截然不同的。

在我以往的经历中，很少让一个能力很强但是没有独立承担过项目的人来负责重要项目，往往会设定个过渡期。比如，先独立完成一个并不是很重要的项目，当独立承担项目的能力得到证明后，就可以尝试去承担其他项目。如果在公司以往的项目中，没有什么证据能够证明一个人有独立承担项目的能力，那么他是不太可能得到机会的。这个道理也很简单，跟我们选择某一个框架是一样的，选择不成熟的框架是有风险的。

所以对于新人来说，最重要的事是自己能独立完成某个项目，去涉足项目开发的各个阶段，为以后独立承担项目开发储备经验。

在现实社会或者说商业社会中也是如此，用事实说话。而对于想要独立承担项目的人来说，能够分析清楚需求是至关重要的，否则，就是“差之毫厘，谬以千里”。

有些开发人员会在社交圈吐槽说，又要跟产品经理“开撕”了。这其实是一个正常的情况，工种不同，责任不同，各司其职，再正常不过。产品经理梳理用户需求，开发人员来实现。产品经理在做需求时不会考虑系统实现的问题，满足用户需求为第一位，因此开发人员在接到需求的第一件事就是考虑各个需求点能否实现，以及实现起来的复杂度（工期），然后反馈给产品经理。这个时候开发人员经常犯的一个错误是，以系统好实现、好维护为由而拒绝一些需求。这是一个错误的认知，系统的实现应该以满足用户需求为第一要务。试想一下，不能满足用户需求的产品怎么会留住用户，没有用户的系统，维护它作甚。在工期紧、任务重的情况下，往往需要排出个一、二、三期来，划分需求优先级，分期完成。

所以，优秀的工程师应该是在尽量满足用户需求的前提下，构建一个稳定、易维护、易扩展的系统。

但这并不意味着要一味满足产品的需求，有时产品构想出来的需求，可能是脱离了技术实现的。比方说在移动端的网页中，拿到所有用户的网络状况——是 Wi-Fi 还是 3G、4G 等，这是一个只能实现一半的需求。所以，开发人员或者项目负责人要及时地告诉产品经理，哪些东西是目前经验上已经明确无法实现的，哪些需求在实现时会基于现有的技术打折扣，以避免在后期进行无谓的返工和 PK。

对于一个优秀的工程师来说，把握住需求很重要，你需要像产品经理那样去思考用户的需求，也需要像工程师那样去考虑功能的实现。需要不断地权衡、尝试和总结，最终你才能到达轻松掌控住一个项目的境界。

1.1 需求文档

需求文档是产品经理跟开发人员交流的必不可少的东西，很多东西如果不落实到文档上，出了问题很难追溯。尤其是对于企业中长期开发的项目来说，一个项目可能由无数个开发人员参与，所谓“铁打的项目，流水的开发”，文档是新人在接手项目时必须阅读的。另外，交流基本靠吼的方式也很容易丢失信息，还会出现开发后期不知道需求是谁提出的这种尴尬的问题。所以，无论是什么需求，无论是需求变更还是追加，都应尽量落实到文档上。

接下来，我们说说博客开发的需求。

1. 介绍

> 博客（英语：Blog，为 Web Log 的混成词），意指 log on the web，即在网络上记录，是一种由个人管理的网站或在线日记，可以张贴新的文章、图片或视频，用来记录、抒发情感或分享信息。博客上的文章通常根据张贴时间，以倒序方式由新到旧排列。
>
> 许多博客作者专注评论特定的课题或新闻，其他则作为个人日记。一个典型的博客结合了文字、图像、其他博客或网站的超链接以及其他与主题相关的媒体，能够让读者

以互动的方式留下意见，这些是许多博客的重要要素。大部分的博客内容以文字为主，也有一些博客专注艺术、摄影、视频、音乐和播客等主题。博客是社会媒体网络的一部分。

——维基百科

博客也是一个与他人分享和交流的平台，通过书写自己的想法、学习技巧和工作经验，来结识不同领域的读者，交流和探讨技术、思想、文化或公司等话题。

2. 需求描述

简单来说，博客系统分为两部分：读者访问部分（用户端）和作者创作部分（作者端）。

用户端的需求如下：

- 要能够通过搜索引擎搜索到博客内容，进而来到博客；
- 可在博客中进行关键词搜索，然后展示出文章列表；
- 能够根据某个分类查看所有关于这一分类的文章；
- 访问首页时，需要能看到由新到旧的文章列表，以便于查看最新的文章；
- 要能够通过 RSS 阅读器订阅博主的文章；
- 要能够对某一篇文章进行评论；
- 能够配置友链，方便与网友进行链接。

作者端的需求如下：

- 博客后台需要登录方可进入；
- 能够创建分类和标签；
- 能够以 Markdown 格式编写文章；
- 能够上传文章配图，要有版权声明；
- 能够配置导航，以便引导读者；
- 作者更新后，订阅读者能够收到通知。

这就是一个简单的需求描述。从这个需求描述上来看，无法确定需要做出什么样的东西，因为很多细节没有说到。这时如果技术人员尝试以自己的理解去开发一个博客系统，可能会导致跟产品经理或者用户想要的结果不一样，从而进行无谓的返工。

下一节中，我们进入需求评审和分析阶段，帮助产品经理整理清楚需求，让技术人员在开发时能够知晓具体的需求点是什么，需要开发哪些功能，如何设计系统、建立模型等。

1.2 需求评审/分析

对于有经验的产品经理来说，在做任何需求的时候，都会计划得足够细致，落实到一个功能点。更好的情况是能够出原型稿，之后可以通过原型来对每一个功能点进行逐一核对。

对技术来说，评审的目的有如下三个：

- 明确所有的需求点，避免出现理解上的歧义；
- 确认技术可行性，避免延期或者后面再修改需求；
- 确认工期，是否需要分期开发。

1.2.1 博客需求评审

针对产品经理提出的每个需求，我们都需要仔细核对，尽量避免歧义或者沟通不畅。下面我们逐条来分析。

1. 用户端部分

- **要能够通过搜索引擎搜索到博客内容，进而来到博客**。从技术上来说，这个属于 SEO 的部分，只需要提供 sitemap（网站地图）到搜索引擎即可。同时，页面需要对爬虫友好。需要跟产品经理明确的事情是，技术上无法保证一定能够通过搜索引擎搜索到博客，这最终取决于搜索引擎。
- **可在博客中进行关键词搜索，然后展示出文章列表**。需要明确搜索哪些字段，比如标题、标签和分类等。如果需要全文搜索，就要考虑数据量的问题。如果数据量大，就不能直接使用 MySQL 的 `LIKE` 语句，需要增加全文搜索相关的技术栈，比如引入 Whoosh、Solr 或者 Elasticsearch 这样的搜索引擎。
- **能够根据某个分类查看所有关于这一分类的文章**。对于分类，要明确的是有没有子分类这样的需求，如果有子分类，那么子分类的文章要不要在父分类下展示，以及子分类的层级有没有限制。
- **访问首页时，需要能看到由新到旧的文章列表，以便于查看最新的文章**。首页排序从新到旧没问题，是否有特例，比如某些文章必须置顶。另外，是通过分页的方式展示列表，还是页面可以不断下拉加载的方式。每个页面/每次加载多少条数据。
- **要能够通过 RSS 阅读器订阅博主的文章**。需要提供 RSS 格式数据的页面。
- **要能够对某一篇文章进行评论**。是否需要前台（用户端）查看所有评论的页面。
- **能够配置友链，方便与网友进行链接**。友链在前台如何展示，是单独的页面还是一个列表页。

2. 作者端需求

- **博客后台需要登录方可进入**。是否有多用户登录的需求？如果有，那么用户之间的权限如何划分？
- **能够创建分类和标签**。跟上面的问题一样，是否有多级分类和标签的情况，如果有，需要明确父级分类或者标签是否包含子级所关联的内容。
- **能够以 Markdown 格式编写文章**。作者编写文章时，有哪些是必填的，在网页上编写是否需要实时保存。

- **能够上传文章配图，要有版权声明**。版权声明具体表现为什么？
- **能够配置导航，以便引导读者**。导航是否是指分类？是否包含标签？需要产品经理给出明确的需求。
- **作者更新后，订阅读者能够收到通知**。在博客的整个需求中，并没有需要读者登录的账号系统，无法对读者进行实时通知。但是可以考虑增加邮件订阅功能，通过邮件的方式通知读者。此时需要明确邮件的内容格式，以及作者是否需要控制发送邮件的开关。

1.2.2　评审之后

其实在实际的需求评审中，不需要每个需求点都抛出问题来确认，因为大部分都是专业的产品经理，知道用户想要什么的同时，也知道技术能实现什么。这主要是基于过往的经验。所以，这类产品经理会给出很明确的需求，配合起来会比较默契。但是无论对于什么样的产品经理，所有的需求都需要当场讲解一下，对于不太理解的需求，需要反复讨论确认。

所有开发人员都有必要理解产品经理的需求、这个需求点的作用及背景，通过消化需求点来进行开发，而不是单纯地把需求文档翻译为可执行的代码。

经过这么一轮的问答，产品经理也会在产品文档上更加明确自己的需求点，最终的描述应该是包含了开发人员对所提问题的解答。

另外有一点需要注意的是，对于产品经理自己也不是特别明确的功能点，比如技术方面的，开发人员应该能够根据以往的开发经验以及技术积累，给出合适的建议，在满足同等功能的情况下，让技术上实现起来更加容易。但是，记住一点，用户需求是第一位的，技术复杂度是第二位的。

在这之后，我们应该能得到一份详细的需求列表。下一节中，我们对需求进行拆分，把需求转为技术上需要实现的功能点/技术点。

1.3　功能分析

上一节中，我们对需求进行了评审，经过对细节的沟通之后，产品经理对需求进行了修改和明确。

1.3.1　需求列表

1. 用户端部分

- 网站需要对SEO友好，具体可参考搜索引擎站长白皮书。另外，需要给搜索引擎提供XML格式的sitemap文件。
- 博客需要提供搜索功能，搜索范围限定在标题、分类和标签上。博客每天的增量数据为10篇文章。

- 能够根据某个分类查看所有关于这一分类的文章，分类没有层级的关系，只有一级分类。一篇文章只能属于一个分类。
- 访问首页时，需要能看到由新到旧的文章列表，以便于查看最新的文章。作者可以设置置顶某篇文章，也可以同时置顶多篇文章。多篇文章置顶时，排序规则为从新到旧。
- 列表分页需求。针对首页、频道页和标签页，都需要提供分页需求，每页展示 10 篇文章。列表页展示文章时，需要展示摘要，默认为文章的前 140 个字。
- 需要能够通过 RSS 阅读器订阅博主的文章，具体可参考 RSS 规范。
- 要能够对某一篇文章进行评论。评论不需要支持盖楼的模式，只需要在文章页面展示评论。在页面侧边栏，也需要能展示最新评论。
- 能够配置友链，方便与网友进行链接。这在一个页面中展示即可，不需要分类。但是需要能够指定某个友链的权重，权重高者在前面展示。

2. 作者端需求

- 博客后台需要登录方可进入。目前没有多用户需求，以后可能会有，要考虑可扩展。
- 能够创建分类和标签，一篇文章只能属于一个分类，但是可以属于多个标签。标签和分类都没有层级关系。
- 作者在后台需要设置文章标题、摘要（如果为空，则展示文章前 140 个字）、正文、分类和标签。不需要实时保存。文章格式默认为 Markdown。开发周期够的话，增加可视化编辑器。
- 增加文章配图时，图片需要增加水印，其内容为网站网址。
- 导航只是分类，默认展示在顶部。同时每篇文章都需要有浏览路径，以告知读者目前所处位置。浏览路径的组成为：首页>文章所属分类>正文。对于导航的顺序，作者可以设置权重，权重高者在前。顶部最多展示 6 个分类，多余的分类展示到底部。
- 作者更新后，读者能够收到通知（暂时不开发）。

1.3.2 功能点梳理

功能分析的目的是从产品经理所提的需求中提炼出这个系统有哪些功能点，最终落实为功能列表/清单（可以按照模块或者相关功能来划分），进而再进行任务分配。

从上面最终确定过的需求列表中，我们可以逐条列出博客系统所需要的功能点有如下这些：

- 后端渲染页面，对 SEO 友好；
- 提供 sitemap.xml 文件，输出所有文章；
- 搜索功能，能够针对标题、分类和标签进行搜索；
- 根据分类和标签查看文章列表；
- 文章可以设置置顶，可以同时设置多篇文章置顶；

- 首页（列表页）需要展示文章摘要，140 字以内，可以作者填写，或者自动展示文章前140个字；
- 首页（列表页）需要分页展示，每页 10 条；
- 提供 RSS 页面，根据 RSS 2.0 规范输出内容；
- 文章页面支持评论，不需要盖楼，侧边栏能够展示最近评论；
- 评论模块需要增加验证码功能，避免被刷；
- 后台能够配置友链，所有友链在一个页面中展示；
- 用户可以通过用户名和密码登录后台，之后才能创建文章；
- 需要考虑多用户的扩展情况，多用户时需要对分类、标签、文章、友链的操作权限进行隔离；
- 分类增、删、改、查——需要字段 `id`、名称、创建日期、创建人、是否置顶导航以及权重；
- 标签增、删、改、查——需要字段 `id`、名称、创建日期和创建人；
- 文章增、删、改、查——需要字段 `id`、标题、摘要、正文、所属分类、所属标签、状态（发布、草稿或删除）、创建日期和创建人；
- 侧栏模块用来展示侧边栏需要的数据，需要字段 `id`、类型、标题、内容、创建日期和创建人。

1.3.3 模块划分

经过上面的分析，我们得到了足够细化的功能列表。有了这些细节的描述，开发人员就能够确定要做出什么样的功能来。不过这个时候，需要有人来做一个整体的梳理，把相关的功能整理为一个模块，同时抽象出实体。

有了足够明确的需求之后，下一步需要做的就是建模。建模的意思就是建立系统模型以及数据模型，这里需要提到一门语言——UML（统一建模语言）。这是以前非常常用的一种建模方法，通过 UML 画出用例图，整理用户需求；然后画出序列图，整理出系统各模块的交互逻辑；最后会用这些模型来实现。另外，针对数据模型部分，一般会先画出 ER 图（Entity Relationship Diagram，实体关系图），理清楚每个数据模型之间的关系。好的 ER 工具可以直接帮你生成建表语句以及模型代码。这些概念都是我在很早之前做 Java 开发时常用的。

现在基于 Python 来开发系统，逻辑也是一致的，我们都需要建立好系统模型和数据模型。选择什么工具并不是最主要的，最主要的是需要在脑海中有系统的模型，知道每个模块的存放以及作用。

理论上来讲，产品经理会整理出所有的用户需求，输出产品需求文档（PRD）给开发人员。开发人员需要从中提取出实体以及各模块之间的交互关系。

我们可以通过思维导图来梳理功能点，然后拆分为一个个独立的任务并将其放到 Trello 的

card 上或者 Jira 的任务中，这方便我们管理开发进度。

下一节中，我们来具体操作一下。

1.4 模块划分

前面我们已经知道，一个需求要经过产品经理跟开发人员的沟通或者 PK 之后，才能确定下来。有了完整的需求之后，接下来就是做功能分析、技术选型以及架构设计。

但是，很重要的一点是，一定要搞清楚后期产品的计划以及可能衍生出来的新需求。因为这会在一定程度上影响技术选型以及架构设计。

好了，让我们开始抽取实体和划分模块。这里可以考虑使用 UML 工具进行建模。

1.4.1 实体及关系

文章：

- id
- 标题
- 作者
- 分类（多对一）
- 标签（多对多）
- 摘要
- 正文
- 状态
- 发布时间

分类：

- id
- 名称
- 状态
- 作者
- 创建时间
- 是否置顶导航

标签：

- id
- 名称
- 状态
- 作者
- 创建时间

友链：

- id
- 网站名称
- 链接
- 作者
- 状态
- 创建时间
- 权重

评论：

- id
- 文章（多对一）
- 用户名
- 邮箱
- 网站地址
- 内容
- 创建时间
- 作者

侧栏：

- id
- 标题
- 类型（最新文章/最热文章/最近评论/内容）
- 内容
- 创建时间
- 作者

到此，实体及关系就梳理清楚了。可以看到，文章是所有实体的中心。我们可以通过在线的 ER 图工具，把结构画出来。

这里我们使用 PonyORM（Python 中的一个 ORM 库，详见 https://editor.ponyorm.com/）提供的在线工具来画出对象实体模型，如图 1-1 所示。

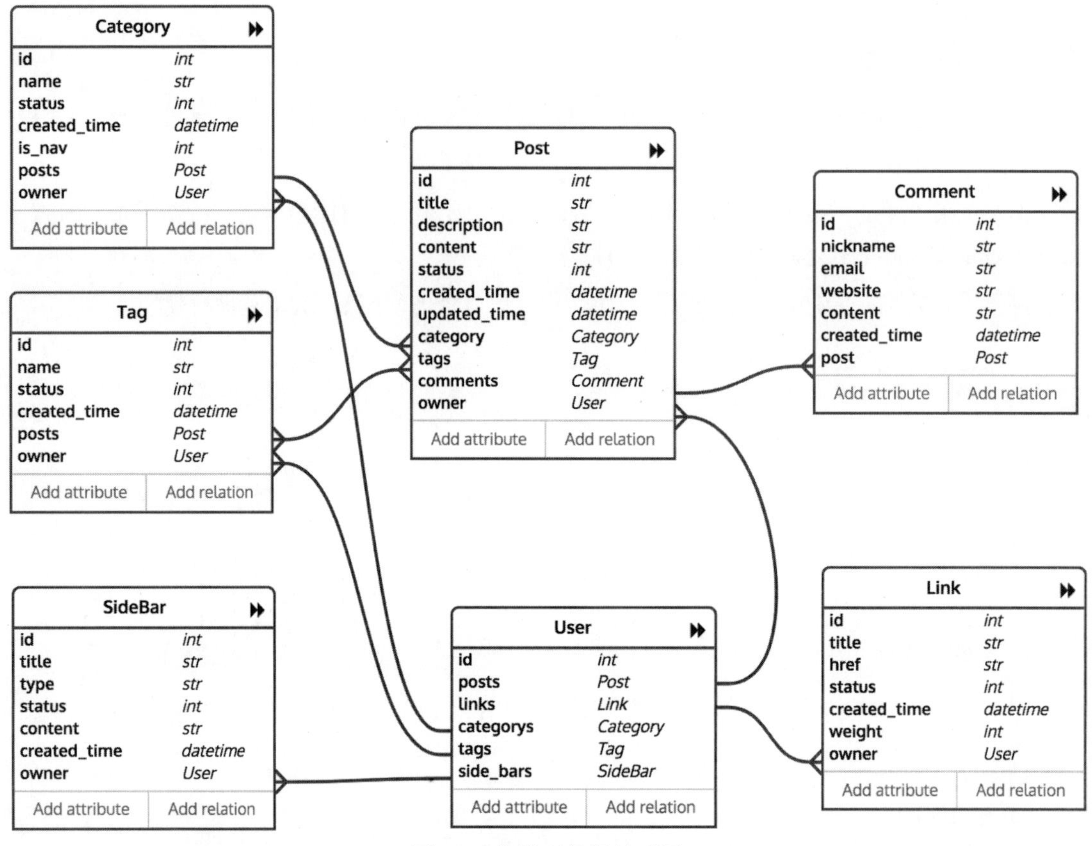

图 1-1　各模型数据关系图

1.4.2　模块划分

上面我们已经建立好实体了，接着就需要进行模块划分。划分的好处是让系统结构更加清晰，模块和模块之间相互解耦。同时对于多人协作的项目来说，可以分配一个独立模块进行开发。

首先，对于网站功能整体来说，分为用户端和管理后台。这算是一个大的分类。

用户端的功能又可以分为以下 4 类。

- 内容模块：首页、分类列表页、标签列表页和友链页。
- 评论模块：用户添加评论、展示评论的部分。
- 侧栏模块：博客侧边栏展示的内容。
- 功能模块：sitemap 页面和 RSS 页面。

管理后台的功能分为以下两类。

- 用户管理：登录、权限控制。
- 内容管理：分类、文章以及侧边栏等内容的增、删、改、查。

实际上，从开发的角度来看，管理后台在进行模块划分或者说任务划分时，还可以进行横向或纵向分割。

横向是指按照模型层、业务层、页面层来划分任务，每个模块是独立的层。这种方式的好处是每一层只涉及当前层的操作，比如模型层，都是在做跟数据库打交道的工作。但是缺点是相互之间有依赖，需要先行定好接口才能开发。

纵向是指把文章管理的部分——模型、业务和页面划分到一起，侧边栏管理的部分——模型、业务和页面划分到一起等，即按照业务的方式划分，而非按照层的概念来划分。这种方式的好处是每块内容相互独立，不会有依赖的情况产生。当然，其缺点是每个模块都需要有人从前到后进行开发。

我们通过思维导图来看看最终的结果，如图 1-2 所示。

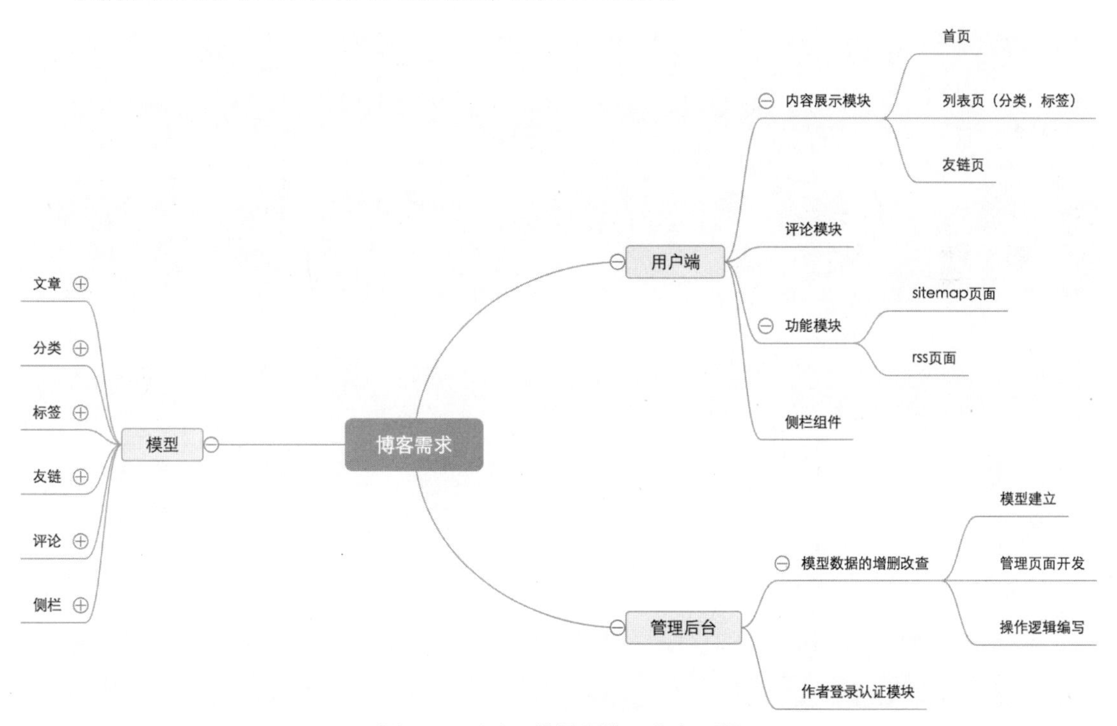

图 1-2　通过思维导图梳理业务逻辑

注：上图使用百度脑图工具制作，在线版：http://naotu.baidu.com/file/3f7f8238a936155341cac37aaac40a66?token=96dd1b636b4bc558；密码：GTDL

到此为止，我们通过对需求的评审和整理，最终得到了明确要开发的功能，然后对功能进行了实体抽取以及模块划分。后面我们要做的就是，在已经清楚知道要开发什么功能之后，如何进行技术选型。好的技术选型不仅能够提高开发效率，而且也能降低维护成本。

1.5　本章总结

在这一章中，我们主要介绍了日常开发中接收到需求后应该如何处理，通过需求分析最终应该得到哪些产出，从而对后续的开发提供指导。

第2章 框架基础和技术选型

上一章中，我们对需求进行了评审和分析，最终得到了具体要开发的功能点，并且对模块进行了划分。现在我们需要做的是，根据要开发的功能进行框架选择。

针对不同的场景选择不同的技术架构，所产生的开发成本和维护成本都不一样。特定场景下合适的技术架构能够让开发人员更快速地开发系统，并且后期的维护成本也大大降低。相反，一个不合适的技术架构，会导致开发和维护成本大大增加。

我尝试总结在做技术选型时应该考虑的因素。

- 所选语言/框架/数据库是否应用广泛，是否有比较好的社区支持以及大量的用户反馈。
- 语言/框架/数据库所提供的能力（功能）是否能够契合业务的需要，从而减少重复造轮子的工作量。
- 自己团队的成员是否熟悉该框架和数据库，是否有人能够解决在框架使用中遇到的大部分问题。

这一章中，我们会讲 Python 2 和 Python 3 的选择，并对比 Flask、Tornado 和 Django 这三个 Web 框架，了解它们的特点和应用场景。

2.1 Python 2.7 与 Python 3.*x*

选择 Python 2 还是 Python 3 是近几年来比较流行的一个“话题”，当然这只是在网络某些论坛或者社区里。在真实的环境下，没有这么多纠结。选择目前应用最广泛的，周围人都在用，并且自己团队能够掌控住的，就是最合适的。对于 Python 2 和 Python 3 的差异，其实写起代码来，没那么大的差别，最关键的一点还是环境。一个熟悉而稳定的环境，能够支撑项目顺利上线，并且降低后期迭代的成本。

2.1.1 历史演进

随着 Python 3.*x* 版本的成熟，越来越多新项目在开始时都会考量是否要选用 Python 3 来做。相对几年前来说，现在这种倾向性更加明显。

其实早在前几年，我们就已经在考虑这样的事情了，甚至也做了些尝试。只是碍于相关周边的依赖，有些库还是没有 Python 3 的支持，如果硬要上 Python 3 的话，势必需要自己造很多轮子，时间成本非常高，所以还是在 Python 2 上开发。无论是什么级别的技术选型，我们往往会选择团队擅长的技术栈来开发项目，这样能够在可控的时间内完成交付/上线。选择一个不熟悉的或者没有经受过大规模线上实践的技术栈是有风险的。

说明　哪些包已经支持 Python 3，哪些还不支持，可以查看这里：https://python3wos.appspot.com/。

今天（2018 年 5 月）看来，大部分的库已经对 Python 3 做了支持。

在 2017 年的 PyCon 上，Instagram 宣布作为基于 Django 的大规模（月活超过 7 亿）应用，目前已经全面切换到 Python 3.6 上，并且得到了不错的性能提升。这应该是当时公开的第一个把如此大规模的项目从 Python 2 迁移到 Python 3 上的案例。对于很多公司来说，这会是一个很好的榜样。但是需要注意的是，他们也付出了相应的时间成本以及试错成本。其实大部分的选型和决策都是在成本和收益之间进行考量。

关于 Instagram 的分享，建议你搜索 Instagram PyCon 2017，查看当时的分享视频或者对应的关于视频内容解析的文章。这里分享 InfoQ 的一篇文章《Python 向来以慢著称，为啥 Instagram 却唯独钟爱它》（详见 http://www.infoq.com/cn/articles/instagram-pycon-2017）。

这是个不错的信号，有企业带了个好头，并且也有一些踩坑的分享。后面会有越来越多基于 Python 3 的项目。对于重点项目，我们也会考虑迁移到 Python 3 上。这其实也是一个环境问题。今年大家还在谈论 Python 2 还是 Python 3，Python 2 上踩过哪些坑，基于 Python 2 的生产环境的经验分享。但是过几年，大家再讨论的可能就是基于 Python 3 的经验分享了。如果你不跟上，也会脱离环境。这个问题就跟早些年有些人/团队孤独地使用 Python 3 来做项目一样。

整体来说，Python 3 是趋势，并且从目前的周边环境和配套上来说，你可以开始尝试在 Python 3 上开发了。Python 3 会逐渐成为主流。

目前，我们团队开发的新项目基本上都会选择 Python 3.6 来开发。

2.1.2　现实场景

回到现实，就像开头所说，从写代码上来说，Python 2 和 Python 3 的差异没那么大。并不是说那些在企业中工作的人不思上进，懒得去把代码升级到 Python 3，而是在企业中考虑更多的还是成本和回报。从开发项目的角度来说，没有哪些业务只能在 Python 3 中实现，而在 Python 2 中无法实现。所以优先考虑的还是让项目如期上线，尽量避免线上的 bug 给用户造成影响。

虽说对于语法、基础库上的变化，写起代码来不会有太大差别，但是对于运行中的问题，在没有大量经验的前提下，直接在生产环境下跑还是很有风险的。这个风险是我们要尽量避免的。就像我在知乎上的回答一样，产品经理和用户不会关心你用的是 Python 2 还是 Python 3，他们只关心你的程序会不会挂，数据会不会丢。

因此，即便你现在（2018 年）直接学习 Python 3，但等你到公司之后会发现，有些老项目依然跑在 Python 2 上面，你可能需要接手这些项目。但是不用担心，还是上面那句话，语言和库上的差别不需要花太多时间就能熟悉，主要还是靠经验。你是否有 Python 2 生产环境下开发和解决问题的经验，能够帮助企业快速解决老项目中的线上问题？

2.1.3 为未来做准备

上面虽然说到现实场景中我们应该拿擅长的工具来做项目，但是这样下去，会不可避免地进入一个死循环，导致工作中的技术环境跟不上社区主流环境的发展。对于技术人员来说，这是一个可怕的事情，就好像你并没有做错什么事情，却被企业淘汰了。

因此，我们需要在专注当下（无论是语言版本还是框架版本）的同时，研究新技术，无论是通过写一个 Demo，还是像 the5fire 这样写一个线上博客，把新技术用进去。等熟练掌握新技术之后，你就可以推动项目升级或者团队的技术栈升级了。

在这本书中，我们将直接使用 Python 3.6 作为开发版本。我相信在接下来的时间里，会有越来越多的项目基于 Python 3.*x* 来开发。但是，如果你遇到 Python 2.7 的项目，也不必慌张，因为差别没那么大。

2.1.4 参考资料

- ❑ Python 2 和 Python 3 的差别：http://blog.jobbole.com/80006/。
- ❑ Python 2 和 Python 3 的主要差别：http://sebastianraschka.com/Articles/2014_python_2_3_key_diff.html。
- ❑ 如何看待 Instagram 将所有 Web 后端迁移到 Python 3.6：https://www.zhihu.com/question/60333140/answer/175130694。

2.2 WSGI——Web 框架基础

2.2.1 简介

WSGI，全称是 Web Server Gateway Interface（Web 服务器网关接口）。这是 Python 中定义的一个网关协议，规定了 Web Server 如何跟应用程序交互。Web Server 可以理解为一个 Web 应用的容器，通过它可以启动应用，进而提供 HTTP 服务。而应用程序是指我们基于框架所开发的系统。

这个协议最主要的目的就是保证在 Python 中所有 Web Server 程序或者说 Gateway 程序，能够通过统一的协议跟 Web 框架或者说 Web 应用进行交互。这对于部署 Web 程序来说很重要，你可以选择任何一个实现了 WSGI 协议的 Web Server 来跑你的程序。

如果没有这个协议，那么每个程序、每个 Web Server 可能都会实现各自的接口，实现各自的"轮子"，最终的结果会是一团乱。

使用统一协议的另外一个好处就是，Web 应用框架只需要实现 WSGI，就可以跟外部请求进行交互了，不用去针对某个 Web Server 来独立开发交互逻辑，开发者可以把精力放在框架本身。

这一节中，我们简单了解 WSGI 协议是如何运作的。**理解这一协议非常重要**，因为在 Python 中大部分的 Web 框架都实现了此协议，也使用 WSGI 容器来进行部署。

2.2.2　简单的 Web Server

在了解 WSGI 协议之前，我们先来看一个通过 socket 编程实现的 Web 服务的代码。其逻辑很简单，就是通过监听本地 8000 端口，接收客户端发过来的数据，然后返回对应的 HTTP 响应：

```
# 文件位置:/code/chapter2/section2/socket_server.py
# coding:utf-8

import socket

EOL1 = b'\n\n'
EOL2 = b'\n\r\n'
body = '''Hello, world! <h1> from the5fire 《Django 企业开发实战》</h1>'''
response_params = [
    'HTTP/1.0 200 OK',
    'Date: Sun, 27 may 2018 01:01:01 GMT',
    'Content-Type: text/plain; charset=utf-8',
    'Content-Length: {}\r\n'.format(len(body.encode())),
    body,
]
response = '\r\n'.join(response_params)


def handle_connection(conn, addr):
    request = b""
    while EOL1 not in request and EOL2 not in request:
        request += conn.recv(1024)
    print(request)
    conn.send(response.encode())  # response 转为 bytes 后传输
    conn.close()


def main():
    # socket.AF_INET 用于服务器与服务器之间的网络通信
    # socket.SOCK_STREAM 用于基于 TCP 的流式 socket 通信
    serversocket = socket.socket(socket.AF_INET, socket.SOCK_STREAM)
    # 设置端口可复用，保证我们每次按 Ctrl+C 组合键之后，快速重启
    serversocket.setsockopt(socket.SOL_SOCKET, socket.SO_REUSEADDR, 1)
    serversocket.bind(('127.0.0.1', 8000))
    serversocket.listen(5)  # 设置 backlog—socket 连接最大排队数量
```

```
    print('http://127.0.0.1:8000')

    try:
        while True:
            conn, address = serversocket.accept()
            handle_connection(conn, address)
    finally:
        serversocket.close()


if __name__ == '__main__':
    main()
```

这段代码的逻辑很简单，建议你在自己的电脑上敲一遍，然后用 Python 3 运行（用 Python 2 的话，需要做些调整），通过浏览器访问看看能否展示页面。这个页面展示稍微有点问题，需要你修改其中的代码，将上面 `Content-Type: text/plain` 中的 `plain` 修改为 `html`，然后按 Ctrl+C 组合键结束进程，重新运行，刷新页面，看看结果。这里思考一下为什么会不同。你也可以修改其他代码，查看结果有何不同。

理解这段代码很重要！这是 Web 服务最基本的模型，通过 socket 和 HTTP 协议提供 Web 服务。建议你在理解上面的代码之前，不要继续往下学习。你需要在脑海中有 Web 请求处理的模型，才能更好地理解框架为我们提供了哪些能力。

2.2.3 多线程版的 Web Server

上面只是简单的单进程、单线程的版本，这能够让你更好地理解 Web 服务。现在我们把逻辑变得复杂一些，调整上面的代码，在 `handle_connection` 方法的第一行之前增加如下代码：

```
def handle_connection(conn, addr):
    print('oh, new conn', conn, addr)
    import time
    time.sleep(100)
    ……
```

重新运行，然后访问页面，同时再打开一个（或者更多）新的浏览器窗口（注意不是新的标签页），访问页面，同时观察 Console 上的输出。看看有什么问题。

思考一下。

有什么发现吗？

好了，问题是这样：当我们处于单进程、单线程模型时，程序接受一个请求，然后需要花 100 s 处理，此时新的请求是进不来的，因为只有一个处理程序。类比到生活中就是，你去 ATM 上取钱，只有一台机器，前面如果有人需要花费 100 s 才能完成操作，那么你就要等 100 s。

到这里，你应该能明白最简单的模型只是用来理解原理的，实用性并不强。如果我用上面的代码做了个网站，每次只能有一个用户访问，那恐怕就没人来了。

所以，我们需要了解其他的 Web 服务模型——多线程模式。

理论是这样的，每来一个新请求，我们就创建一个线程来处理它，这样的话，这个请求处理的耗时不会影响下一个请求。就好像是，只要有人来取钱，就会自动出现一个 ATM 一样。

我们来看代码，需要提醒的是，你理解了上面的代码之后，需要再回忆 Python 多线程部分的知识点。我知道，对你来说不是难事。来吧，看代码：

```
# 文件位置：/code/chapter2/section2/thread_socketserver.py
# coding:utf-8

import errno
import socket
import threading
import time

EOL1 = b'\n\n'
EOL2 = b'\n\r\n'
body = '''Hello, world! <h1> from the5fire 《Django 企业开发实战》</h1> - from
    {thread_name}'''
response_params = [
    'HTTP/1.0 200 OK',
    'Date: Sun, 27 may 2018 01:01:01 GMT',
    'Content-Type: text/plain; charset=utf-8',
    'Content-Length: {length}\r\n',
    body,
]
response = '\r\n'.join(response_params)


def handle_connection(conn, addr):
    # print(conn, addr)
    # time.sleep(60)                # 可以自行尝试打开注释，设置睡眠时间
    request = b""
    while EOL1 not in request and EOL2 not in request:
        request += conn.recv(1024)      # 注意设置为非阻塞模式时这里会报错，
                                          建议自己搜索一下问题来源

    print(request)
    current_thread = threading.currentThread()
    content_length = len(body.format(thread_name=current_thread.name).encode())
    print(current_thread.name)
    conn.send(response.format(thread_name=current_thread.name,
        length=content_length).encode())
    conn.close()


def main():
    # socket.AF_INET 用于服务器与服务器之间的网络通信
    # socket.SOCK_STREAM 用于基于 TCP 的流式 socket 通信
    serversocket = socket.socket(socket.AF_INET, socket.SOCK_STREAM)
    # 设置端口可复用，保证我们每次按 Ctrl+C 组合键之后，快速重启
    serversocket.setsockopt(socket.SOL_SOCKET, socket.SO_REUSEADDR, 1)
    serversocket.bind(('127.0.0.1', 8000))
    # 可参考：https://stackoverflow.com/questions/2444459/python-sock-listen
```

```
    serversocket.listen(10)
    print('http://127.0.0.1:8000')
    serversocket.setblocking(0)  # 设置 socket 为非阻塞模式

    try:
        i = 0
        while True:
            try:
                conn, address = serversocket.accept()
            except socket.error as e:
                if e.args[0] != errno.EAGAIN:
                    raise
                continue
            i += 1
            print(i)
            t = threading.Thread(target=handle_connection, args=(conn, address),
                name='thread-%s' % i)
            t.start()
    finally:
        serversocket.close()


if __name__ == '__main__':
    main()
```

运行代码 `python thread_socketserver.py`，在浏览器中访问 http://127.0.0.1:8000，多开几个浏览器窗口，看看有什么不同。再仔细阅读代码，看看是如何处理的。

接着，还需要改一下代码。在 `handle_connection` 下面有两行注释，需要打开，然后重启进程。再次访问页面，同时打开多个浏览器窗口（不是标签页），看看命令行上的输出。即便有一个任务耗时 60 s，也不影响下一个请求进来。看到了吧。

可以思考一下具体实现。这里主要涉及的知识点除了一开始用到过的 socket 处理 HTTP 协议外，还有下面这些。

- **`serversocket.setblocking(0)`**：目的是设置为非阻塞模式。所谓非阻塞，就是当前 socket 不会在 accept 或者 recv 时处于阻塞状态（必须等待有连接或者数据过来才执行下一步）。
- **`serversocket.accept` 外的 `try...catch`**：在非阻塞模式下，当没有连接可以被接受时，就会抛出 `EAGAIN` 错误。你可以简单理解为此时没有资源（连接）可以使用，所以会抛出错误来，而这个错误是合理的。
- **多线程的使用**：当我们通过 `accept` 接受连接之后，就开启一个新的线程来处理这个连接，而主程序可以继续在 `while True` 循环中处理其他连接。

当然，这里的 `threading` 也可以使用 Python 的 `multiprocessing` 模块来替换，从而使用多进程的方式处理请求。另外，这里的非阻塞其实也不是必需的。你可以通过 `serversocket.setblocking(1)` 设置为阻塞模式，然后执行后看看结果是否一致。这里使用非阻塞的例子是希望你对这种模式有一个初步理解，因为在 Web 框架中，异步非阻塞是一种很常见的模式。

另外，还有一种 Web 模型，每次接受新请求时，就会产生一个子进程来处理，它跟多线程编程的模式类似。具体代码可以参考本书在 GitHub 上的代码目录，位置为 code/chapter2/section2/fork_socketserver.py。

到此为止，你应该能理解每天访问的网站大概是怎么处理你的访问的了（上面的示例代码只是基本原理）。接下来，我们来看看 Python 中所有框架在处理 HTTP 请求时需要用到的东西。

2.2.4　简单的 WSGI Application

理解了上面的代码之后，我们继续看看 WSGI 协议。该协议分为两部分：其中一部分是 Web Server 或者 Gateway，就像上面的代码一样，它监听在某个端口上接受外部的请求；另一部分是 Web Application。Web Server 接受请求之后，会通过 WSGI 协议规定的方式把数据传递给 Web Application，在 Web Application 中处理完之后，设置对应的状态和 header，之后返回 body 部分。Web Server 拿到返回数据之后，再进行 HTTP 协议的封装，最终返回完整的 HTTP Response 数据。

这么说可能比较抽象，下面还是通过代码来演示这个流程。我们先实现一个简单的应用：

```
# 文件位置：/code/chapter2/section2/wsgi_example/app.py
# coding:utf-8


def simple_app(environ, start_response):
    """Simplest possible application object"""
    status = '200 OK'
    response_headers = [('Content-type', 'text/plain')]
    start_response(status, response_headers)
    return [b'Hello world! -by the5fire \n']
```

我们要怎么运行这个应用呢？参照 Python PEP 3333 文档上的代码，编写能够运行上面应用程序的 CGI 脚本：

```
# 文件位置：/code/chapter2/section2/wsgi_example/gateway.py
# coding:utf-8

import os
import sys

from app import simple_app


def wsgi_to_bytes(s):
    return s.encode()


def run_with_cgi(application):
    environ = dict(os.environ.items())
    environ['wsgi.input'] = sys.stdin.buffer
    environ['wsgi.errors'] = sys.stderr
    environ['wsgi.version'] = (1, 0)
    environ['wsgi.multithread'] = False
    environ['wsgi.multiprocess'] = True
```

```
    environ['wsgi.run_once'] = True

    if environ.get('HTTPS', 'off') in ('on', '1'):
        environ['wsgi.url_scheme'] = 'https'
    else:
        environ['wsgi.url_scheme'] = 'http'

    headers_set = []
    headers_sent = []

    def write(data):
        out = sys.stdout.buffer

        if not headers_set:
            raise AssertionError("write() before start_response()")

        elif not headers_sent:
            # 在输出第一行数据之前，先发送响应头
            status, response_headers = headers_sent[:] = headers_set
            out.write(wsgi_to_bytes('Status: %s\r\n' % status))
            for header in response_headers:
                out.write(wsgi_to_bytes('%s: %s\r\n' % header))
            out.write(wsgi_to_bytes ('\r\n'))

        out.write(data)
        out.flush()

    def start_response(status, response_headers, exc_info=None):
        if exc_info:
            try:
                if headers_sent:
                    # 如果已经发送了 header，则重新抛出原始异常信息
                    raise (exc_info[0], exc_info[1], exc_info[2])
            finally:
                exc_info = None     # 避免循环引用
        elif headers_set:
            raise AssertionError("Headers already set!")

        headers_set[:] = [status, response_headers]
        return write

    result = application(environ, start_response)

    try:
        for data in result:
            if data:    # 如果没有 body 数据，则不发送 header
                write(data)
        if not headers_sent:
            write('')   # 如果 body 为空，就发送数据 header
    finally:
        if hasattr(result, 'close'):
            result.close()

if __name__ == '__main__':
    run_with_cgi(simple_app)
```

运行脚本 python gateway.py，在命令行上能够看到对应的输出：

```
Status: 200 OK
Content-type: text/plain

Hello world! -by the5fire
```

对比一开始通过 socket 写的 Web Server，这就是一个最基本的 HTTP 响应了。只是现在是直接通过 gateway.py 脚本来调用的。如果输出给浏览器，浏览器会展示出 Hello world! -by the5fire 字样。

我们再通过另外一种方式来运行应用，此时用到的工具就是 Gunicorn。你可以先通过命令 pip install gunicorn 进行安装。

安装完成之后，进入 app.py 脚本的目录。通过命令 gunicorn app:simle_app 来启动程序。这里的 Gunicorn 就是一个 Web Server。启动之后，会看到如下输出：

```
[2017-06-10 22:52:01 +0800] [48563] [INFO] Starting gunicorn 19.4.5
[2017-06-10 22:52:01 +0800] [48563] [INFO] Listening at: http://127.0.0.1:8000 (48563)
[2017-06-10 22:52:01 +0800] [48563] [INFO] Using worker: sync
[2017-06-10 22:52:01 +0800] [48566] [INFO] Booting worker with pid: 48566
```

通过浏览器访问 http://127.0.0.1:8000，就能看到对应的页面了。

2.2.5　理解 WSGI

通过上面的代码，你应该看到简单的 Application 中对 WSGI 协议的实现。你可以在 simple_app 方法中增加 print 语句来查看参数分别是什么。虽然 gateway.py 的代码看起来有点麻烦，但是你只需要关注一点，那就是 result = application(environ, start_response) 这行代码。我们要实现的 Application，只需要能够接收一个环境变量以及一个回调函数即可。当我们处理完请求之后，通过回调函数（start_response）来设置 response 的状态和 header，最后返回最终结果，也就是 body。

WSGI 协议规定，application 必须是一个可调用对象，这意味这个对象既可以是 Python 中的一个函数，也可以是一个实现了 __call__ 方法的类的实例。比如这个：

```
# 文件位置：/code/chapter2/section2/wsgi_example/app.py

class AppClass(object):
    status = '200 OK'
    response_headers = [('Content-type', 'text/plain')]

    def __call__(self, environ, start_response):
        print(environ, start_response)
        start_response(self.status, self.response_headers)
        return [b'Hello AppClass.__call__\n']

application = AppClass()
```

我们依然可以通过 Gunicorn 这个 WSGI Server 来启动应用：gunicorn app:aplication。

再次访问 http://127.0.0.1:8000，看看是不是输出了同样的内容。

除了这种方式之外，我们还可以通过另外一种方式实现 WSGI 协议。从上面 simple_app 和这里 AppClass.__call__ 的返回值来看，WSGI Server 只需要返回一个可迭代的对象就行，那么我们可以用下面这种方式达到同样的效果：


```
class AppClassIter(object):
    status = '200 OK'
    response_headers = [('Content-type', 'text/plain')]

    def __init__(self, environ, start_response):
        self.environ = environ
        self.start_response = start_response

    def __iter__(self):
        self.start_response(self.status, self.response_headers)
        yield b'Hello AppClassIter\n'
```

这里我们再次使用 Gunicorn 来启动：gunicorn app:AppClassIter。然后，在浏览器中访问 http://127.0.0.1:8000，看看结果。

这里的启动命令并不是一个类的实例，而是类本身，为什么呢？通过上面两个代码，我们可以观察到能够被调用的方法会传 environ 和 start_response 过来，而现在这个实现没有可调用的方式，所以就需要在实例化的时候通过参数传递进来，这样在返回 body 之前，可以先调用 start_response 方法。

因此，可以推测出 WSGI Server 是如何调用 WSGI Application 的。结合前面练习过的 socket 编程，大概代码如下：

```
def start_response(status, headers):
    # 伪代码
    set_status(status)
    for k, v in headers:
        set_header(k, v)

def handle_conn(conn):
    # 调用我们定义的application（也就是上面的simple_app，或者是AppClass 的实例，
      或者是AppClassIter 本身）
    app = application(environ, start_response)
    # 遍历返回的结果，生成response
    for data in app:
        response += data

    conn.sendall(response)
```

大概如此。其实上面的 gateway.py 做的也是差不多的逻辑。

2.2.6 WSGI 中间件和 Werkzeug

除了交互部分的定义，WSGI 还定义了中间件部分的逻辑，这个中间件可以理解为 Python

中的一个装饰器，可以在不改变原方法的情况下对方法的输入和输出部分进行处理。比方说，返回 body 中的文字部分，把英文转换为中文的操作，或者是一些更为易用的操作（比如对返回内容的进一步封装）。在上面的例子中，我们先调用 start_response 方法，然后再返回 body。那么，我们能不能直接封装一个 Response 对象呢，直接给对象设置 header，而不是按这种单独操作的逻辑？像这样：

```
def simple_app(environ, start_response):
    response = Repsonse('Hello World', start_repsonse=start_response)
    response.set_header('Content-Type', 'text/plain')  # 这个函数里面调用 start_response
    return response
```

这样看起来就更加自然一些了。

因此，就存在 Werkzeug 这样的 WSGI 工具集，让你能够跟 WSGI 协议更加友好地交互。从理论上看，我们可以直接通过 WSGI 协议的简单实现（也就是上面的代码）写一个 Web 服务。但是有了 Werkzeug 之后，我们可以写得更加容易。在很多 Web 框架中，都是通过 Werkzeug 来处理 WSGI 协议的。

2.2.7　参考资料

- Python CGI：https://www.the5fire.com/python-project6-cgi.html。
- gunicorn-sync 源码：https://github.com/benoitc/gunicorn/blob/master/gunicorn/workers/sync.py#L176。
- gunicorn-wsgi 部分代码：https://github.com/benoitc/gunicorn/blob/master/gunicorn/http/wsgi.py#L241。
- PEP 3333 中文：http://pep-3333-wsgi.readthedocs.io/en/latest/。
- PEP 3333 英文：https://www.python.org/dev/peps/pep-3333/。
- Werkzeug 官网：http://werkzeug.pocoo.org/。
- Werkzeug 中文文档：http://werkzeug-docs-cn.readthedocs.io/zh_CN/latest/。

2.2.8　扩展阅读

- ASGI 英文文档：https://channels.readthedocs.io/en/latest/asgi.html。
- ASGI 中文翻译：https://blog.ernest.me/post/asgi-draft-spec-zh。
- Django SSE：https://www.the5fire.com/message-push-by-server-sent-event.html。

2.3　Flask 框架

Flask 框架的官网是 http://flask.pocoo.org/。

上一节中，我们讲了两种提供 Web 服务的方式：一是直接通过 socket 来处理 HTTP 请求；二是通过实现 WSGI Application 部分的协议。

基于这两种方式，我们完全可以自己写一个框架，或者抛开框架这个概念来实现自己的 Web

服务。从理论的角度来说，这没有任何问题。但是考虑到我们已经进入现代化阶段，通过原始的方式除了增加开发成本之外，没有任何益处。我们需要更完善的脚手架帮我们把项目结构搭出来、封装好 HTTP 协议、处理 session 和 cookie 等内容，让我们能够更加专注在项目本身的业务上。

2.3.1 入门推荐

在 Python 中，有很多微型框架可供选择，比如 web.py 和 bottle，但是如果让我给新手推荐一个易上手的框架，我会建议他先用 Flask。原因很简单，所有微型框架的特点就是小，只提供核心能力，这意味着很容易上手，很容易掌握。但是在此之后呢？无论是从文档还是第三方插件的发展来看，Flask 都要优于其他微型框架。这也意味着上手 Flask 之后，除了写一个入门的 Demo 页，你还可以学习/实践更多的东西。

不过对于专门做业务开发的，我们不能只考虑入门，毕竟大家都是专业的程序员，考虑更多的还是本章开头说到的几点。

- 所选语言/框架/数据库是否应用广泛，是否有比较好的社区支持以及大量的用户反馈。
- 语言/框架/数据库所提供的能力（功能）是否能够契合业务的需要，从而减少重复造轮子的工作量。
- 自己团队的成员是否熟悉该框架和数据库，是否有人能够解决在框架使用中遇到的大部分问题。

作为微型框架来说，Flask 是很受关注的一个，这点从 GitHub 的 star 数也可窥得一斑。另外，也可以在 GitHub 上看 Flask 的更新频率、issues 和 Pull Request 的数量，以及对 issues 和 Pull Request 的处理速度。这些都能够看出这个框架的受欢迎程度以及活跃程度。

2.3.2 Flask 内置功能

Flask 的定位是微型框架，这意味着它的目标就是给你提供一个 Web 开发的核心支持。如果你需要其他功能，可以使用第三方插件，或者自己写一个插件。

下面我们先看一下 Flask 本身所提供的功能。

- 内置的开发服务器和 debug 模块。
- 支持集成的单元测试。
- RESTful 风格的请求分发机制。
- 默认使用 Jinja2 模板。
- 安全 cookie 的支持，用作客户端会话。
- 100% 兼容 WSGI 1.0 协议。
- 基于 Unicode。
- 良好的文档。

基本的 Web 开发能力都已经有了，这符合它的定位。但是，它并没有提供数据库相关的功能，比如 ORM、权限控制。这么做的好处就是你可以选择自己熟悉的 ORM 工具（比如 SQLAlchemy、Peewee 和 PonyORM），但是这要求你有足够的能力来掌握其他工具。

2.3.3 匹配需求

有了上面的了解之后，我们可以再来回顾需求。如果用 Flask 来开发的话，我们在框架之外应该做些什么呢？

- ORM 工具，你可以选择 SQLAlchemy、PonyORM 或者 Peewee。
- ORM 跟 Flask 集成到一起的插件。当然，你也可以自己写。
- admin 界面开发，可以选择第三方的 Flask-Admin。
- 用第三方的 Flask-Admin 之后，你需要自己控制后台权限。

……

对于微型框架来说，我们的诉求并不多。但是对于我们需要实现的业务来说，如果选择微型框架，也就意味着需要写更多的代码，去攒更多的插件，这其实是对我们 Python 能力的考验。

从另外一个层面来说，微型框架给开发者提供了很好的灵活性，没有太多的约束，这导致的一个问题是“1000 个开发者，就有 1000 种使用微型框架的方式”。

2.3.4 总结

我在 Flask 这块没有太多的实践经验，上面的那些仅供参考。

但是对于微型框架，我个人的看法是，如果开发者能力足够强，用微型框架很适合，它不会约束你。但是你需要考虑团队协作，需要定好统一的规范。

如果能力比较弱，微型框架就无法给你提供更多帮助。比方说，你可以选择任意一个 ORM 框架来跟 Flask 结合。那么，对于一个初学者来说，选择哪个 ORM 框架？确实有多个选择，但是选择太多反而让新手不知道应该怎么做。

不过总的来说，对于简单的需求，或者不是很复杂的项目，可以使用 Flask，利用它轻量的优势。

2.4 Tornado 框架

Tornado 框架的官方网站是 http://tornadoweb.org/。

2.4.1 印象

我在工作中使用 Tornado 有 5 年了。相对于上一节的 Flask，我对 Tornado 更熟悉。但是如果要总结 Tornado 的特性的话，那也只是**高性能**。除此之外，没有什么可以介绍的。

不同于 Flask 或者其他基于 WSGI 的框架，Tornado 并不是基于 WSGI 协议的框架。虽然它提供了 WSGI 协议的支持，但是为了能够用到它的特性（异步和非阻塞），官方建议还是直接通过自带的 HTTP Server 进行部署，而不是 WSGI。我们在之前的实践中也是这么做的。

因为 WSGI 协议是一个同步接口，所以 Application 端只需要处理上游发送过来的 `environ`（2.2 节有介绍）。当然，现在的 WSGI Server（或者叫 WSGI 容器）支持多种启动方式，比如 Gunicorn 可以通过 gevent/greenlet/gthread 等来实现协程或者通过异步 I/O 的方式来处理连接，但是这些都是 WSGI Server 中的功能，跟 Application 是完全隔离的。所以，这对 Tornado 中的 WSGI 协议的适配也没太多作用，无法利用 Tornado 自身的特性，官方也不推荐使用 WSGI 的方式部署。

2.4.2 内置功能

对比 Flask 来说，Tornado 的特点十分明显，除了基本的 Request 和 Response 封装之外，就是基于 IOLoop 的特性。我们只来看看 Web 相关的功能。

- tornado.web：基础的 Request 的封装。
- tornado.template：简单的模板系统。
- tornado.routing：基础的路由配置。
- tornado.escape：转码和字符串的操作。
- tornado.locale：国际化的支持。
- tornado.websocket：WebSocket 的支持。

从整体上看，它并不如 Flask 丰富，比如在 session 的实现、文档友好程度、第三方插件的丰富程度等方面。但是，这个差异其实是因为两个框架定位的不同，Flask 更多的是对业务需求的满足，而 Tornado 针对的是高性能 Web 系统。至于业务的部分，自己实现吧。

除了上面列出来的基础功能，Tornado 最大的卖点还是基于 IOLoop（或者说基于 Event Loop）的异步非阻塞的实现。就像文档中声称的：

> By using non-blocking network I/O, Tornado can scale to tens of thousands of open connections, making it ideal for long polling, WebSockets, and other applications that require a long-lived connection to each user.

翻译一下就是：通过非阻塞的网络 I/O，Tornado 能够支撑成千上万个连接，这使它很适合对每个用户都建立长连接的需求，无论是通过长轮询、WebSocket 还是其他应用。

这也是我们选择它的原因。虽然我们的业务场景并非长连接，但是它能够承担更多的并发量正是我们需要的。

2.4.3 总结

在 Python 2.*x* 的环境中，基于 Event Loop 模型的 Tornado 确实很有卖点。只是在 Python 3.*x*

中，语言内部支持了 Event Loop，这导致更多的框架可以很容易地开发出异步非阻塞的模型。这对于 Tornado 确实是一个挑战。

但是，新兴的框架必然还要经受生产环境的考验，积累大量经验之后，其他人才可能放心使用。而 Tornado 基于多年的发展已经在生产环境中得到了证明，并且有大量的企业会分享出他们的最佳实践。

未来哪种异步非阻塞的框架更加流行不好断言，但是从技术知识上来讲都差不太多。

2.5 Django 框架

Django 框架的官网：https://www.djangoproject.com/。

我使用 Django 的时间比 Tornado 还久，从 Java 开发转到 Python 开发时，直接从 Java 的 SSH（Struts+Spring+Hibernate）框架逃离到了 Django 上。一开始使用 Django 的感觉就是，这玩意太轻便了，比 SSH 轻太多了。但没想到的是，在 Python 社区中，Django 也算是比较重的框架了。

对于 Django 框架，我的评价是，这是一个全功能的 Web 开发框架。Web 开发所需要的一切它都包含了，你不需要去选择，只需要去熟悉，然后使用。

2.5.1 新手友好程度

对于前面介绍的两个框架——Flask 和 Tornado，你从文档上直接把代码复制到 server.py 文件中，然后执行 `python server.py` 命令，就能看到界面。但是在 Django 中，你会发现新手需要写好多代码才能看到界面。所以，大部分人觉得 Django 对新手并不友好，或者说它有一定的门槛。

其实换个角度来看，你在写完 Flask 和 Tornado 的第一个 Python 文件之后，接下来应该怎么做呢？就拿开发一个 Blog 来说吧，你要怎么组织代码和项目结构呢？这些搞定之后，接下来要怎么选择一个适合你的 ORM，然后把它配置到项目中？配置文件要怎么共享给其他模块？要怎么来处理用户登录？如果要放到外网访问的话，怎么保证系统安全？

面对这些，初学者可能会完全懵掉。

这些都是实际开发中要面对的问题。我的看法是，微型框架让你能够快速做些小应用，比如就是几个页面，整个项目只需要三四个 Python 文件（模块）就搞定了。稍微大一些的项目，那就要考验 Python 能力和代码组织或者设计能力了。这对于初学者来说，并不是那么友好。

而 Django 提供了更完善的新手指导。一开始可能无法写一个文件就让代码跑起来，但是这一套新手招式打完之后，你可以基于此来完成一个稍微大点的项目。并且，Django 也会帮你处理好我上面提到的那些问题。

2.5.2 内置功能

一开始我也说到了，Django 是作为全功能的 Web 开发框架出现的。这意味着它提供的可能远多于你想要的。我们简单列出常用的功能：

- HTTP 的封装——request 和 response
- ORM
- admin
- Form
- template
- session 和 cookie
- 权限
- 安全
- cache
- Logging
- sitemap
- RSS

上面列出了常用的部分，也是我们这次需求涉及的部分。Django 在此之外还提供了更多功能，比如 i18n（多语言的支持）和 GIS 的支持等。

我的观点是，如果你掌握了 Django，就掌握了 Web 开发中的大部分知识，因为这个框架涉及 Web 开发的所有层面。

2.5.3 总结

对于 Web 开发来说，尤其是内容驱动的项目，我推荐用 Django 来做，因为即便你选择了 Flask 或者其他微型框架，然后把插件拼装起来，最终也是基于松散的配置做了一个类 Django 的框架，还不如 Django 在整体上的整合性强。

Django 作为一个从新闻系统生成环境中诞生的框架，是直接面向企业级开发的。无论是从社区的发展还是整体的生态（比如 Django 大会和 Django 基金会）来看，Django 都是十分成熟的框架，并且有十分完善的周边生态。

另外，我们也可以看看基于它开发的那些耳熟能详的产品，如 Instagram、Disqus、Sentry、OpenStack 等，这些都证明了 Django 在企业开发中的地位。

2.5.4 参考资料

- 官网教程：https://www.djangoproject.com/start/overview/。
- Django 第三方插件：https://djangopackages.org/。
- 基于 Django 的网站：https://www.djangosites.org/。

2.6 本章总结

对于选择什么样的框架和技术栈来支撑业务，我们首先要想到的是，整套技术是否能够匹配业务需求。上面我提到的几个框架都有各自的特点和所针对的领域。我们要做的还是带着需求去找框架，找技术栈，而不是拿着框架来做需求。有时，我们需要的就是做一个简单的页面，这种场景下拿 Django 过来可以做，但是会显得有点束手束脚。

所以拿需求去找框架，选择合适的框架，而不是功能最全的框架或者最先进的框架。

另外，还需要考虑的问题就是，你的团队成员是否能够掌控住这个框架。毕竟在实际开发中，我们要在有限的时间内来落实产品经理的需求，最终上线。你们可能没有太多时间来学习新的框架，这也是技术选型需要考虑的因素。

当然，说句题外话，好的技术团队应该不断地增加优秀技术的储备，而不是“书到用时方恨少”。

经过这一轮的对比，在开发内容型产品时，显然用 Django 更加合适。基于 Django 内置的功能，我们可以省去自己造轮子的时间。

第 3 章

Django 小试牛刀

在前面的内容中，经过了需求分析和技术选型，我们选择了匹配需求的框架。

在这一章中，我们用选出来的框架简单做一个系统出来。在正式开发流程中，有可能会在选型阶段来完成这部分内容。我们需要做一个简单的系统，找找感觉，或者说看看实际使用中的匹配程度。

在这一章中，我们一起来熟悉 Django，了解它所提供的具体功能点。另外，最重要的一个事情是如何查看文档。Django 的文档即便是写得再好，也会让人“迷路”。之后我们会快速地把 Django 文档中涉及的各个模块都实践一下，最终做出一个简单的系统来。

好了，让我们开始吧。

3.1 如何阅读 Django 文档

用文字来描述如何阅读文档似乎不是一件容易的事，我尽量表达清楚。

3.1.1 文档结构

Django 是基于 MVC（Model-View-Controller）模式的框架，虽然也有人称其为 MTV 模式的，但是概念大同小异。我们只需知道，无论它是 MVC 模式还是 MTV 模式，甚至是其他什么模式，最终的目的都是**解耦**，把一个软件系统划分为一层一层的结构，让每一层的逻辑更加纯粹，便于开发人员维护。

我们先看一下 Django 处理请求的示意图（如图 3-1 所示），从中可以直观了解到 Django 提供了哪些模块以及各个模块所处的位置。

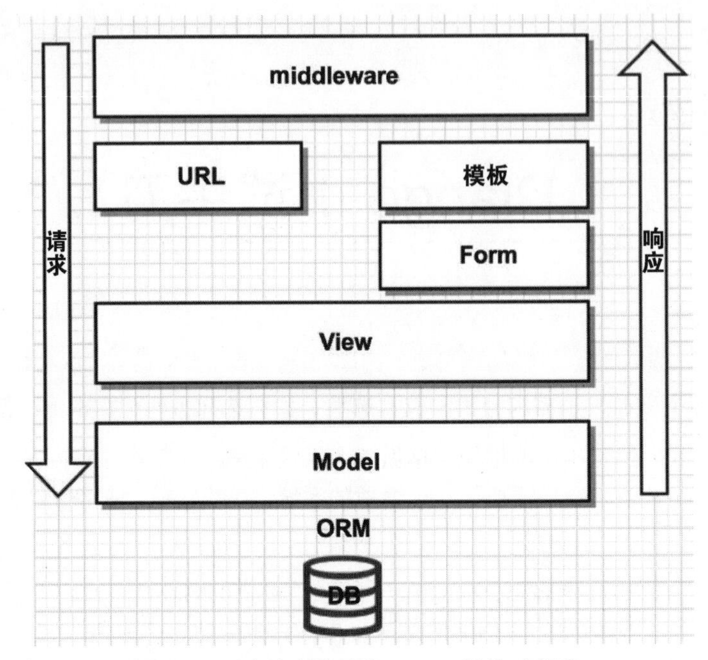

图 3-1　一次请求涉及的 Django 模块示意图

基于图 3-1，我们再来看看 Django 文档。

从大的划分上来说，Django 文档先是分出了这么几个部分：Model 层、View 层、模板层和 Form 模块。剩下的部分都是功能文档，比如 Pagination（分页模块）和 Caching（缓存模块）等，这些是可以贯穿所有层的模块。

而每个模块或者说层又分为不同的模块，下面我们简要介绍一下常用的模块。

1. Model 部分

Model 在整个项目结构中是直接同数据库打交道的一层，所以数据处理的部分都在这一层。在业务开发中，关于纯数据操作的部分，建议都放到这一层来做。

- Models：模型定义相关的使用说明，字段类型，meta 配置。
- QuerySets：在 Model 的基础上怎么查看数据，有哪些接口可以用（比如 `all` 和 `filter` 等），以及如何更进一步进行定制。毕竟 ORM 在查询上会有一些限制，但是在这一部分中你可以找到如何自定义查询。
- Model instances：Model 的实例，一个实例可以理解为表中的一条记录。这个实例有哪些操作，如何修改表的数据，都在这了。
- Migrations：在开发阶段，我们可能会不断调整表的结构，这部分就是用来做表结构调整的。理论上，我们只需要知道两个命令——`makemigrations` 和 `migrate` 就行了，但是如果你想了解更多，可以仔细看看这部分内容。

- Advanced：高级部分（别被“高级”这两字吓到）。这里涉及如何自定义 Manager（也就是常用的 `Model.objects.all` 中的 `objects`），以及如果不爽 ORM 的查询限制，但是又想使用 ORM 对象的映射，可以考虑使用原生 SQL。另外，关于事务、聚合、搜索以及多数据库支持等更多关于 Model 层的需求，都可以看这里。
- Other：这一部分有两块建议一定要看看。一个是 Legacy databases（遗留数据库）。想象一下，有人甩给你一个遗留的 CMS 项目，要将其改成 Django 的，你拿到数据库后，可以直接根据此数据库生成 Model。之后你再花几分钟写写 admin 部分的代码，CMS 就出来了，是不是很高效！另外一部分就是 Optimize database access，一定要看！避免你踩坑。如果不想看英文，可以到我的博客中看中文翻译。虽然版本较老，但是依然适用，详见“翻译了 Django 1.4 数据库访问优化部分”，网址为 https://www.the5fire.com/django-database-access-optimization.html。

2. View 部分

在上一节的文档中，我们知道如何跟数据库打交道，简单来说就是可以操作数据库了。而在这部分（View）中，侧重点将在业务上。通过获取数据、过滤数据和整合数据，拿到我们想要的结果，然后传递到模板中，最终通过 `HttpResponse` 渲染出来。

在 Django 的文档中，View 部分包含了 URL 配置、HTTP Request、HTTP Response 以及处理请求的 `view` 函数和类级的 `View` 等。下面我们一一列举。

- The basics：包含 URL 配置、`View` 方法以及常用装饰器，比如想给这个接口增加缓存或者增加限制（只允许 GET 请求）等。
- Reference：一些参考，包含内置的 `View`（比如静态文件处理和 404 页面处理等），Request 和 Response 对象介绍，TemplateResponse 对象介绍。
- File uploads：这部分介绍了文件上传的内容，它是 Web 开发中常遇到的问题，其中提供了一些内置的模块来帮你处理上传上来的文件。它也会告诉你如何自定义后端存储。
- Class-based views：这部分可以理解为更复杂的 `view` 函数，只不过这里介绍的是类。通过类可以提供更好的复用，从而避免自己写很多代码。当你发现你的 `view` 中有太多业务代码时，可以考虑参考这部分内容把代码改造为 class-based view（简称 CBV）。如果你的代码中有很多类似的 `view` 函数，也可以考虑这么做。这部分文档就是告诉你，在 Django 中，如何更好地构建和复用 View。
- Advanced：更高级的部分，告诉你如何把数据导出为 CSV 或者 PDF 格式。之所以冠名为“更高级”，可能是因为用得少。
- Middleware：中间件（中间层），无论怎么翻译，你得理解它的作用，这一部分代码作用于 WSGI（或者 socket 连接）和 View 之间。还记得第 2 章讲的 WSGI 中间件的内容吗，一样的逻辑，都是对 `view` 函数做了一个包装（确切地说，是对 View 的输入 request 和输出 response 进行处理），但是稍微复杂了一些。在 Django 中，安全、session、整站缓存的内容都在这一块了。

3. Template 部分

这是 Django 声称对设计师友好的部分，并且确实如此。因为它提供的语法很简单，即便你不懂编程，也可以很容易学习和使用。

- The basics：这部分介绍了 Django 模板的基本配置以及基本的模板语法，还有如何使用其他模板引擎（比如 Jinja2）的配置。
- For designers：这部分说是给设计师看的，但是你也应该看一看，里面包含基础的控制语句、注释、内置的过滤器和标签，还有最重要的针对用户友好的数字的展示。
- For programmers：这个程序员更应该看看了，里面包含如何将数据传递到模板中，如何配置模板以至于能够在 View 中更好地渲染模板，还有如何对现有模板所提供的简单功能做更多定制。

4. Form 部分

无论是对于传统的、需要通过 Form 来提交数据的页面，还是通过 Ajax 的方式提交数据到后端，Form 都是非常好用的，它可以帮我们比较优雅地处理和校验来自外部的数据。它的工作原理跟 ORM 很像（关于 ORM 是什么，可以参见 https://www.the5fire.com/what-is-orm.html）。Form 是对 HTML 中 Form 表单的抽象，可以方便我们用 Python 代码来直接操作页面传递过来的数据。在后面几节中，我们会稍加演示。

- The basics：基础的 API 介绍，里面有类似于 Model 的 Field 的部分，还有组件（widget）的部分。
- Advanced：更丰富的用法，包括如何把 Form 同 Model 结合（Model 也有 Field，Form 也有 Field，共用一套行不行？），以及如何把静态资源渲染到页面上。如果 Form 足够好用，我们根本无须频繁操作模板。还有如何布局字段，一行展示一个还是一行展示多个。此外，还有更加详细、深入的部分，那就是如何定义字段级别的验证功能，比如页面上只允许输入数字的地方如何验证。

这部分在开发 admin 时很常用，因为 admin 跟 Model 结合紧密，如果需要去改模板的话，成本会有点高，所以更好的做法是通过自定义 Form 以及 widget 来实现我们需要的功能。很多时候，我们不需要操作页面就可以完成需求，这对后端程序员来说是相当友好的。

另外，即便是对于现在流行的单页应用，也可以使用 Form 来处理接口拿到的数据，其逻辑跟传统的提交表单的方式没太多不同。

5. 开发流程

这一部分建议一定要看！很重要。如果说前面的内容都是为了让你掌握使用 Django 的技能，那么这一阶段就是让你的代码释放能力。开发完成后，应该怎么部署系统？有哪些东西是需要配置的？线上环境应该是什么样的？

你应该仔细看看这部分。

- Settings：不得不说，Django 的可配置项非常多，即便是工作了多年的人，也可能有一些配置完全没用到过。但是，你知道有哪些配置，每个配置的作用是什么吗？举个简单的例子，你想让系统出现异常时自动发送邮件告警，该怎么做？自己写一个发邮件的功能？想太多了，看看这些配置，你就知道了，只需要配置几个参数就能达到目的。
- Applications：在 Django 中，App 是一个很重要的概念，我们需要把业务拆分成不同的 App 来开发，那么如何管理这些 App，如何在程序运行时获取到有哪些 App，每个 App 的信息是什么，这里可以了解到。
- Exceptions：异常是每个程序员（不论什么水平）都无法避免的问题，唯一的差别在于，水平较高的人能够轻松通过异常提示找到问题所在。这一部分列举了 Django 中常用异常的定义，在什么情况下会出现异常。这部分只需浏览一遍即可，很多异常你在开发时会经常遇到，尤其是使用 Django 的初期。
- django-admin and manage.py：这是每一个人接触 Django 时用到的第一个命令，这部分详细介绍了 django-admin 和 manage.py 的使用方式，以及它们有哪些功能，比如最常用的 runserver 以及 migrate 等。另外，如果你需要自定义类似于 `runserver` 这样的命令时，可以参考这部分。
- Testing：单元测试是开发过程中的重要一环，它可以帮助你编写更稳定的代码，避免开发中的一些问题。在 Django 中编写 TestCase 是相对容易的事，因为只需要根据它封装好的结构来编写自己的代码就可以了。通过掌握很少的知识，就能完成单元测试的编写。这一部分建议跟着写一遍，会有收获的。
- Deployment：代码开发完了，最终怎么上线，怎么部署，怎么给用户提供服务呢？这些问题可以在这一部分得到解决。这部分详细讲解了如何通过 WSGI 结合其他程序来部署你的应用，如何配置静态文件，如何收集线上的异常。这一部分文档需要你反复查看，尤其是当你准备上线项目时，但要注意文档只是用来参考的。

6. 其余部分

Django 的文档非常丰富，除了上面介绍的几个比较大的主题外，还有很多小的主题也需要了解，这里就不详细罗列了，只是大概说说，等用到时，能够知道到哪儿去看即可。

- The admin：如果你需要做基于内容的管理系统，这部分是逃不掉的。当然，你可以选择不用它的 admin，完全自己实现，但是相信我，掌握 admin 能够大大提高开发效率，没有什么比定义好一个 Model，简单配置后就能做出一个后台管理系统更爽的事了。不过话说回来，Django 文档上关于 admin 部分的介绍没有那么多，但是从基本使用上来说是够用的。更多的定制需要去参考源码。
- Security：安全模块，这部分也是一个成熟框架的标志，一个成熟的框架一定经历了种种安全的检验。这部分介绍了常见的 Web 开发的安全问题，以及 Django 是如何处理的。如果打算做 Web 开发，**安全问题不可忽视！**

- Internationalization and localization：国际化和本地化（也称i18n和l10n）。如果你想要编写国际化的软件，详细阅读这部分必不可少。另外，Django默认的语言是英语，时区是美国时间，因此在做admin部分系统文案的展示时，需要修改默认语言为中文（zh-hans），如果要操作时间的话，需要把时区改为中国（Asia/Shanghai）。这里需要注意的是，Django在写数据库时，日期和时间用的都是UTC时间。因此，我们需要在这一部分了解如何使用Django提供的函数处理时区转换。
- Performance and optimization：性能和优化，它们也一样很重要！对于程序员来说，精确知道你写的代码做了什么事很重要。这部分算是Django性能优化的索引。
- Geographic framework：这部分介绍了如何使用Django开发GIS系统，我在日常开发中没有用到，不做过多说明。
- Common Web application tools：这部分你会经常用到，涉及用户系统、权限系统、缓存、日志、邮件发送、RSS、分页、消息处理、序列化、session、sitemap、静态文件管理和数据校验等。随用随查即可，你需要知道的是Django提供了这些功能。
- Other core functionalities：其他的一些核心功能，比如ETag设置、内容类型和通用关系（如果你需要添加自定义的权限配置，或者想要了解Django的权限逻辑时，需要了解这部分内容）、页面管理App、页面重定向模块、信号模块（这也很常用，尤其是当你打算监听某个模型的数据操作时）、静态检测系统、site模块、Unicode的使用等。随着对Django用得越多，这些东西慢慢地都可以掌握。
- The Django open-source project：这部分包含如何参与到Django社区中，以及Django的发布流程、设计原则等一些社区文化类的文档。

3.1.2　总结

Django文档已经相当棒了，非常完善，除了admin部分写得不是很深入。这就涉及另外一个话题，看文档还是看代码。关于admin部分，如果有较多的需求，建议看完文档后去摸索代码。如果你熟悉了前面介绍的几个层，那么admin代码对你来说也不是什么难事儿，甚至在某种情况下学得更快。

除了admin部分，其他的文档上基本都有。不过也没有必要像背字典那样去看文档，有空瞟一眼，遇到问题瞟一眼。随着实践越来越多，对文档会越来越熟悉，对它的依赖会越来越少。Django的代码结构跟文档一样划分清晰，所以我现在大部分的问题都是靠读代码来解决，并且这是一个能够不断产生正向作用的方式，你越熟悉代码，越有助于写出更好的代码，越能理解Django的源码思路。

最后需要提到的一点是，无论是Django文档还是其他文档，甚至是这本书，都仅供参考。正确的答案始终是在你电脑上的代码里。不论是框架版本的差异，还是文档上的书写错误，或者是本书的书写错误，都可能会捉弄你，而你电脑上的代码始终不会骗你。

另外，可能有人会觉得 Django 的文档这么多，这么多功能什么时候才能充分掌握呀！这个问题完全不用担心，无论你选择什么框架，一开始接触的都是简单逻辑，随着使用经验的增长，你掌握的技能也越来越多，对 Django 的了解也越来越多。

对于选择学习 Django 来说，它提供了很清晰的使用路线，你不需要像学习其他框架那样，在入门之后还需要去网上搜罗各种资料才能明白接下来要干什么。

因此，选择学习 Django，是一件性价比很高的事情。接下来，我们通过一个简单的例子来感受 Django 的魅力。

3.2 学员管理系统的后台开发

在上一节中，你了解了 Django 所提供的功能，这一节就来切实体会一下，快速过一下 Django 的各个模块。你最好打开熟悉的 IDE（集成开发环境），一起写起来。建议你在 Linux 上开始这个练习。无论你是否喜欢在 Linux 上做开发，掌握如何配置 Linux 的开发环境和部署环境都是实际工作中无法绕过的门槛。

3.2.1 需求

我们先用一句话来描述需求：提供一个学员管理系统，其中有一个前台页面来展示现有学员，并供新学员提交申请，一个后台负责处理申请。

接下来，我们逐步实现。

3.2.2 初始化环境

首先，创建虚拟环境：

```
mkvirtualenv student-env -p `which python3.6`
```

其中，最后的 `-p` 指明虚拟环境使用的是 Python 3.6。不熟悉的可以看“使用 virtualenv 创建虚拟 Python 环境”，详见 https://www.the5fire.com/virtualenv-python-env.html。或者使用 `python3.6 -m venv student-env` 来创建虚拟环境。

然后激活虚拟环境：

```
workon student-env
```

如果是后面的创建方式，需要通过 `source student-env/bin/activate` 来激活。接着，安装 Django，本书写作时的最新版为 1.11：

```
pip install django~=1.11
```

这里解释一下，~=表示安装指定版本的最新版，这里会去安装 Django 1.11.*x* 版本，*x* 表示 1.11 版本的最新版的小版本号。

3.2.3　创建项目

虽然可以不创建虚拟环境就安装 Django，但是我还是建议你在虚拟环境中安装，因为在实际开发中，你可能需要维护不止一个项目。不同项目所依赖库的版本也不同，如果你都安装到 root 或者 user 下，会出现冲突。

好了，切换到你喜欢的目录中，比如 /home/the5fire/workspace/。然后，创建项目根目录：`mkdir student_house`，这是我们的项目目录。接着，再来创建项目：`cd student_house && django-admin startproject student_sys`（注意：要保证上面的虚拟环境是激活状态）。此时我们能得到下面的结构：

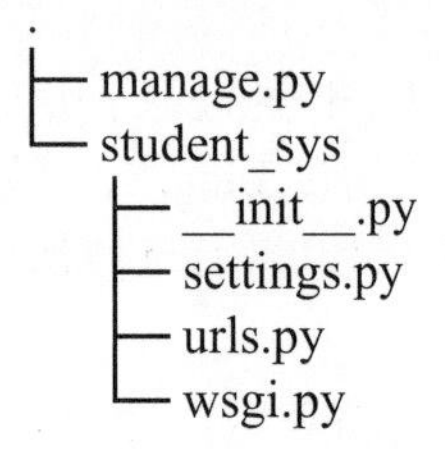

```
.
├── manage.py
└── student_sys
    ├── __init__.py
    ├── settings.py
    ├── urls.py
    └── wsgi.py
```

3.2.4　创建 App

进入 student_house/student_sys 中，通过上一步创建好的 manage.py 创建一个 App：`python manage.py startapp student`。现在目录结构如下：

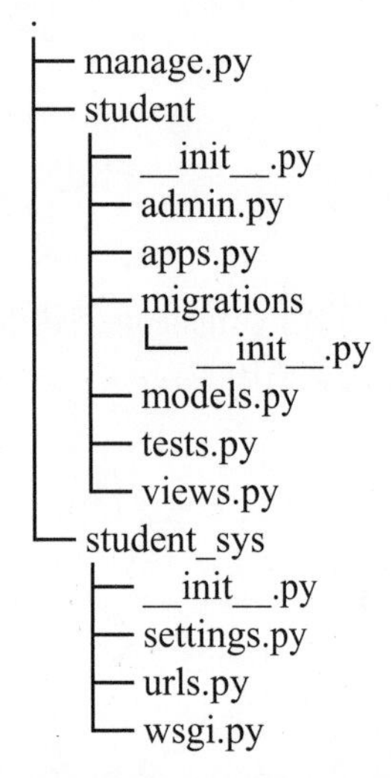

```
.
├── manage.py
├── student
│   ├── __init__.py
│   ├── admin.py
│   ├── apps.py
│   ├── migrations
│   │   └── __init__.py
│   ├── models.py
│   ├── tests.py
│   └── views.py
└── student_sys
    ├── __init__.py
    ├── settings.py
    ├── urls.py
    └── wsgi.py
```

创建好之后，我们开始编写代码。

3.2.5 编写代码

我们可以在 Model 层开始写代码了，这是一个简单的需求，只需要一个 Model 就可以满足。在文件 student_house/student_sys/student/models.py 中编写如下代码：

```
# -*- coding: utf-8 -*-
from __future__ import unicode_literals

from django.db import models


class Student(models.Model):
    SEX_ITEMS = [
        (1, '男'),
        (2, '女'),
        (0, '未知'),
    ]
    STATUS_ITEMS = [
        (0, '申请'),
        (1, '通过'),
        (2, '拒绝'),
    ]
    name = models.CharField(max_length=128, verbose_name="姓名")
    sex = models.IntegerField(choices=SEX_ITEMS, verbose_name="性别")
    profession = models.CharField(max_length=128, verbose_name="职业")
    email = models.EmailField(verbose_name="Email")
    qq = models.CharField(max_length=128, verbose_name="QQ")
    phone = models.CharField(max_length=128, verbose_name="电话")

    status = models.IntegerField(choices=STATUS_ITEMS, default=0, verbose_name=
        "审核状态")

    created_time = models.DateTimeField(auto_now_add=True, editable=False,
        verbose_name="创建时间")

    def __str__(self):
        return '<Student: {}>'.format(self.name)

    class Meta:
        verbose_name = verbose_name_plural = "学员信息"
```

代码说明 如果是基于 Python 3.6 的代码，可以去掉最上面的两行 `coding: utf-8` 以及 `from __future__ import unicode_literals`。这里加上这两行，是为了兼容 Python 2.7。这意味着，如果你们公司目前整体是基于 Python 2.7 的，那应该尽量在代码上加上这两行，方便以后进行升级。

后面对此部分不再做说明。

再来写 admin.py：

```
from django.contrib import admin

from .models import Student


class StudentAdmin(admin.ModelAdmin):
    list_display = ('id', 'name', 'sex', 'profession', 'email', 'qq', 'phone',
        'status', 'created_time')
    list_filter = ('sex', 'status', 'created_time')
    search_fields = ('name', 'profession')
    fieldsets = (
        (None, {
         'fields': (
             'name',
             ('sex', 'profession'),
             ('email', 'qq', 'phone'),
             'status',
             )
         }),
    )


admin.site.register(Student, StudentAdmin)
```

写完这两个配置，Model 和 admin 的界面就好了。接下来，我们把 student 这个 App 放到 settings.py 中。

我们只需要在 `INSTALLED_APPS` 配置的最后或者最前面增加 `'student'` 即可。

settings.py 文件如下：

```
INSTALLED_APPS = [
    'student',

    'django.contrib.admin',
    'django.contrib.auth',
    'django.contrib.contenttypes',
    'django.contrib.sessions',
    'django.contrib.messages',
    'django.contrib.staticfiles',
]
```

好了，后台部分完成了。接着，我们通过下面的命令创建表以及超级用户。

- **`cd student_house/student_sys/`**：如果你已经在 student_sys 目录下，就不用切换目录了。
- **`python manage.py makemigrations`**：创建数据库迁移文件。
- **`python manage.py migrate`**：创建表。
- **`python manage.py createsuperuser`**：根据提示，输入用户名、邮箱和密码。

此时通过 `python manage.py runserver` 命令启动项目后，访问 http://127.0.0.1:8000，会看到一个提示页，这是因为我们还没开发首页。我们可以进入到 admin 的页面：http://127.0.0.1:8000/admin/。用你创建好的账户登录，就能看到一个完整的带有 CURD 的后台了。

3.2.6 基础配置（中文）

通过上面的配置，你看到的界面应该是英文的，并且时区也是 UTC 时区，所以需要进一步配置。

在 settings 中做如下配置：

```
LANGUAGE_CODE = 'zh-hans'  # 语言

TIME_ZONE = 'Asia/Shanghai'  # 时区

USE_I18N = True  # 语言

USE_L10N = True  # 数据和时间格式

USE_TZ = True  # 启用时区
```

修改完这些之后，刷新一下试试。你可以尝试修改上面的配置，看看分别对应什么功能。

到这一部分，我们基本完成了 admin 的部分。在下一节中，我们来完成页面提交数据的部分，看下如何使用 Form。

3.2.7 总结

对于简单的后台需求，通过 admin 很容易满足，这也是 Django admin 被称为“杀手锏”的原因。

3.3 学员管理系统的前台开发

有了上一节中 Model 和 admin 的部分，我们已经得到一个管理后台了。接着，我们来做一个简单的用户提交申请的表单页面。

3.3.1 开发首页

首先，在 student/views.py 文件中编写下面的代码：

```
from django.shortcuts import render


def index(request):
    words = 'World!'
    return render(request, 'index.html', context={'words': words})
```

我们定义了函数 index，其参数是 request，它是 Django 对用户发送过来的 HTTP 请求的封装。从 request 对象上，我们能得到一些有用的信息。在函数最后，我们用 Django 提供的一个快捷方法 render 来渲染页面，其中使用了模板文件 index.html。我们需要在 student 目录下创建 templates 文件夹，这个文件夹是 Django 在渲染页面时会默认查找的。

这部分需要多说几句。Django在渲染模板或者静态页面时，会去每个App下查找，这里说的App就是settings.py文件中配置的INSTALLED_APPS中的App。Django会去这些App目录下的templates文件夹查找你在render上用到的模板，并且是顺序查找的（从上到下）。这意味着，如果你有两个App，比如studentA和studentB，若这两个App中都存在templates/index.html，那么Django会加载位置在前的那个App的index.html文件。静态文件也是同样的逻辑，你可以自行尝试。通过这种方式，我们也可以覆盖admin的部分模板。不过这是基于Django内置的规则，有些隐晦。如果可以通过其他方式解决，不建议使用这种路径覆盖的方式。

创建好templates/index.html之后，我们开始编写页面代码：

```
<!DOCTYPE html>
<html>
    <head>
        <title>学员管理系统-by the5fire</title>
    </head>
    <body>
        Hello {{ words }}!
    </body>
</html>
```

这里面只用到一个Django的模板语法——{{ words }}。这里需要注意，words两侧的空格是依据“Django编码规范”（详见https://docs.djangoproject.com/en/dev/internals/contributing/writing-code/coding-style/）来写的。这个语法的意思就是从上下文中获取到words变量。这个变量是在index中调用render时传递过来的。

接着，再配置一下URL，也就是提供一个URL映射，可以让用户访问URL时把数据发送到我们定义的index这个View上。

我们直接修改student_sys目录下的urls.py文件：

```
from django.conf.urls import url
from django.contrib import admin

from student.views import index

urlpatterns = [
    url(r'^$', index, name='index'),
    url(r'^admin/', admin.site.urls),
]
```

然后通过python manage.py runserver命令再次启动项目，访问http://127.0.0.1:8000，就能看到输出的Hello World!!了。

3.3.2　输出数据

接下来的工作就是把数据从数据库表里面取出来，渲染到页面上。你可以先在admin后台创建几条学员数据，以便于测试。

我们需要修改 views.py 中的代码：

```
from django.shortcuts import render

from .models import Student


def index(request):
    students = Student.objects.all()
    return render(request, 'index.html', context={'students': students})
```

先解释一下上面代码的意思：index 函数已经定义过了，也好理解，内部逻辑做了一些调整。首先，通过 Student 模型拿到所有的 student 数据，接着把数据放到 context 里面传递到模板中。

接着，修改 index.html 中的代码：

```
<!DOCTYPE html>
<html>
    <head>
        <title>学员管理系统-by the5fire</title>
    </head>
    <body>
        <ul>
        {% for student in students %}
            <li>{{ student.name }} - {{ student.get_status_display }}</li>
        {% endfor %}
        </ul>
    </body>
</html>
```

这样我们就输出了一个简单的列表，展示了学员名称和目前状态。这里有一个地方需要注意，那就是{{ student.get_status_display }}。在 Model 中我们只定义了 status 字段，并未定义这样的字段，为什么能通过这种方式取到数据呢？并且在 admin 中，也没有使用这样的字段。

原因就是，对于设置了 choices 的字段，Django 会帮我们提供一个方法（注意是方法），用来获取这个字段对应的要展示的值。回头看看 status 的定义：

```
## 省略上下文代码

STATUS_ITEMS = [
    (0, '申请'),
    (1, '通过'),
    (2, '拒绝'),
]

status = models.IntegerField(choices=STATUS_ITEMS, verbose_name="审核状态")

## 省略上下文代码
```

在 admin 中，展示带有 choices 属性的字段时，Django 会自动帮我们调用 get_status_display 方法，所以不用配置。而在我们自己写的模板中，这需要自己来写。并且为了简化模板的使用，默认只支持无参数的方法调用，你只需要写方法名称即可，后面的括号不能写，Django 会自行帮你调用（如果是方法的话）。

3.3.3 提交数据

输出数据之后，我们再来开发提交数据的功能，这部分我们用一下 Form。

首先，创建一个 forms.py 文件，它跟 views.py 同级。编写如下代码：

```
from django import forms

from .models import Student


class StudentForm(forms.Form):
    name = forms.CharField(label='姓名', max_length=128)
    sex = forms.ChoiceField(label='性别', choices=Student.SEX_ITEMS)
    profession = forms.CharField(label='职业', max_length=128)
    email = forms.EmailField(label='邮箱', max_length=128)
    qq = forms.CharField(label='QQ', max_length=128)
    phone = forms.CharField(label='手机', max_length=128)
```

这个 `StudentForm` 的定义是不是很熟悉？它跟 Model 的定义类似，那么我们能不能复用 Model 的代码呢？答案是：可以。还记得 3.1 节文档介绍的部分吗？有一个 `ModelForm` 可以用。我们来改一下：

```
from django import forms

from .models import Student


class StudentForm(forms.ModelForm):
    class Meta:
        model = Student
        fields = (
            'name', 'sex', 'profession',
            'email', 'qq', 'phone'
        )
```

只需要这么改就行了，不需要重复定义 *N* 多个字段。如果有修改对应字段类型的需求，比如把 `qq` 改成 `IntegerField` 来做数字校验，也是可以声明出来的。当然，我们也可以通过定义 `clean` 方法的方式来做。我们来改一下代码，增加 QQ 号必须为纯数字的校验：

```
from django import forms

from .models import Student


class StudentForm(forms.ModelForm):
    def clean_qq(self):
        cleaned_data = self.cleaned_data['qq']
```

```
        if not cleaned_data.isdigit():
            raise forms.ValidationError('必须是数字！')

        return int(cleaned_data)

    class Meta:
        model = Student
        fields = (
            'name', 'sex', 'profession',
            'email', 'qq', 'phone'
        )
```

其中 `clean_qq` 就是 Form 会自动调用来处理每个字段的方法。比如，在这个 Form 中，你可以通过定义 `clean_phone` 来处理电话号码，可以定义 `clean_email` 来处理邮箱等。如果验证失败，可以通过 `raise forms.ValidationError('必须是数字！')`的方式返回错误信息，这个信息会存储在 Form 中，最终会被我们渲染到页面上。

有了 Form，接下来需要做的就是在页面中展示 Form，让用户能够填写信息提交表单。同时对于提交的数据，我们需要先做校验，通过后再将其保存到数据库中。我们来看看 views.py 最终的样子：

```
from django.http import HttpResponseRedirect
from django.shortcuts import render
from django.urls import reverse

from .forms import StudentForm
from .models import Student


def index(request):
    students = Student.objects.all()
    if request.method == 'POST':
        form = StudentForm(request.POST)
        if form.is_valid():
            cleaned_data = form.cleaned_data
            student = Student()
            student.name = cleaned_data['name']
            student.sex = cleaned_data['sex']
            student.email = cleaned_data['email']
            student.profession = cleaned_data['profession']
            student.qq = cleaned_data['qq']
            student.phone = cleaned_data['phone']
            student.save()
            return HttpResponseRedirect(reverse('index'))
    else:
        form = StudentForm()

    context = {
        'students': students,
        'form': form,
    }
    return render(request, 'index.html', context=context)
```

里面有一个 form.cleaned_data 对象，它是 Form 根据字段类型对用户提交的数据做完转换之后的结果。另外，还用了 reverse 方法。我们在 urls.py 中定义 index 的时候，声明了 name='index'，所以这里可以通过 reverse 来拿到对应的 URL。这么做的好处是，不需要硬编码 URL 到代码中，这意味着如果以后有修改 URL 的需求，只要 index 的名称不变，这个地方的代码就不用改。

上面我们通过手动构建 Student 对象的方法来保存 Student 数据。其实在 ModelForm 中，因为有了 Model 的定义，手动构建 Student 对象的步骤可以省掉，我们可以将代码修改如下：

```
from django.http import HttpResponseRedirect
from django.urls import reverse
from django.shortcuts import render

from .forms import StudentForm
from .models import Student


def index(request):
    students = Student.objects.all()
    if request.method == 'POST':
        form = StudentForm(request.POST)
        if form.is_valid():
            form.save()
            return HttpResponseRedirect(reverse('index'))
    else:
        form = StudentForm()

    context = {
        'students': students,
        'form': form,
    }
    return render(request, 'index.html', context=context)
```

对于 HTTP GET 请求的数据，最后我们会把 StudentForm 的实例传到模板中，这样用户最终才能看到一个可以填写数据的表单。要在模板中加 form，是相当简单的一件事。最终模板 index.html 的代码如下：

```
<!DOCTYPE html>
<html>
    <head>
        <title>学员管理系统-by the5fire</title>
    </head>
    <body>
        <h3><a href="/admin/">Admin</a></h3>
        <ul>
            {% for student in students %}
            <li>{{ student.name }} - {{ student.get_status_display }}</li>
            {% endfor %}
        </ul>
        <hr/>
        <form action="/" method="post">
```

```
            {% csrf_token %}
            {{ form }}
            <input type="submit" value="Submit" />
        </form>
    </body>
</html>
```

其中`{% csrf_token %}`是 Django 对提交数据安全性做的校验，这意味着，如果没有这个 token，提交过去的数据是无效的。这是用来防止跨站伪造请求攻击的一个手段。在 Web 开发中，如果有类似需求的话，这也是我们可以用来参考的技术点。

只需要这么写，Django 就会帮我们自动把所有字段列出来。当然，如果需要调整样式，就要通过自己增加 CSS 样式文件解决了。

3.3.4 优化数据，获取逻辑

在上述代码中，我们在 view 函数中通过 `students = Student.objects.all()`的方式获取到了所有学员的数据，但是这种方式在实际使用中会有问题。因为后期可能会对学员的数据进行过滤，比如需要调整为展示所有审核通过的学员，此时就需要调整 view 函数中的代码。或者对结果进行缓存，也需要调整代码。

因此，可以把数据获取逻辑封装到 Model 层中，对上暴露更语义化的接口。我们来稍微调整一下。

给 models.py 中的 `Student` 模型增加一个类方法：

```
# 省略其他代码

class Student(models.Model):
    # 省略其他代码
    @classmethod
    def get_all(cls):
        return cls.objects.all()
```

同时修改 views.py 中的代码：

```
# 省略其他代码
def index(request):
    students = Student.get_all()
    # 省略其他代码
```

这样后期再修改需求时，只需要修改 `get_all` 这个函数即可，改动的影响范围就小了很多。

3.3.5 总结

到此为止，功能上已经完备。你可以再次通过命令 `python manage.py runserver` 启动项目，访问 http://localhost:8000，看看页面上的功能是否可用。根据自己的想法调整代码，反复运行并查看效果，以便于理解 Form 的作用。

3.4 学员管理系统的进阶部分

虽然这是一个简单的 Demo，但是有句老话叫“麻雀虽小，五脏俱全”，我们也得把常用的功能用到，所以增加了这一部分，其中包括 class-based view、middleware 和 TestCase 这三个部分。

注意　如果前面的例子没有跑起来，可以先不看这一节，把前面的代码跑起来再说。不然，你可能越学越乱。

3.4.1 使用 class-based view

在 3.1 节介绍过，如果你有很多类似的 `view` 方法，那么可以考虑抽象出一个 class-based view 来，这样可以更好地复用代码。

不过对于我们的需求来说，用 class-based view 不是很必要，我们只是演示用法。不过在学习编程初期，你应该体验过从编写流水式的方法代码过渡到编写结构化的类。用类的好处就是我们可以分离 GET 和 POST 的处理逻辑，把之前 `index` 函数中单一的流程变成结构化的处理流程。回头看看 3.3.3 节 views.py 中的代码，其中有一个关于 `request.method` 的判断，下面我们通过类级的 View 去掉一层控制语句，此时代码变成：

```
from django.http import HttpResponseRedirect
from django.shortcuts import render
from django.urls import reverse
from django.views import View

from .forms import StudentForm
from .models import Student


class IndexView(View):
    template_name = 'index.html'

    def get_context(self):
        students = Student.get_all()
        context = {
            'students': students,
        }
        return context

    def get(self, request):
        context = self.get_context()
        form = StudentForm()
        context.update({
            'form': form
        })
        return render(request, self.template_name, context=context)

    def post(self, request):
```

```
        form = StudentForm(request.POST)
        if form.is_valid():
            form.save()
            return HttpResponseRedirect(reverse('index'))
        context = self.get_context()
        context.update({
            'form': form
        })
        return render(request, self.template_name, context=context)
```


你可能已经发现了，代码量突然变多了。本来一个函数可以解决的问题，现在却有了一个类和多个方法。对，这么做的道理就是让每一部分的功能变得更加明确，比如 `get` 方法就是来处理 GET 请求，`post` 方法就是来处理 POST 请求。维护的时候不需要像之前那样，所有的需求都去改一个函数。

理解了这么做的原因，我们来改一下 urls.py 的定义，其完整代码如下：

```
from django.conf.urls import url
from django.contrib import admin

from student.views import IndexView

urlpatterns = [
    url(r'^$', IndexView.as_view(), name='index'),
    url(r'^admin/', admin.site.urls),
]
```

这里只是把之前的 `index` 改为了 `IndexView.as_view`，这个 `as_view` 其实是对 `get` 和 `post` 方法的包装。里面做的事情，可以简单地理解为 3.3.3 节中自己写的判断 `request.method` 的逻辑。

关于 function view 跟 class-based view 的差别，你可以通过不断修改代码来体验一下。体验的越多，总结得越多，对你以后设计程序越有帮助。

3.4.2　配置 middleware

这个需求中似乎没有需要用到 middleware 的地方，不过我们可以生造一个，权当练手。

我们提出这样一个需求，统计首页每次访问程序所消耗的时间，也就是 Django 接受请求到最终返回的时间。先来创建一个 middlewares.py 文件，它在 views.py 的同级目录中。我们先来看一下完整的代码：

```
import time

from django.urls import reverse
from django.utils.deprecation import MiddlewareMixin


class TimeItMiddleware(MiddlewareMixin):
    def process_request(self, request):
```

```
        return

    def process_view(self, request, func, *args, **kwargs):
        if request.path != reverse('index'):
            return None

        start = time.time()
        response = func(request)
        costed = time.time() - start
        print('process view: {:.2f}s'.format(costed))
        return response

    def process_exception(self, request, exception):
        pass

    def process_template_response(self, request, response):
        return response

    def process_response(self, request, response):
        return response
```

上面的代码中列出了一个 middleware 的完整接口，不过这里只用到了 `process_view`。在这个方法里面，我们可以统计调用 View 所消耗的时间。下面先来了解一下各个函数的作用。

- **`process_request`**：这是请求来到 middleware 中时进入的第一个方法。一般情况下，我们可以在这里做一些校验，比如用户登录或者 HTTP 中是否有认证头之类的验证。这个方法可以有两种返回值——`HttpResponse` 或者 `None`。如果返回 `HttpResponse`，那么接下来的处理方法只会执行 `process_response`，其他方法将不会被执行。**这里需要注意的是**，如果你的 middleware 是 settings 配置的 `MIDDLEWARE` 的第一个，那么剩下的 middleware 也不会被执行；如果返回 `None`，那么 Django 会继续执行其他方法。
- **`process_view`**：这个方法是在 `process_request` 方法之后执行的，参数如上面代码所示，其中 `func` 就是我们将要执行的 `view` 方法。因此，如果要统计一个 `view` 的执行时间，可以在这里做。它的返回值跟 `process_request` 一样，是 `HttpResponse` 或者 `None`，其逻辑也一样。如果返回 `None`，那么 Django 会帮你执行 `view` 函数，从而得到最终的 response。
- **`process_template_response`**：执行完上面的方法，并且 Django 帮我们执行完 `view`，拿到最终的 response 后，如果使用了模板的 response（这是指通过 `return render(request, 'index.html', context={})`方式返回的 response），就会来到这个方法中。在这个方法中，我们可以对 response 做一下操作，比如 `Content-Type` 设置，或者其他 header 的修改/增加。
- **`process_response`**：当所有流程都处理完毕后，就来到了这个方法。这个方法的逻辑跟 `process_template_response` 是完全一样的，只是后者是针对带有模板的 response 的处理。

- **process_exception**：上面的处理方法是按顺序介绍的，而这个方法不太一样。只有在发生异常时，才会进入这个方法。哪个阶段发生的异常呢？可以简单理解为在将要调用的 View 中出现异常（就是在 `process_view` 的 `func` 函数中）或者返回的模板 response 在渲染时发生的异常。但是需要注意的是，如果你在 `process_view` 中手动调用了 `func`，就像我们上面做的那样，就不会触发 `process_exception` 了。这个方法接收到异常之后，可以选择处理异常，然后返回一个含有异常信息的 `HttpResponse`，或者直接返回 `None` 不处理，这种情况下 Django 会使用自己的异常模板。

这是一层 middleware 中所有方法的执行顺序和说明，那么如果有多个 middleware 配置，执行顺序应该是怎样的呢？我们可以通过图 3-2 来理解。

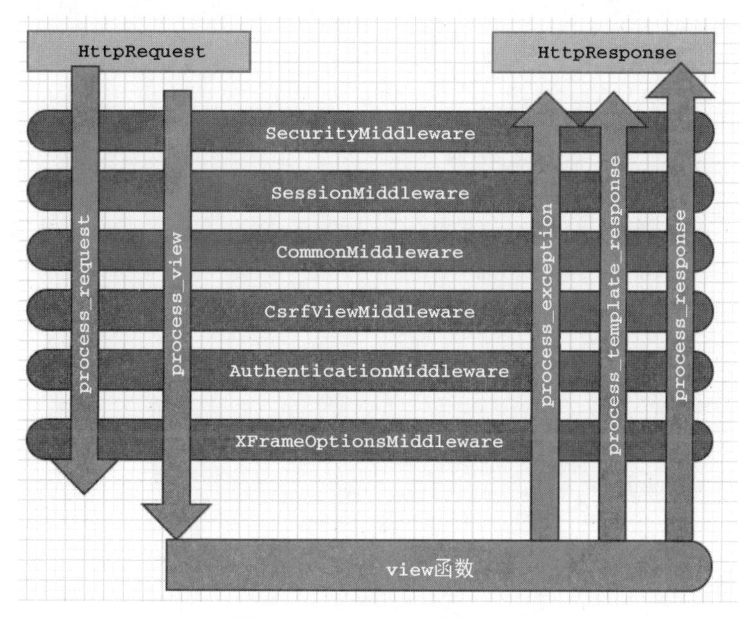

图 3-2 middleware 执行流程

好了，至此你应该了解 middleware 的处理流程了。现在需要再次修改一下代码，来获得我们预期的统计——统计 Django 生成 request 之后到返回 response 之前的信息。这时我觉得你应该去看 2.2 节 WSGI 的部分，结合 middleware 会有更系统的体会。好了，我们来看一下代码：

```
import time

from django.urls import reverse
from django.utils.deprecation import MiddlewareMixin


class TimeItMiddleware(MiddlewareMixin):
    def process_request(self, request):
        self.start_time = time.time()
```

```
        return

    def process_view(self, request, func, *args, **kwargs):
        if request.path != reverse('index'):
            return None

        start = time.time()
        response = func(request)
        costed = time.time() - start
        print('process view: {:.2f}s'.format(costed))
        return response

    def process_exception(self, request, exception):
        pass

    def process_template_response(self, request, response):
        return response

    def process_response(self, request, response):
        costed = time.time() - self.start_time
        print('request to response cost: {:.2f}s'.format(costed))
        return response
```

你可以先敲一下这段代码，然后把这里定义的 `TimeItMiddleware` 放到 settings.py 中 `MIDDLEWARE` 配置中的第一个。根据上面的 middleware 请求图，你应该能意识到为什么需要放到第一个。这部分的代码是这样的：

```
# settings.py 文件

MIDDLEWARE = [
    'student.middlewares.TimeItMiddleware',

    'django.middleware.security.SecurityMiddleware',
    'django.contrib.sessions.middleware.SessionMiddleware',
    'django.middleware.common.CommonMiddleware',
    'django.middleware.csrf.CsrfViewMiddleware',
    'django.contrib.auth.middleware.AuthenticationMiddleware',
    'django.contrib.messages.middleware.MessageMiddleware',
    'django.middleware.clickjacking.XFrameOptionsMiddleware',
]
```

配置完成后，你可以启动项目，反复刷新页面看一下所需的时间。当然，你也可以根据自己的想法修改代码来理解其执行逻辑。

注意　上面用到的 `django.utils.deprecation.MiddlewareMixin` 是 Django 目前版本中用来兼容老版本代码的措施。对于新版本，Django 建议你自己来处理 `process_request` 和 `process_response`。上面的整体处理流程理解起来比较直观。当你熟悉了这种逻辑后，最好能够按照新的方式来编写。这里贴出 `MiddlewareMixin` 的代码：

```
class MiddlewareMixin(object):
    def __init__(self, get_response=None):
```

```
        self.get_response = get_response
        super(MiddlewareMixin, self).__init__()

    def __call__(self, request):
        response = None
        if hasattr(self, 'process_request'):
            response = self.process_request(request)
        if not response:
            response = self.get_response(request)
        if hasattr(self, 'process_response'):
            response = self.process_response(request, response)
        return response
```

对于新的 middleware 方式，需要你自己在 `__call__` 方法中处理 `process_request` 和 `process_response`。

3.4.3 编写 TestCase 提升代码稳定性

单元测试是实际开发中很重要但经常被忽视的部分。其原因主要是编写 Web 功能的测试所耗费的时间可能会高于你开发此功能的时间。因此，对于需要快速开发、上线的业务来说，项目中关于单元测试的部分很少。但是对于需要长期维护的项目，还需要考虑增加单元测试。只是第一次编写时会比较耗费时间，一旦基础结构完成，后续跟着功能的增加来增加单元测试并不会耗费多少时间，但收益却是十分明显的。

单元测试的主要目的是让你的代码更健壮，尤其是在进行重构或者业务增加的时候。跑通单元测试，就意味着新加入的代码或者你修改的代码没有问题。在实际开发中，单元测试的覆盖率没有那么高，其原因主要也是写单元测试的成本过高，尤其是对于很复杂的业务。另一个就是团队成员的意识不足。但是在业务不断扩张的同时，我们还是会对重要的功能点增加单元测试，以保障上线时系统的稳定性。不过还得说一句，这完全取决于团队。

还有一个问题是公司有没有专门的测试人员进行功能上的回归测试，来保障每次上线的功能都可用。如果没有专门的测试人员，那么单元测试或者集成测试就是很有必要的。即便是有专门的测试，也可以通过自动化测试来加快项目进度。从我经历过的几次线上环境的事故来看，很多细小的问题，在人工测试阶段很难发现。关于单元测试，我的建议是，关键部分的单元测试一定要有，集成测试一定要有。

对于 Web 项目来说，单元测试是一件很复杂的事，因为它的输入和输出不像函数那样简单。好在 Django 给我们提供了相对好用的测试工具。单元测试本身是一个很大的话题，这一节中我们只演示如何在“学员管理系统”中使用单元测试。

1. TestCase 中几个方法的说明

在 Django 中运行测试用例时，如果我们用的是 SQLite 数据库，Django 会帮我们创建一个基于内存的测试数据库，用于测试。这意味着测试中所创建的数据，对我们的开发环境或者线上环境是没有影响的。

但是对于 MySQL 数据库，Django 会直接用配置的数据库用户和密码创建一个名为 test_student_db 的数据库，用于测试。因此，需要保证有建表和建库的权限。

你也可以定义测试用的数据库的名称，这可以通过 settings 配置：

```
DATABASES = {
    'default': {
        'ENGINE': 'django.db.backends.mysql',
        'USER': 'mydatabaseuser',
        'NAME': 'mydatabase',
        'TEST': {
            'NAME': 'mytestdatabase',  # 这里配置
        },
    },
}
```

Django 提供了一个名为 `TestCase` 的基类，我们可以通过继承这个类来实现自己的测试逻辑。在此之前，我们需要了解 `TestCase` 给我们提供了哪些方法。

下面对需要用到的几个方法做一下说明。

- **`def setUp(self)`**：用来初始化环境，包括创建初始化的数据，或者做一些其他准备工作。
- **`def test_xxxx(self)`**：方法后面的 *xxxx* 可以是任意东西。以 test_ 开头的方法，会被认为是需要测试的方法，跑测试时会被执行。每个需要被测试的方法是相互独立的。
- **`def tearDown(self)`**：跟 `setUp` 相对，用来清理测试环境和测试数据。在 Django 中，我们可以不关心这个。

2. Model 层测试

这一层的测试主要保证数据的写入和查询是可用的，同时也需要保证我们在 Model 层所提供的方法是符合预期的。比如，在 Model 中增加了 `sex_show` 这样的属性，用来展示 `sex` 这个字段的中文显示，而不是数字 1 或者 2。当然，这个功能是 Django 已经提供给我们的。这里纯粹为了演示 `TestCase` 的用法，你可以结合自己的需求来进行具体逻辑的编写。

models.py 改动后的代码如下：

```
from django.db import models


class Student(models.Model):
    SEX_ITEMS = [
        (1, '男'),
        (2, '女'),
        (0, '未知'),
    ]
    STATUS_ITEMS = [
        (0, '申请'),
        (1, '通过'),
```

```
        (2, '拒绝'),
    ]
    name = models.CharField(max_length=128, verbose_name="姓名")
    sex = models.IntegerField(choices=SEX_ITEMS, verbose_name="性别")
    profession = models.CharField(max_length=128, verbose_name="职业")
    email = models.EmailField(verbose_name="Email")
    qq = models.CharField(max_length=128, verbose_name="QQ")
    phone = models.CharField(max_length=128, verbose_name="电话")

    status = models.IntegerField(choices=STATUS_ITEMS, default=0, verbose_name=
        "审核状态")

    created_time = models.DateTimeField(auto_now_add=True, editable=False,
        verbose_name="创建时间")

    class Meta:
        verbose_name = verbose_name_plural = "学员信息"

    def __str__(self):
        return '<Student: {}>'.format(self.name)

    @property
    def sex_show(self):
        return dict(self.SEX_ITEMS)[self.sex]

    @classmethod
    def get_all(cls):
        return cls.objects.all()
```

在 views.py 的同级目录下，有一个 tests.py 文件，它是 App 初始化时 Django 默认帮我们创建的。我们增加如下代码：

```
from django.test import TestCase, Client

from .models import Student


class StudentTestCase(TestCase):
    def setUp(self):
        Student.objects.create(
            name='the5fire',
            sex=1,
            email='nobody@the5fire.com',
            profession='程序员',
            qq='3333',
            phone='32222',
        )

    def test_create_and_sex_show(self):
        student = Student.objects.create(
            name='huyang',
            sex=1,
            email='nobody@dd.com',
            profession='程序员',
```

```
            qq='3333',
            phone='32222',
        )
        self.assertEqual(student.sex_show, '男', '性别字段内容跟展示不一致！')

    def test_filter(self):
        Student.objects.create(
            name='huyang',
            sex=1,
            email='nobody@dd.com',
            profession='程序员',
            qq='3333',
            phone='32222',
        )
        name = 'the5fire'
        students = Student.objects.filter(name=name)
        self.assertEqual(students.count(), 1,
                         '应该只存在一个名称为{}的记录'.format(name))
```

在 setUp 中，我们创建了一条数据用于测试。test_create_and_sex_show 用来测试数据创建以及 sex 字段的正确展示，test_filter 测试查询是否可用。

这里需要说明的是，每一个以 test_ 开头的函数都是独立运行的。因此，setUp 和 tearDown 也会在每个函数运行时被执行。你可以简单理解为每个函数都处于独立的运行环境。

注意 对于配置了 choices 参数的字段，Django 提供了 get_xxxx_display 方法，比如上面我们增加的 sex_show 其实可以用 get_sex_display 来替换。
读者可以尝试把 tests.py 文件中的 student.sex_show 改为 student.get_sex_display() 试试。

3. View 层测试

这一层更多的是功能上的测试，也是我们重点关注的。功能可用是相当重要的事。很多时候，我们可能没有那么多时间来完成所有代码的单元测试，但无论如何，要抽出时间来保证线上功能可用。虽然这事可以通过手动浏览器访问来测试（针对网页系统来说），但是如果你有几百个页面呢，打算如何下手？

因此，我们需要自动化的逻辑，能够自动帮助我们运行系统，测试功能点。

这部分的测试逻辑依赖 Django 提供的 Django.test.Client 对象。在文件 tests.py 中，我们增加下面两个函数（注意保证缩进的正确性）：

```
def test_get_index(self):
    # 测试首页的可用性
    client = Client()
    response = client.get('/')
```

```
        self.assertEqual(response.status_code, 200, 'status code must be 200!')

    def test_post_student(self):
        client = Client()
        data = dict(
            name='test_for_post',
            sex=1,
            email='333@dd.com',
            profession='程序员',
            qq='3333',
            phone='32222',
        )
        response = client.post('/', data)
        self.assertEqual(response.status_code, 302, 'status code must be 302!')

        response = client.get('/')
        self.assertTrue(b'test_for_post' in response.content,
                        'response content must contain `test_for_post`')
```

其中，test_get_index 的作用是请求首页，并且得到正确的响应——status code = 200。test_post_student 的作用是提交数据，然后请求首页，检查数据是否存在。

注意 这里可能需要提示下最后一个 assertTrue 中 b'test_for_post' in response.content 的作用。在 Python 3 里面，response.content 的内容是 bytes 类型，所以需要在要对比的字符串前面加 b 来声明它是 bytes 而不是 str。

3.4.4 总结

这一部分中的三个技能点有助于你一开始就建立好一个完整的模型，可以帮助你更好地理解 Django。不过如果要更好地掌握这些内容，需要进一步实践才行。你需要做的就是把这一章的代码完整敲一遍，然后根据自己的理解改改代码，接着不断地运行测试。不用着急看完这本书，看完并不意味着掌握。就像我经常说的，捷径就是一步一步踏踏实实地往前走。

不过测试部分不仅仅是 Django 一方面的知识，它本身是一个单独的话题/领域，不然不会有专门的测试工程师这个岗位了。有兴趣的话，可以找更专业的图书来看。

本章就到这里，打开你熟悉的 IDE，开始运行上面的代码吧，会有很多收获。

从下一部分开始，我们将进入正式的开发阶段，请系好安全带，握紧键盘，跟上。

3.5 本章总结

这一章主要通过开发一个比较简单的系统来初步体验 Django 的用法，并且看看它在开发内容系统上的优势。其实在这一环节，作为对比，你可以尝试使用其他框架开发出同样功能的系统。

第二部分

正式开发

学完第一部分，我相信你对 Django 开发有了一点点的感觉了，它也没有外面传得那么难，对吧？

在这一部分中，我们将正式进入开发中，其构思如下。

- 编码规范。
- 建立基础的开发环境：虚拟环境管理。
- 介绍源码管理的方式以及日常使用的命令。
- 创建完整的项目结构，每一部分对于线上部署的作用。
- 编写基础 Model，创建数据库和表。
- 创建 admin 页面，并对页面进行定制。
- 编写 Form 代码，通过 `form` 来减少 HTML 代码的编写。
- 实现 View 的逻辑，并从 function view 过渡到 class-based view。
- 引入前端框架，增强可复用性，美化现有页面。

这部分的目的是让你了解，在开发阶段我们如何来编码。

第 4 章

进入开发

在这一章中，我们将为正式开发做一些准备，介绍环境配置、编码规范以及项目结构规划等内容。有了这个基础之后，我们可以方便地对项目进行任务划分，让不同成员开发不同的层（模块）。

4.1 编码规范

这是一个老生常谈的问题，但是新手往往意识不到这个问题的重要程度。没有进行过团队合作的人，其编码往往没什么风格。因为他没遇到风格不统一的问题。他可能有自己的风格，但是对于团队来说，编写的代码应该有一致的风格，否则整个代码看起来会十分凌乱。如果不同成员拥有不同的编码习惯，那么阅读者会很难适应。尤其是对于 Python 来说，比如混用缩进很容易引起隐蔽的 bug。

关于编码风格，我之前也跟不同的面试候选人聊过。其实不需要你完全遵循 Python 的编码规范，只要你所在的团队有自己统一的编码规范就行。当然，即便如此，我也建议你了解一下“Python 编码规范——PEP 8”（详见 https://www.python.org/dev/peps/pep-0008/）。这是 Python 官方建议的编码规范，因为大部分团队会遵循官方的规范。你应该有意识地去将所在团队的编码规范跟官方规范进行对比，看看它们有何不同，优缺点分别是什么。

当然，有些来面试的候选人可能根本不知道 PEP 8 是什么，对编码规范也没有概念。他们认为，我写的代码能运行，完成产品功能不就完了吗。规范有那么重要吗?

我的回答是：“对于团队来说，很重要。”拿普通话来举个例子。团队里其他人都使用普通话进行沟通，只有你偏爱说方言，让别人花时间来理解你说的话的意思。口语表达其实还好，即时发生，后续不用维护。试想一下，如果你还要不断地维护这些口语风格的文档或者注释，那这将是一件极为痛苦的事情。假设又来了一位特立独行的新同事，也喜欢用自己家乡的方言沟通，那么整个团队的沟通成本会不断上升，大家都自说自话了。

因此，统一规范就是让大家都说“普通话”，减少沟通的额外成本。这对于团队管理者来说也很重要。如果你有兴趣做 leader 的话，这是需要着重考虑的。其实不限于代码规范，还有其他规范，都可以被理解为团队文化的一部分。

说了这么多，你应该也能理解规范的重要性。作为专业的程序员，应该有专业的表现。代码风格就是其中一个方面。接下来，我们看看规范细则。我们遵循官方的 PEP 8 以及 Google Python 编码规范，这两者没有太大差别。在制定规范时，需要团队成员一起过一遍才行，确定以后编码遵循哪种方案。

在这一节中，我们会介绍 Python 官方的编码规范，也就是大家说的 PEP 8。

在介绍 PEP 8 之前，我们还需看一下“Python 之禅”，它可以理解为编码规范的一个总体约束或者原则。

4.1.1 `import this`（Python 之禅）

在终端上输入 Python，回车后进入 Python shell 中，输入 `import this` 后回车，会得到如下结果：

```
>>> import this
The Zen of Python, by Tim Peters

Beautiful is better than ugly.
Explicit is better than implicit.
Simple is better than complex.
Complex is better than complicated.
Flat is better than nested.
Sparse is better than dense.
Readability counts.
Special cases aren't special enough to break the rules.
Although practicality beats purity.
Errors should never pass silently.
Unless explicitly silenced.
In the face of ambiguity, refuse the temptation to guess.
There should be one-- and preferably only one --obvious way to do it.
Although that way may not be obvious at first unless you're Dutch.
Now is better than never.
Although never is often better than *right* now.
If the implementation is hard to explain, it's a bad idea.
If the implementation is easy to explain, it may be a good idea.
Namespaces are one honking great idea -- let's do more of those!
```

其对应的中文翻译如下（摘自“赖勇浩的编程私伙局博客”，详见 http://blog.csdn.net/gzlaiyonghao/article/details/2151918）：

```
Python 之禅 by Tim Peters

优美胜于丑陋（Python 以编写优美的代码为目标）
明了胜于晦涩（优美的代码应当是明了的，命名风格相似）
简洁胜于复杂（优美的代码应当是简洁的，不要有复杂的内部实现）
复杂胜于凌乱（如果复杂不可避免，那么代码间也不能有难懂的关系，要保持接口简洁）
扁平胜于嵌套（优美的代码应当是扁平的，不能有太多的嵌套）
间隔胜于紧凑（优美的代码有适当的间隔，不要奢望一行代码解决问题）
可读性很重要（优美的代码是可读的）
```

```
即便假借特例的实用性之名，也不可违背这些规则（这些规则至高无上）

不要包容所有错误，除非你确定需要这样做（精准地捕获异常，不写 except:pass 风格的代码）

当存在多种可能，不要尝试去猜测
而是尽量找一种，最好是唯一一种明显的解决方案（如果不确定，就用穷举法）
虽然这并不容易，因为你不是 Python 之父（这里的 Dutch 是指 Guido）

做也许好过不做，但不假思索就动手还不如不做（动手之前要细思量）

如果你无法向人描述你的方案，那肯定不是一个好方案，反之亦然（方案测评标准）

命名空间是一种绝妙的理念，我们应当多加利用（倡导与号召）
```

说明　更多的中文翻译版本可以查看 https://wiki.woodpecker.org.cn/moin/PythonZen。

这既是编码规范的原则，也是程序设计的原则。不时地回顾一下这份简洁的规范，有助于你写出优美的代码。很多时候，我们写出很糟糕的代码，是因为我们不知道应该依据什么来写出优美的代码。

值得一说的是，这也是一些公司在面试时喜欢问的问题。很早之前，我在找工作时被问到过多次，自己在面试别人时也会问。你不用全部背过，但要理解其中每一句话的作用。在你写代码的过程中难以抉择时，或者在某次的评审会议上 PK 代码时，可以拿出来用。

4.1.2　Python 编码规范

不得不说，这看起来有点枯燥，但是相信我，了解这些规范能让你在进入职场之后，减少代码被吐槽的次数。花 10 分钟的时间看看这部分吧。

下面我会简述部分内容，建议你自行到 Python 官网阅读完整内容。

1. 代码布局

- **缩进**

用 4 个空格作为缩进的层级。

在需要折行的情况下，需要保持元素对齐，无论是使用 Python 小括号/中括号/花括号隐含的连接方式进行垂直对齐，还是使用悬挂缩进的方式对齐。当使用悬挂缩进方式对齐时，需要考虑到：第一行不需要有参数元素，最后一行不要对接下来的行造成干扰。

下面通过代码展示一下：

```
# 正确写法
foo = long_function_name(var_one, var_two,
                         var_three, var_four)
```

```
# 使用更多的缩进以区分剩下的部分
def long_function_name(
        var_one, var_two, var_three,
        var_four):
    print(var_one)

# 悬挂缩进需要增加一级缩进
foo = long_function_name(
    var_one, var_two,
    var_three, var_four)

# 错误写法
# 不使用垂直对齐时，第一个参数不要出现在第一行
foo = long_function_name(var_one, var_two,
    var_three, var_four)

# 需要更多的缩进来避免对接下来的代码行造成干扰
def long_function_name(
    var_one, var_two, var_three,
    var_four):
    print(var_one)
```

此外，还有其他示例，建议读者自行查看。

- **Tab 还是空格**

优先选用空格（space）而不是 Tab。

在 Python 3 中，不允许两者混用。

如果在 Python 2 中混用了 Tab 和空格，那么需要统一转为空格。

注意 混用两者的代码在 Python 2 中可运行，但是很容易出现新手无法察觉的问题，这可能会耗掉你大半天的时间。

- **每行长度**

规范建议长度不超过 79 个字符。这里不讲文档了，说说我们的做法。

在 PEP 8 检查工具中，我们会关掉这项检测，更倾向于允许使用更长的变量名来表达明确的含义，而不是为了让每行代码更短而使用一些缩写。

但需要注意的是，尽量不要让代码折行，这会影响阅读体验。

对于参数定义过多或者 `import` 内容过多的情况，可以参考前面“缩进”一节的用法。对于 `import` 比较多的情况，我们常用的做法是：

```
from xx_module import (
    a, b, c,
    d, e, f,
)
```

通过括号来进行换行处理。

- **换行是在二元操作符前还是后**

这个通过代码更好表达：

```
# 错误写法：操作符离它要处理的元素太远
income = (gross_wages +
          taxable_interest +
          (dividends - qualified_dividends) -
          ira_deduction -
          student_loan_interest)

# 正确写法：操作符跟要操作的元素更容易匹配
income = (gross_wages
          + taxable_interest
          + (dividends - qualified_dividends)
          - ira_deduction
          - student_loan_interest)
```

- **空行**

顶级的类或者方法周围（上下）应该各有两个空行。

类内部的方法周围（上下）需要各有一个空行。

多余的空行可以用来划分相关的函数或者相关的代码块。

注意　留白也是一种编码方式。就像写文章一样，大段大段的内容读起来非常困难，合理地利用空行能够有效提高阅读体验。

- **import**

每个 import 需要独立一行来写，示例：

```
# 正确写法
import os
import sys

# 错误写法
import sys, os
```

但这样也是可以的：

```
from subprocess import Popen, PIPE
```

import 语句需要放到文件的顶部，在模块注释和文档注释之后，且在模块级全局变量和常量定义之前。

我们需要按照如下顺序来组织不同的引用：

- 标准库的引用

- ❑ 相关第三方库的引用
- ❑ 本项目中其他模块的引用

各组引用之间要用空行分隔，每一组引用中按照 import 在 from 上面的顺序，并且需要根据字母排序。

示例代码：

```
import time
from datetime import datetime
from os import path

import django
from django.conf import settings
from django.http import HttpResponse

from blog.models import Post
```

此外，我们推荐使用绝对路径的引用。因为这样可读性更高，也更容易排查错误：

```
import mypkg.sibling
from mypkg import sibling
from mypkg.sibling import example
```

当然，明确的相对引用也是可以的。尤其是在处理复杂的包结构时，使用绝对引用有点冗长：

```
from . import sibling
from .sibling import example
```

当从一个包含类定义的模块中引用类时，可以使用如下方式：

```
from myclass import MyClass
from foo.bar.yourclass import YourClass
```

如果上面的引用方式引起当前模块变量冲突（比如当前模块中也定义了 MyClass 这样的类，当然这是应该避免的情况），可以使用如下方式：

```
import myclass
import foo.bar.yourclass
```

我们可以通过 myclass.MyClass 和 foo.bar.yourclass.YourClass 来引用。

我们应该避免使用通配符引用（from <module> import *），因为这会导致命名空间的名称不明确，使其他开发者以及自动化工具感到困惑。

不过有一种情况是可以使用通配符引用的，那就是当你需要在一个公开（统一）的地方暴露一些接口时。比较常见的是，在 __init__.py 中引入当前包下所有模块需要对外暴露的接口。

示例如下：

```
# mypkg/myclass.py

class MyClass():
    pass
```

```
# mypkg/__init__.py
from .myclass import *
```

这样可以直接通过 `from mypkg import MyClass` 来引入 `MyClass`，或者先通过 `import mypkg` 引入对应包，再通过 `mypkg.MyClass` 获取包上的变量来使用 `MyClass`。

- **模块级别的双下划线命名**

这里先介绍一个通用语——dunder（double underscore），它表示变量两侧各有两个下划线的命名方式，如：`__version__` 和 `__author__`。

`__all__`、`__version__` 和 `__author__` 等定义需要放在 docstring（文档注释）之后、其他 `import` 语句之前（除了 `from __future__ import xxxx` 这种引用外）。

示例：

```
"""This is the example module.

This module does stuff.
"""

from __future__ import barry_as_FLUFL

__all__ = ['a', 'b', 'c']
__version__ = '0.1'
__author__ = 'Cardinal Biggles'

import os
import sys
```

2. 字符串引号

在 Python 中，单引号和双引号是一样的。PEP 对此没有强制要求，你可以选择一种方式，然后持续使用。当一个字符串中包含了单引号或者双引号时，可以通过另外一种引号来避免使用转义字符，这样可以提高可读性。比如：`words = "This's your 《Django Book》"`。

对于三引号的情况，始终使用三个双引号。示例：

```
def hello(words):
    """ 这是 docstring 注释 """
    print('hello ', words)
```

此外，还有很多其他规范，碍于篇幅，这里就不再一一列举了。我强烈建议你去查看 PEP 8 定义或者 Google Python 编码规范。

4.1.3 Django 编码风格

前面简单说了一些 Python 的编码规范，Django 也提供了编码规范来保证 Django 项目的代码保持统一的风格。

Django规范依然是基于Python规范的，其中加入了Django场景的说明，下面我们列举几个。

1. 引用顺序（import）

Python中其实已经有这个规定了，只是Django做了进一步规定，示例如下：

```
# future
from __future__ import unicode_literals

# standard library
import json
from itertools import chain

# third-party
import bcrypt

# Django
from django.http import Http404
from django.http.response import (
    Http404, HttpResponse, HttpResponseNotAllowed, StreamingHttpResponse, cookie,
)

# local Django
from .models import LogEntry

# try/except
try:
    import yaml
except ImportError:
    yaml = None

CONSTANT = 'foo'


class Example:
    ……
```

需要注意上面的顺序以及空行（一个空行和两个空行）。

2. 模板风格

简单来说，就是保留空格。前面Python部分并没说到这一块，这里可以看一个示例：

```
# 正确写法
{{ foo }}

# 错误写法
{{foo}}
```

3. View（视图）中的编码规范

这里强烈建议保持function view中第一个参数命名的一致性，即使用`request`而不是其他缩写：

```
# 正确写法
def view(request, foo):
    pass

# 错误写法
def view(req, foo):
    pass
```

这里不用修改第一个参数的命名。

4. Model（模型）中的编码规范

关于模型定义的编码规范，第一点是使用小写的下划线命名替代驼峰式命名：

```
# 正确写法
class Person(models.Model):
    first_name = models.CharField(max_length=20)
    last_name = models.CharField(max_length=40)

# 错误写法
class Person(models.Model):
    FirstName = models.CharField(max_length=20)
    Last_Name = models.CharField(max_length=40)
```

第二点是顺序和空行。一个模型中一般有几种类型的定义，其顺序如下：

- 字段定义
- 自定义 `managers` 属性
- `class Meta` 定义
- `def __str__` 方法
- `def save` 方法
- `def get_absolute_url` 方法
- 其他方法定义

注意，每种定义之间需要用一个空行分隔。

第三点是 `choices` 字段的用法。如果用到了带有 `choices` 参数的字段，`choices` 的定义需要大写，如下：

```
class MyModel(models.Model):
    DIRECTION_UP = 'U'
    DIRECTION_DOWN = 'D'
    DIRECTION_CHOICES = (
        (DIRECTION_UP, 'Up'),
        (DIRECTION_DOWN, 'Down'),
    )
    direction = models.CharField(max_length=10, choices=DIRECTION_CHOICES)
```

就像 Python 规范一样，这里并没有完整介绍 Django 的规范，还需要你到 Django 官网自行阅读。

4.1.4 总结

编码规范的内容虽然很多，直接读起来也比较枯燥，但是目的却很简单——保证大家有统一的沟通方式，降低代码协作和维护的成本。熟悉这些规范并养成习惯，能够让你在编码时写出Python风格的代码。

另外，需要补充的是，不同的团队可能会根据自己的需求指定自己的规范。这个规范既可能是基于Python或者Django的规范改编的，也可能完全是自己设定的。你需要了解这些规范的目的以及跟Python社区规范的差异。

4.1.5 参考资料

- Google Python 编码规范：http://zh-google-styleguide.readthedocs.io/en/latest/google-python-styleguide/python_style_rules/。
- PEP 8：https://www.python.org/dev/peps/pep-0008/。
- Django 编码风格：https://docs.djangoproject.com/en/dev/internals/contributing/writing-code/coding-style/。

4.2 虚拟环境

在实际的开发过程中，我们可能需要维护多个项目，甚至同时开发不同的项目，而这些项目的依赖又不同（比如既有Python 2.7的基于Django 1.9的项目，也有Python 3.6的基于Django 1.11的项目），如果不同的依赖都直接安装到系统环境中，那么可能会出现冲突。

因此，就有了解决这个需求的方案——虚拟环境。简单来说，虚拟环境可以创建独立于系统的Python运行环境和包管理环境。在实际开发中，我们会针对每个项目创建独立的虚拟环境。而Python中，虚拟环境管理的工具有如下几种：

- Python 3.3之后版本自带的venv模块；
- 第三方工具virtualenv（有virtualenvwrapper的增强包）；
- 第三方工具pipenv。

另外，上面工具创建的虚拟环境都可以配合autoenv得以增强。

下面我们来讲解一下venv模块以及virtualenv的用法。至于pipenv以及autoenv的用法，你可自行探索。你可以选择自己喜欢的工具作为虚拟环境管理工具，但是无论选择哪种，一定要熟悉其用法。

4.2.1 Python 3.3之后自带venv模块

venv是Python 3.3之后自带的虚拟环境管理模块，其用法十分简单。

首先，创建虚拟环境：

```
$ python3.6 -m venv project-env
```

然后，进入虚拟环境目录：

```
$ cd project-env
```

接着，激活虚拟环境：

```
$ source bin/activite
```

此时你就可以在虚拟环境中使用 `pip install <package_name>` 来安装 Python 包了。

要退出虚拟环境，可以使用如下命令：

```
$ deactivate
```

4.2.2 virtualenv 的用法

virtualenv 是第三方的虚拟环境管理工具，需要先安装。这里我们可以选择安装到系统目录或是用户目录，命令分别如下。

安装到系统目录（需要 root 权限）：

```
$ pip install virtualenv
```

安装到用户目录：

```
$ pip install virtualenv --user
```

注意 如果没有配置 User PATH 变量的话，需要在 ~/.bashrc 中新增 `export PATH="$HOME.local/bin:$PATH"`。

接下来，直接使用即可：

```
$ virtualenv project-env
```

其中，`project-env` 就是虚拟环境目录。

其余步骤与 venv 一样。

如果打算使用 virtualenv 的增强包的话，则需要安装该包：`pip install virtualenvwrapper`。

virtualenvwrapper 被安装后，需要修改用户家目录（macOS 下指的是/Users/<用户名>/，Linux 下指的是 /home/<用户名>）下的 .bashrc 文件。如果是 oh-my-zsh 用户，则需要修改 .zshrc，最后一行添加如下内容：

```
export WORKON_HOME=$HOME/.virtualenvs
source /usr/local/bin/virtualenvwrapper.sh
```

如果使用 `--user` 方式安装的话，应该使用下面的方式启动 `virtualenvwrapper`：

```
source $HOME/.local/bin/virtualenvwrapper.sh
```

配置好之后，就可以通过 `mkvirtualenv project-env` 来创建虚拟环境，使用 `workon project-env` 来激活虚拟环境了。这是我常用的管理虚拟环境的方式，可以比较方便地创建和切换虚拟环境。

4.2.3 总结

关于虚拟环境的用法，还有很多技巧。你可以挑选自己喜欢用的工具，熟练掌握。

虚拟环境不仅在开发环境中有用，在线上部署时也很有帮助。部署项目时，我们都会使用独立的虚拟环境，这样可以很好地管理部署的程序。另外，同一台服务器上可能会部署多套程序，因此使用虚拟环境作为隔离也是很有必要的。

4.2.4 参考资料

- virtualenv 的用法：https://virtualenv.pypa.io/en/stable/userguide/#usage。
- virtualenvwrapper 文档：https://virtualenvwrapper.readthedocs.io/en/latest/。
- Python 3 中的 venv 文档：https://docs.python.org/3/library/venv.html。
- pipenv 的用法：https://github.com/pypa/pipenv。

4.3 合理的项目结构

在这一节中，我们来看看如何规划合理的项目结构。在项目开发中，我经常会跟团队成员说一定要重视基础结构，因为维护这些代码的人，可能会不加思考地在你的模块（类或者函数）下添加新代码。他们可能会觉得有点别扭，但是大部分人不会提出来去重构这个代码，而是随大流。

这其实印证了一个简单的规则：前有车后有辙。当你定义好一个结构之后，别想着后面再去优化它，因为你肯定没时间来做这件事。一旦别人在你的结构之上建造了更多的代码之后，重构会变得更加困难。

所以，对于我们来说，除了想着写出优雅的代码之外，还需要考虑定好合理且易用的结构。一开始就建立一个好的结构非常重要。

4.3.1 原则

根据使用频率以及需要依赖的文件合理地规划项目文件结构。可以提高开发效率，降低维护成本。项目管理或者说软件管理，同我们日常生活中的物品管理是极为类似的。使用频率高的物品应该放到触手可及的位置，不应该被其他不常用的物品挡住。

组织原则可以总结为一句话：让一切操作更加轻松。

4.3.2 通用项目结构

基于上述原则，在软件开发中有一些通用的项目结构。这里说的“通用”是基于我自己的实践总结，以及对网上开源项目观察所得到的结论，你可以根据自己的认知和经验来组织更方便自己使用的结构。

我们来看看一个通用的结构：

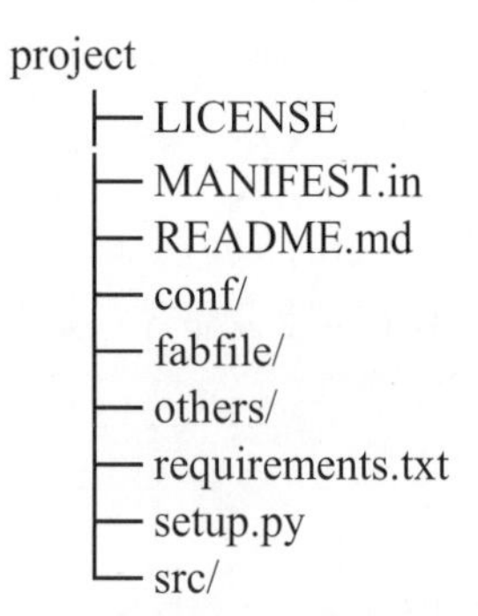

这是 Python 项目最外层的一个结构，下面逐个解释一下。

- LICENSE：开源项目一般会配置此项，表示开源协议。
- READMD.md：项目介绍。
- conf：存放项目相关的配置文件。比如，部署时用到的 Nginx 配置、Supervisor 的配置或者其他相关配置。
- fabfile：针对 Fabric 的配置，这里其实可以是一个独立的文件 fabfile.py，但是如果功能比较多，建议拆成多个模块，并将其放到 fabfile 包下，通过 __init__.py 进行暴露。在 14.2 节中，我们会详细介绍 Fabric 的用法。
- src：项目源码目录。
- requirements.txt：项目依赖的模块，新的开发人员通过 `pip install -r requirements.txt` 就可以安装好项目的所有依赖。
- setup.py：用来打包项目，14.2 节会详细介绍。
- others：其他一些有必要放到源码管理里面的内容，比如 docs 和产品需求文档等。
- .gitignore：用来忽略一些不需要被纳入源码管理的文件，比如 pyc 文件和 log 文件等。
- MANIFEST.in：跟 setup.py 配合使用，14.2 节会介绍。

在一个通用的目录结构里，同时也声明了需要被源码管理的内容。这里需要注意的一点是，如果某个文件可以通过源码反复生成，就不必放到源码管理里，比如 Python 项目打包之后的文件。所以，我们在 .gitignore 中通常会过滤掉 dist/ 和 build/ 这样的目录。

4.3.3　Django 项目结构

Django 项目的结构同通用项目的结构一致，这里着重说一下源码部分。

一般来说，项目名称和源码名称是保持一致的，这么做的好处是让项目对外有一个统一的入口，尤其是安装之后。通常，Django 项目结构如下：

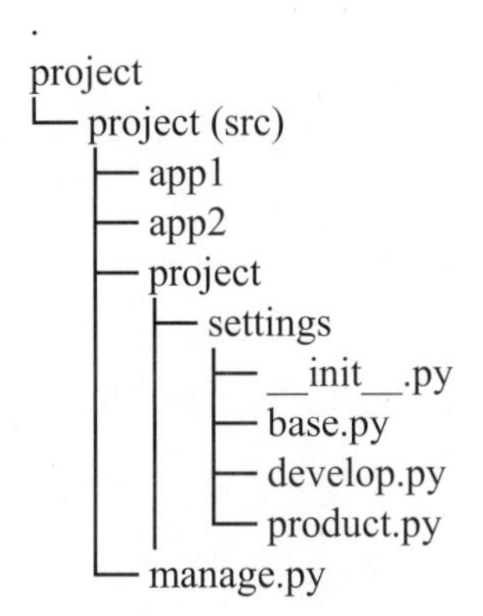

这里只列出了 src 目录，我们着重来说一下它。首先，其名称改为跟项目同名，下面有三个 app：app1、app2 和 project，其中同名的 project 是配置文件所在的 app。这些目录其实都不用多讲，因为在前面的学员管理系统练手时都涉及了。这里需要说明的是 settings 的拆分。

正常情况下，Django 会帮我们创建一个 settings.py 目录，所有 Django 的配置都在这个模块中。这就会产生一些问题，比如同一份配置，怎么来更好地区分开发环境和线上环境？这里涉及数据库的配置、域名的配置、缓存的配置等。当然，我们可以通过在 settings.py 中编写 `if...else` 之类的条件语句来分别赋值，但是长此以往，settings 会越来越臃肿，越来越复杂。

理论上讲，开发环境的配置跟生产环境的配置完全没关系，我们在维护生产环境的配置时，不需要考虑其他环境的配置。因此，就有了拆分的逻辑。

具体的做法是把之前 settings.py 中的内容放到 settings/base.py 中，删除原 settings.py 文件，同时新增 __init__.py、develop.py 和 product.py。拆分独立模块之后，把需要独立配置的内容分别放置在不同的模块中，比如 `DATABASES` 配置，在 develop.py 中可以配置 SQLite 数据库，在 product.py 中可以配置正式的 MySQL 数据库。当然，还有其他配置，后面会详细介绍。

拆分完 settings 之后，我们需要修改两个文件：manage.py 和 wsgi.py。这也是创建项目时 Django 默认创建的。如果你看过这两个文件，应该能理解为什么需要改它们。下面我们以 manage.py 为例，看一下代码：

```
#!/usr/bin/env python
import os
import sys

if __name__ == "__main__":
    os.environ.setdefault("DJANGO_SETTINGS_MODULE", "student_sys.settings")
    try:
        from django.core.management import execute_from_command_line
    except ImportError:
        # The above import may fail for some other reason. Ensure that the
        # issue is really that Django is missing to avoid masking other
        # exceptions on Python 2.
```

```
        try:
            import django
        except ImportError:
            raise ImportError(
                "Couldn't import Django. Are you sure it's installed and "
                "available on your PYTHONPATH environment variable? Did you "
                "forget to activate a virtual environment?"
            )
        raise
    execute_from_command_line(sys.argv)
```

这里需要注意 `os.environ.setdefault("DJANGO_SETTINGS_MODULE", "student_sys.settings")` 这一行，它的作用就是设定 Django 的 settings 模块。现在因为我们改了原有的 settings 模块，所以需要调整一下：

```
profile = os.environ.get('PROJECT_PROFILE', 'develop')
os.environ.setdefault("DJANGO_SETTINGS_MODULE", "student_sys.settings.%s" % profile)
```

这样就可以通过设定环境变量 `PROJECT_PROFILE` 为 `develop` 或者 `product`，让 Django 加载不同的配置。

同理，我们也需要修改 wsgi.py。

4.3.4　总结

合理的项目结构非常重要，对于 Django 来说，理解 settings 拆分的逻辑也很重要。其实在实际开发中，除了 settings 拆分，还有 url 的拆分和 views 的拆分。目的都一样，那就是保证项目结构的合理性，降低后期的开发和维护成本。

4.3.5　参考资料

- gitignore 参考资料：https://github.com/github/gitignore/blob/master/Python.gitignore。

4.4　版本管理与协作：Git

版本控制并不是仅限于源码管理这一领域，因为它的本质就是文件管理，所以你可以通过它来管理一切基于文件的变更。

在版本管理领域，有很多工具可以使用。拿我自己的经历来说，早期都是使用 SVN 来做源码管理，2011 年之后，Git 开始流行，就开始使用 Git。当然，这其中也有公司的因素。

这里我们不讨论 SVN 和 Git 的差别，只需要知道目前我们日常开发中用到的绝大多数库或者框架的源码都是通过 Git 来管理的。显然，掌握 Git 有助于你更好地参与到开源的世界中。

4.4.1　我们的协作方式

在具体介绍 Git 的用法之前，先来了解一下版本管理的协作方式。所谓协作方式，是指团队共同维护一个项目的方式。我们使用 Git 来管理源码，共同协作的方式是这样的。每次新来一个任务（feature-A），我们会分配一名成员来负责这个 feature 的开发，他会在当前的主分支上（master）切出来一个分支（feature-A）。编写好代码之后，提交该分支，然后在 GitLab 平台（基于开源 GitLab 自己搭建的）上发起一个 Merge Request 请求（也称 MR，对应 GitHub 上的 PR——Pull Request），等待项目负责人审核代码。同时，如果该功能需要测试，也会部署该分支到测试环境下，然后提交给测试组。测试和审核都没问题后，代码可以合并进主分支进行上线。

关于版本管理的流程，我建议你了解一下 git-flow。需要知道的是，管理流程没有“标准答案”，不同的公司或者团队有不同的管理流程。

4.4.2　Git 的基本概念

了解大概流程之后，我们来看一下 Git 的用法。首先，我们需要理解它是一个分布式的版本管理系统，这意味着你在做版本提交时不需要联网，在本地即可完成。等有网络时，再同步到远端，保证其他成员能获取到最新的代码。

对于一个新项目，我们首先需要在项目目录中执行 `git init` 来初始化版本系统。之后，可以通过 `git status` 来查看当前状态。

`git status` 会输出如下 4 种状态。

- Untracked files：指尚未被追踪的文件。
- Changes to be committed：指已提交到暂存区，但尚未提交到版本管理中，对未被追踪的文件执行 `git add <文件名>`命令之后的状态。
- Changes not staged for commit：指已经被追踪的文件发生了修改，但修改还未被添加到暂存区。
- nothing to commit, working directory clean：没有文件被修改，或者未被追踪。确切地说，这不算是一个状态，因为状态是针对具体文件的，这个输出只是告诉我们，目前工作目录是干净的。

下面通过图 4-1 来看一下。

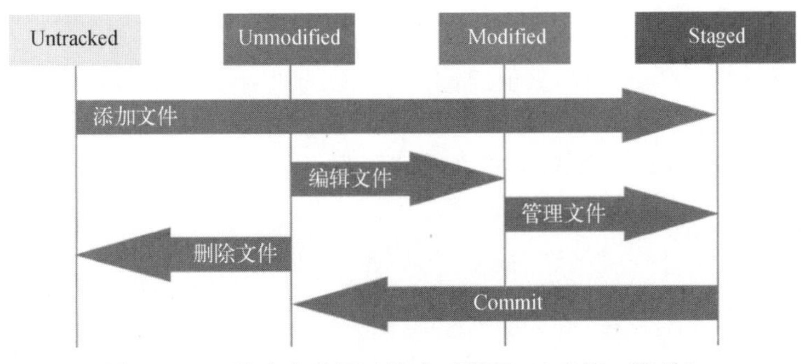

图 4-1　Git 状态变化图（摘自《精通 Git（第 2 版）》）

本地提交的代码可以推送到远端，但是需要先设置远端的仓库地址：

```
git remote add origin git@github.com:the5fire/django-practice-book.git
```

之后通过 `git push -u origin master` 把本地代码推到远端，同时设定本地 master 和远端 master 的对应关系。

4.4.3 案例演示

我们在本地创建一个新项目，并且进入项目目录：`mkdir project && cd project`。我们可以通过下面几个命令来练习 Git 的基本用法。

(1) 初始化 Git 仓库：`git init`。

(2) 添加文件（`echo 'hello' >> README.md`），然后通过 `git status` 查看当前状态。

(3) 提交文件（`git add README.md`），再次通过 `git status` 查看状态，注意观察变化。

(4) 变更文件（`echo 'world!' >> README.md`），通过 `git status` 查看状态。

(5) 再次提交文件：`git add README.md`。

(6) 创建 commit（`git commit -m 'hello world'`），通过`-m` 便捷方式提交 commit 消息（注释）。在变更文件较多时，我建议直接通过 `git commit` 进入编辑器界面进行提交，这样便于查看提交的文件。

这就是一次简单的文件变更和提交实例，也是日常工作中频率最高的操作。不了解 Git 的人可以通过这个实例熟悉一下。

4.4.4 Git 进阶

当你掌握了基础命令之后，就可以用 Git 来管理项目，或者参与到协作的项目中了。接下来，需要做的是进一步提高。提高什么？第一点是效率，第二点是解决问题的能力。

关于效率，主要体现在多命令的熟练程度以及别名（alias）上。你可能会发现别人用的 `git` 命令跟你一开始学的不太一样。其实不止是 `git` 命令，很多人用的 Linux 命令也不一样。原因在于，为了减少执行常用命令时敲击键盘的次数，常常会设置一些别名，以此提高效率。

比方说，查看状态时，一般用 `git st`；提交 commit 时，一般用 `git ci`。这两个都是配置的别名。除了别名之外，Git 还支持其他配置，你可以通过 `git config -l` 查看配置，或者通过 `git config --global core.editor "vim"` 这样的命令来单独配置某一项。这些配置可以在全局（~/.gitconfig）或者局部（git 管理项目的根目录下的.git/config）来配置。这里是我的 ~/.gitconfig 配置：

```
[alias]
    st = status
    br = branch
    co = checkout
    ci = commit
```

```
    diff = diff --color
    df = diff
    dc = diff --cached
    lg = log --color --graph --pretty=format:'%Cred%h%Creset -%C(yellow)%d%Creset
        %s %Cgreen(%cr) %C(bold blue)<%an>%Creset' --abbrev-commit --
[core]
    editor = vim
    excludesfile = /Users/the5fire/.gitignore_global
[user]
    name = the5fire
    email = 邮箱地址
[push]
    default = current
[color]
    diff = auto
    ui = auto
```

这里需要指出的是，通过 ~/.gitconfig 可以进行全局配置（也就是针对所有项目），而每个项目下 .git/config 中的配置只针对这个项目。

上面的配置中包含了别名的配置以及其他配置，比如默认编辑器（执行 `git commit` 时所使用的编辑器）、用户名和邮箱等。gitconfig 的可配置项还有很多，你可以通过 Google 搜索关键词 git config best practices 来获取更多相关内容。

此外，我建议你自行尝试，了解上面命令的作用。

上面的配置可以称作便利配置，方便我们提高击键效率。接下来，我们介绍一下在日常开发中经常用到的用来解决问题的命令。

- 修改已提交的 commit

我们推荐一个 commit 只做一件事，比如修复一个 bug，完成一个小的功能点，但有时会出现已经提交了 commit，又发现一个小问题，而修复后作为独立的 commit 不合适，此时可以使用 `git commit --amend` 把新的改动加入到刚才的 commit 中。

- 修改历史 commit

有时还会有需要变更历史的需求，比如提交了多个相似的 commit，需要将其合并为一个，或者提交了多个注释都是 fix bug 的 commit，需要明确内容，此时可以使用 `git rebase -i HEAD~3` 命令。这个命令指通过交互模式（`-i` 的作用）的方式来进行调整，最后的 `HEAD~3` 指明我们想要修改最近 3 次的 commit。当我们执行命令之后，会出现如图 4-2 所示的界面。

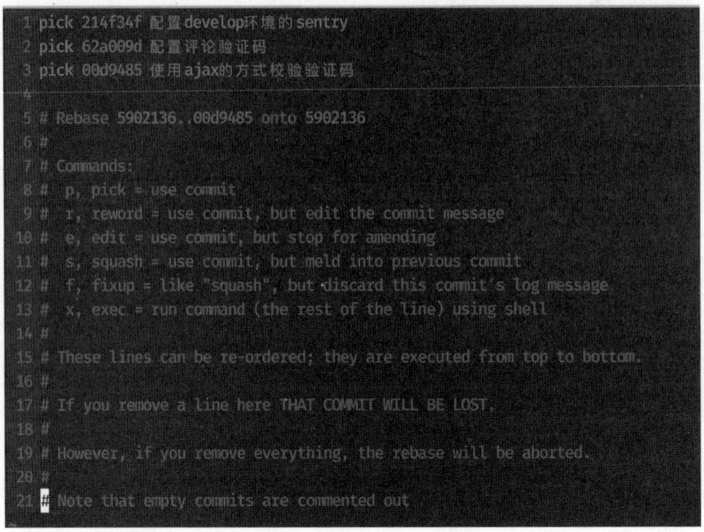

```
1 pick 214f34f 配置develop环境的sentry
2 pick 62a009d 配置评论验证码
3 pick 00d9485 使用ajax的方式校验验证码
4
5 # Rebase 5902136..00d9485 onto 5902136
6 #
7 # Commands:
8 #  p, pick = use commit
9 #  r, reword = use commit, but edit the commit message
10 #  e, edit = use commit, but stop for amending
11 #  s, squash = use commit, but meld into previous commit
12 #  f, fixup = like "squash", but discard this commit's log message
13 #  x, exec = run command (the rest of the line) using shell
14 #
15 # These lines can be re-ordered; they are executed from top to bottom.
16 #
17 # If you remove a line here THAT COMMIT WILL BE LOST.
18 #
19 # However, if you remove everything, the rebase will be aborted.
20 #
21 # Note that empty commits are commented out
```

图 4-2　Git Rebase 示例

这里我们可以调整注释、合并两个 commit（使用 squash）或者舍弃某个 commit（直接去掉某个 commit）。图 4-2 中的注释介绍了每个命令的作用。

需要注意的是：即便不修改任何内容，进入这个模式后，也会重写这几个 commit（重新生成 commit 号）。我们可以通过删掉所有的非注释内容来正常退出。

这种操作不可在共用的分支上做，尤其是对于已经推送到远端的 commit。因为变更完成后，只有通过 `git push -f` 才能重新提交。如果是共用的分支，会导致其他开发人员“崩溃”（造成代码冲突）。

- `git blame` 审查代码

其实现在的大部分 IDE 都已经内置这个功能了。这里只是简单介绍在命令行的情况下，可以通过 `git blame <文件名>` 方式来查看每一行代码是由哪个开发人员编写的。这个功能在评审（review）代码时经常会用到，我们可以用它来定位这一行糟糕的代码是谁写的。

- 远端和本地

它们在 Git 中是非常重要的概念，每个使用 Git 的开发人员都需要理解它们。前面我提到过，Git 可以在本地完成所有的版本记录操作，原因就在于此。当我们创建好一个新的仓库时，此时只有本地端的数据。当我们需要提交代码到 GitHub 或者 GitLab 上时，可以通过 `git remote add origin <远端仓库地址>` 来增加远端仓库，其中 `origin` 是远端仓库的默认名称。

然后，就可以通过 `git push -u origin master` 来推送本地 master 分支的代码到远端，并且同时设置本地 master 关联远端的 master 分支。其作用就是，当我们执行 `git pull` 操作时，Git 知道应该从哪里拉取代码。与之对应的是，你需要了解 `git pull` 和 `git fetch` 的差别。

❑ 无中间服务器如何提交 Pull Request

一般情况下，我们都是通过类似 GitHub 的平台来提交 Pull Request（简称 PR），然后经负责人评审代码，没问题的话就会合并到主分支上。所以，通过无中间服务器提交 PR 并不是常见的方式，但是理解它有助于我们更好地理解 Git。设想这样一个比较极端的场景，你打算给某个开源项目提一个 Pull Request（或者叫作 patch），但此时所有现在能用的代码协作平台（比如 GitHub、Bitbucket 和 GitLab 等）都无法访问了。你有这个项目作者的邮箱，要怎么给他提 Pull Request?

下面我们用一个例子来说明。初始化一个项目：`mkdir test-patch && cd test-patch && git init`。

新建 README 文件：`echo 'hello' >> README.md`。提交代码：`git add README.md` 以及 `git commit -m 'add hello to README.md'`。此时，在 master 分支上就有了第一个 commit。

此时我们另外新开一个分支：`git checkout -b feature-A`。修改一下 README.md 文件：`echo 'world!' >> README.md`。接着，提交变更并且创建一个新的 commit：`git add README.md && git commit -m 'add world to README.md'`。

好了，现在有了一个新分支，我们打算把这个分支的代码提交给 master 分支，但是又没有集中平台可以用（集中平台可以通过 Web 界面操作）。要怎么处理呢？假设 master 分支是另外一个人维护的，要怎么把你的分支给他呢？

这里有两种操作，第一种是通过 `git diff` 和 `git apply` 的方式。

通过 `git diff commit1 commit2 > patch.diff`（这里面的 commit 应该是对应的 commit 号才行）或者 `git diff master feature-A > patch.diff` 来创建 diff 文件。创建完成的 diff 文件类似下面的格式：

```
diff --git a/README.md b/README.md
index ce01362..95140e7 100644
--- a/README.md
+++ b/README.md
@@ -1 +1,2 @@
 hello
+world!
```

这个文件最重要的部分在于 + 的部分（对应的也会有 - 的情况，如果删除或者替换了某行的话），+ 或者 - 声明了变更内容。

上面的文件可以发给另外一个人，他接收到之后，只需要在 master 分支执行 `git apply patch.diff` 命令，就可以把我们做的变更应用到当前分支。只是这种方式无法保留作者信息，也就是我们所创建的 commit 信息。

所以还有另外一种方式，即通过 `git format-patch <对应的一个或者多个 commit>` 生成 patch 文件，通过 `git am <前一步生成的 patch 文件>` 来把 patch 合并到分支中。

对于上面的演示项目，我们通过 `git format-patch HEAD~1` 命令把最新的 commit 制作为 patch，此时在目录中会多出来一个后缀为 .patch 的文件。如果是多个 commit 的话，会有多个文件。文件格式如下：

```
From 9f06c7889237945486760a5a96eba1146e25ed8e Mon Sep 17 00:00:00 2001
From: the5fire <thefivefire@gmail.com>
Date: Wed, 30 May 2018 22:47:05 +0800
Subject: [PATCH] add world

---
 README.md | 1 +
 1 file changed, 1 insertion(+)

diff --git a/README.md b/README.md
index ce01362..95140e7 100644
--- a/README.md
+++ b/README.md
@@ -1 +1,2 @@
 hello
+world!
--
2.2.0
```

之后，只需要把文件发给另外一个人，他在 master 分支执行 `git am <对应的 patch 文件>` 即可把 commit 放到当前分支中。

4.4.5　总结

使用 Git 是现在企业开发中不可绕过的一项技能，限于篇幅，本节只介绍 Git 的基础功能以及我平时常用来解决问题的命令。关于 Git 的更多用法，我强烈推荐大家看《精通 Git（第 2 版）》。

4.4.6　参考资料

- Git 官方在线图书：https://git-scm.com/book/zh/v2。
- GitLab 官网：https://about.gitlab.com/。

4.5　本章总结

在这一章中，我们为下一步开发做了准备，介绍了虚拟环境和 Git 的用法。这些都是在开发时必不可少的技能。你可能觉得在一般的 Django 教程中出现这些会有点奇怪，但是对于我来说，告诉大家真实开发中用到的周边技术是很有必要的。单纯地掌握 Django 或者 Python，只能算是单一技术上的入门，并不能满足工作需求，这也是很多人觉得自己能用 Django 写项目了，但是还找不到工作的一个原因。

第 5 章

奠定项目基石：Model

从这一章开始，我们来创建项目 typeidea，我把它放到了 GitHub 上。强烈建议你也到 GitHub 上注册一个账号（如果没有的话），然后创建这样的项目。当然，你也可以起一个属于自己的名称。

这个项目就是本书要开发的多人博客系统。我建议你跟着本书的节奏不断完善这个项目，同时不断把它们同步到 GitHub 上来记录自己的成长以及项目每一步的变更。

在这一章中，我们会根据需求完成整个 Model 层的创建，理解 Django 中 Model 部分的知识点。

我们始终保持学习的最佳实践：先实践，后总结。

5.1 创建项目及配置

先来回顾一下之前分析的需求，那份最终整理完的需求文档现在看来放得有点久了。不过中间经过的这些章节（练习）都是为接下来做铺垫的，在实际的项目开发中不会有这么多中间环节。这些都是预备知识，如果你不懂这些，应该是进不了正式的开发团队的。

好了，废话不多说。先创建虚拟环境，使用 Python 3.6 内置的 `venv`：`python3.6 -m venv typeidea-env`。

接着激活环境：

```
$ cd typeidea-env
$ source bin/activate
```

然后安装 Django 的最新版（写作本书时，Django 的最新版本是 1.11），这里既可以通过`~=`方式，也可以通过 `==` 方式指定 Django 的特定版本：

```
$ pip install Django~=1.11
```

接着创建项目 typeidea（使用命令 `mkdir typeidea`），现在这个目录的结构如下：

```
typeidea
├── CHANGELOG.md
├── LICENSE
├── README.md
└── requirements.txt
```

这里先说一下这 4 个文件的作用。

- CHANGELOG.md：用来记录项目的变更，主要是针对每次发布版本的更新。如果团队使用 Git 的话，其实也可以通过 Git 来生成。另外，这个文件对于开源项目来说十分必要，如果有兴趣的话，可以看看 Django 的 Release log（Django 源码中的 django/docs/release/）。
- LICENSE：如果是开源项目，可以增加这个文件来声明版权。如果有兴趣的话，可以搜索“开源项目许可证”来了解更多信息。对于内部项目，不需要创建这个文件。开源项目可以通过 GitHub 来自动创建。
- README.md：用来介绍项目的一些信息，比如项目目的、开发背景、项目结构和依赖技术等项目参与人员需要了解的信息，它们能帮助大家更快地参与到项目里。
- requirements.txt：这里面放了项目的依赖项。每次新增一个依赖，都需要把项目和对应版本放进去。比如，上面安装了 Django 1.11，就需要放进去：

```
Django~=1.11
```

  关于 requirements.txt，还有两点需要说明。一是有些团队可能会同时存在一个 requirements_dev.txt 文件，用来做开发环境的依赖项。二是在 requirements.txt 文件上面可以配置 PyPI 的源。比如，如果在国内直接使用官方的 PyPI 源速度慢的话，可以在文件第一行增加：

```
-i http://pypi.doubanio.com/simple/
Django~=1.11
```

  后面每一行是一个依赖。上面用的是 douban 的 PyPI 镜像，同理我们可以替换为自己的源。

上面说到有些团队会通过 requirements_dev.txt 来放置开发环境的依赖，我们的方式是把正式环境中用到的东西放到 setup.py 的 install_requires，开发的依赖项放到 requirements.txt 中。关于 setup.py 的用法，本书第四部分会有详细介绍。

这里有必要说一下 requirements.txt 的作用。我们之所以需要这样一个文件，是为了便于新进入开发项目的成员能够方便地安装环境。当然，这并不是唯一的方式。有些团队使用 Docker 来做也很方便，不过这不在本书的讨论范围之内，有兴趣的话可以自行了解。

这个文件的一般用法是：当新来的同事拿到项目之后，创建好虚拟环境并激活，然后执行 `pip install -r requirements.txt`，就可以安装项目的所有依赖。

那么，怎么组织 requirements.txt 文件呢？假如现在只安装了 Django，那么现在的 requirements.txt 文件的内容如下：

```
-i http://pypi.doubanio.com/simple/
Django~=1.11
-e .
```

注意最后一行 `-e .`，它表示从当前的 setup.py 中查找其他依赖项。

了解了基本结构之后，接着来创建源码目录，也就是 Django 的项目：`django-admin startproject typeidea`。Django 项目的名称既可以跟外层的不同，也可以相同。创建完之后，完整的文件结构如下：

```
typeidea
├── CHANGELOG.md
├── LICENSE
├── README.md
├── requirements.txt
└── typeidea   # 注：源码目录
    ├── manage.py
    └── typeidea
        ├── __init__.py
        ├── settings.py
        ├── urls.py
        └── wsgi.py
```

这里可以参考 https://github.com/the5fire/typeidea。

最外层的 typeidea 是我们的项目目录，下一层的 typeidea 是 Django 的项目，也就是我们源码的目录。其他文件都是这个项目相关的配置，它们的具体作用之前都介绍了。

当然，在最外层的目录中，还可以增加 docs 目录，用来存放项目相关的文档。无论是项目开发需要的文档，还是第三方参考，或者是定义的一些 API 接口的文档，都可以放进去，这样便于查看。此外，还可以结合 mkdocs 这个开源项目来部署内网在线的文档系统。

这样配置完后，我们的项目配置和源码就区分开了。之后，还会增加打包和自动化部署的相关配置。

接着，进入 typeidea/typeidea 目录，运行项目：

```
python manage.py runserver
```

然后根据提示访问 http://127.0.0.1:8000，此时就能看到如图 5-1 所示的界面。

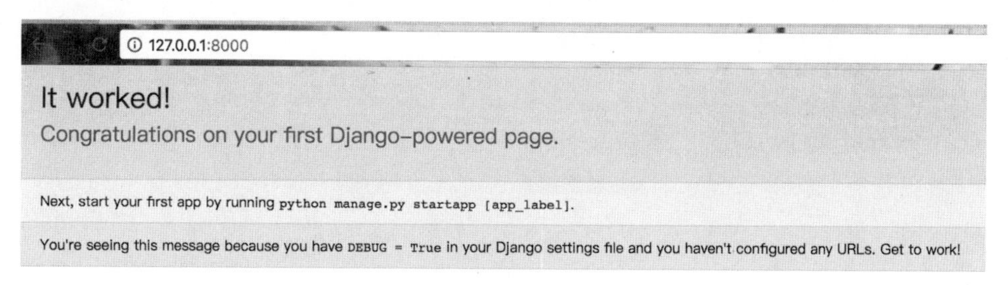

图 5-1 初次启动 Django 项目

5.1.1 拆分 settings 以适应不同的运行环境

创建完项目之后，需要拆分 settings.py 以满足不同环境的需求，同时需要修改一些语言和时区的配置。

settings.py是单独的模块，我们在进行开发环境、测试环境和线上环境配置时不太容易处理，如果只在这一个文件里写这3个环境的配置，维护起来十分麻烦。因此，我们需要把这个settings.py拆成一个package（即文件夹），不同的配置分别定义为不同的模块（module）。

我们先创建一个settings的package：

```
$ mkdir settings && touch settings/__init__.py
```

然后通过命令 `mv settings.py settings/base.py` 把settings.py移进去，并将其作为base模块。之后需要创建的profile（不同的配置文件）都是基于base模块的，这个逻辑跟代码中定义的基类一样：重复的东西抽象成基类，有特性的东西抽出来作为子类。

之后就可以创建针对开发环境的配置文件 develop.py 了，具体命令：`touch settings/develop.py`。

5.1.2 配置 settings

现在我们得到的目录如下：

```
.
├── CHANGELOG.md
├── LICENSE
├── README.md
├── requirements.txt
└── typeidea
    ├── manage.py
    └── typeidea
        ├── __init__.py
        ├── settings
        │   ├── __init__.py
        │   ├── base.py
        │   └── develop.py
        ├── urls.py
        └── wsgi.py
```

确认目录没问题之后，我们来修改settings配置、时区和语言配置：

```
# base.py 文件中需要修改的部分，其他部分省略

LANGUAGE_CODE = 'zh-hans'

TIME_ZONE = 'Asia/Shanghai'
```

之后把数据库的配置剪切粘贴到develop.py中，然后在develop.py文件的最上面引入base的所有配置。完整的develop.py文件如下：

```
from .base import *  # NOQA


DEBUG = True
```

```
DATABASES = {
    'default': {
        'ENGINE': 'django.db.backends.sqlite3',
        'NAME': os.path.join(BASE_DIR, 'db.sqlite3'),
    }
}
```

其中 `# NOQA` 这个注释的作用是，告诉 PEP 8 规范检测工具，这个地方不需要检测。当然，我们也可以在一个文件的第一行增加 `# flake8: NOQA` 来告诉规范检测工具，这个文件不用检查。另外需要注意的是，我们要把 base.py 中的 `DEBUG=True` 也剪切粘贴过来。在开发环境中，`DEBUG=True` 是正常的，但是如果到线上环境依然开启此配置，那就是一场灾难。

拆分完 settings 之后，还需要修改两个文件——manage.py 和 typeidea/wsgi.py，因为 Django 启动时需要知道 settings 文件的路径。因此，需要把这两个文件中的这一行代码：

```
os.environ.setdefault("DJANGO_SETTINGS_MODULE", "typeidea.settings")
```

替换为如下两行：

```
profile = os.environ.get('TYPEIDEA_PROFILE', 'develop')
os.environ.setdefault("DJANGO_SETTINGS_MODULE", "typeidea.settings.%s" % profile)
```

这样做的逻辑是，通过读取系统环境变量中的 `TYPEIDEA_PROFILE` 来控制 Django 加载不同的 settings 文件，以此达到开发环境使用 develop.py 这个配置、而线上环境使用 product.py 这个配置（当然现在还没创建 product.py）的目的。

到此，整个项目结构和开发环境的配置就完成了。现在需要把项目放到 GitLab 或者 GitHub 上来进行版本管理。如果是多人协作项目的话，也需要通过 Git 来进行协作。

5.1.3 配置 Git

在你的 GitHub 页面或者公司内部的 GitLab 上创建项目 typeidea，完成后会得到一个仓库地址。之后我们来用 Git 管理项目。进入项目根目录 typeidea 中，执行命令 `git init`，然后创建我们需要忽略的文件配置 .gitignore，具体内容如下：

```
*.pyc
*.swp
*.sqlite3
```

这里忽略的是那些我们不希望进入 Git 管理的文件。另外，一些敏感文件以及二进制文件，如果不是特别需要，尽量别放到版本管理里面。这块可以参考 GitHub 上一个名为 gitignore 的项目，里面有各种语言需要忽略的文件后缀。

然后通过下面几个命令添加项目到 Git 仓库中：

```
git add .
git commit -m '初始化提交'
```

注意 `git add .` 用于提交当前目录下所有变更和新增文件。

之后需要配置远端仓库：

```
git remote add origin <你的远端仓库地址，GitHub 创建时得到的>
git push -u origin master
```

其中需要注意的是，开发中应该尽量避免通过 `git add .` 的方式提交代码，而是使用 `git add -p` 这种每次添加一小块文件到暂存区的方式。这种方式的好处是我们可以自己先行评审一遍自己的代码，看看是否存在问题，以及是否会提交一些测试代码到仓库中，比如 `print('test')` 或者断点 `import pdb;pdb.set_trace()` 这样的代码。

另外，也不建议通过 `git commit -m '提交信息'` 的方式，尽量使用 `git commit` 进入编辑信息的模式提交代码，这样我们可以看到变更了哪些文件，从而避免提交无用的文件到仓库中。

上面两个提示的主要目的还是保证进入仓库的代码质量，避免因为自己的一个失误而导致线上的问题或者给其他开发者造成困扰。

现在完成了正式项目的第一步，下一步根据需求编写我们的 Model 代码。

5.1.4 总结

现在的这些操作都是为后面的开发打下一个好的基础。如果你对上面的内容不怎么熟悉，那么有必要把它们全部练习一遍。

5.1.5 参考资料

- Licenses 选择：http://www.ruanyifeng.com/blog/2011/05/how_to_choose_free_software_licenses.html。
- Python-gitignore：https://github.com/github/gitignore/blob/master/Python.gitignore。
- 修改 pip 源：http://pip.readthedocs.io/en/latest/user_guide/#config-file。

5.2 编写 Model 层的代码

在上一节中，我们花了一点时间来设定项目的结构，这会为之后的流程打下一个不错的基础。你可能会觉得有些烦琐了，心里可能在想，为何还不赶紧进入编码阶段。

现在就满足你，我们开始写 Model 层的代码。

按照上一节的结构整理完项目之后，我们来创建 Model 层的代码。所谓 Model，就是我们的数据模型。模型从何而来呢，就是从前面的需求中整理出来的。对于内容或者说数据驱动的项目来说，设计好模型是成功的一半，因为后续的所有操作都是基于 Model 的。我们先来看一下之前整理好的模型关系图，如图 5-2 所示。

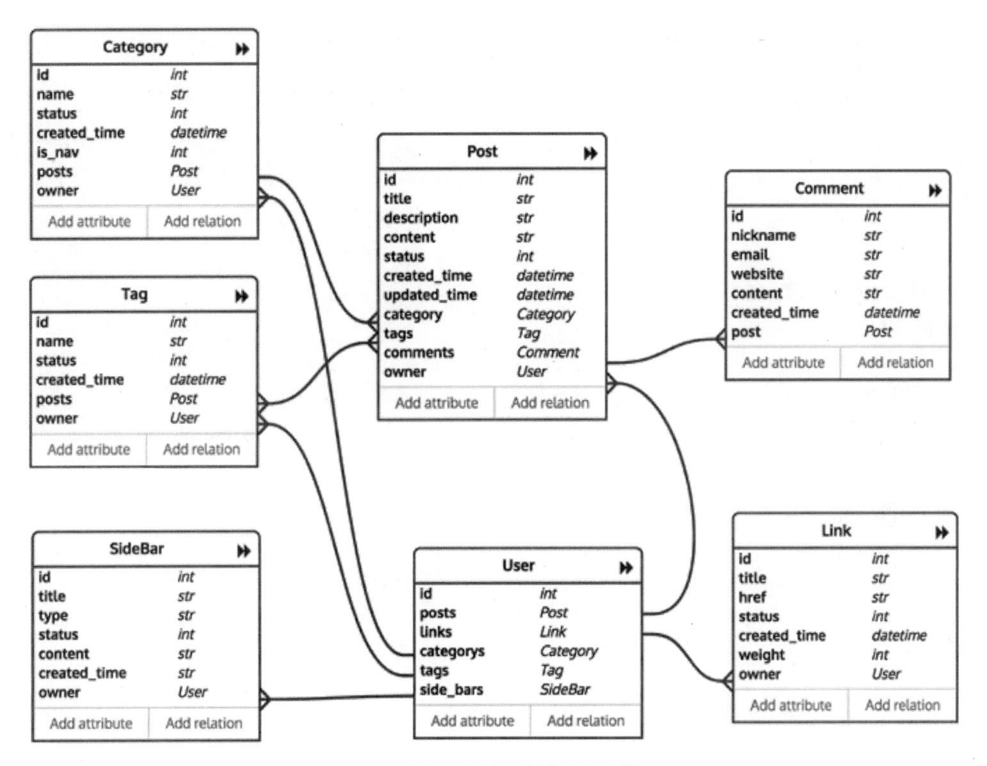

图 5-2 前面总结的数据关系模型

需要说明的是，图 5-2 中的 User 模型可以直接使用 Django 自带的。另外，需要关注其中一对多和多对多的关系。这里不得不再提醒一下，在大型项目设计中，常常需要借助一些工具，如 UML、E-R 图、思维导图等来帮助我们可视化地分析项目结构。所以有必要学习一两种工具，来辅助自己进行设计。

5.2.1 创建 App

设计好模型之后，就相当于捋清了业务中的数据模型，接下来需要做的就是编写上层业务代码。对于其他框架来说，可能需要你自行设计项目的文件结构。但是在 Django 中不用担心这个问题，Django 会给你一个初始化的结构。前面也提到过 Django 中 App（应用）的概念，每个 App 应该是一个自组织的应用（所谓自组织，是指应用内部的所有逻辑都是相关联的，可以理解为是紧耦合的）。我们既可以把上面的所有模型放到一个 App 中，也可以根据 Model 的业务性质来分别处理。至于如何划分，没有标准，也没有最佳实践，因为每个公司的业务情况和团队组成都不同。但有一些原则可以参考：易维护、易扩展。

这里我们把所有 Model 划分为三类：blog 相关、配置相关和评论相关。这么分的好处是便于我们独立维护各个模块，也便于在开发时分配任务。

1. blog App

在创建 App 和编写代码之前，你可以尝试创建一个新的分支：git checkout -b add-blog-app-model。

然后创建一个 blog 的 App：使用 cd typeidea/typeidea 进入上节创建好的项目中，执行命令./manage.py startapp blog 即可。此时我们得到现在的结构：

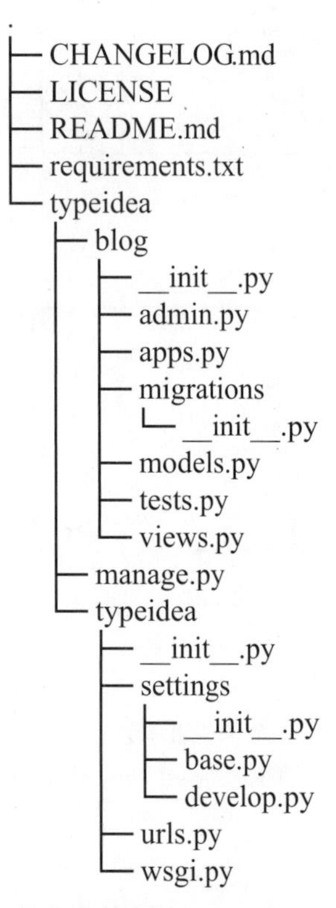

现在来编写 blog/models.py 中的代码。根据一开始列出的模型，先创建博客内容相关的模型：

```
from django.contrib.auth.models import User
from django.db import models


class Category(models.Model):
    STATUS_NORMAL = 1
    STATUS_DELETE = 0
    STATUS_ITEMS = (
        (STATUS_NORMAL, '正常'),
        (STATUS_DELETE, '删除'),
    )

    name = models.CharField(max_length=50, verbose_name="名称")
    status = models.PositiveIntegerField(default=STATUS_NORMAL,
        choices=STATUS_ITEMS, verbose_name="状态")
```

```
    is_nav = models.BooleanField(default=False, verbose_name="是否为导航")
    owner = models.ForeignKey(User, verbose_name="作者")
    created_time = models.DateTimeField(auto_now_add=True, verbose_name="创建时间")

    class Meta:
        verbose_name = verbose_name_plural = '分类'


class Tag(models.Model):
    STATUS_NORMAL = 1
    STATUS_DELETE = 0
    STATUS_ITEMS = (
        (STATUS_NORMAL, '正常'),
        (STATUS_DELETE, '删除'),
    )

    name = models.CharField(max_length=10, verbose_name="名称")
    status = models.PositiveIntegerField(default=STATUS_NORMAL,
        choices=STATUS_ITEMS, verbose_name="状态")
    owner = models.ForeignKey(User, verbose_name="作者")
    created_time = models.DateTimeField(auto_now_add=True, verbose_name="创建时间")

    class Meta:
        verbose_name = verbose_name_plural = '标签'


class Post(models.Model):
    STATUS_NORMAL = 1
    STATUS_DELETE = 0
    STATUS_DRAFT = 2
    STATUS_ITEMS = (
        (STATUS_NORMAL, '正常'),
        (STATUS_DELETE, '删除'),
        (STATUS_DRAFT, '草稿'),
    )

    title = models.CharField(max_length=255, verbose_name="标题")
    desc = models.CharField(max_length=1024, blank=True, verbose_name="摘要")
    content = models.TextField(verbose_name="正文", help_text="正文必须为MarkDown格式")
    status = models.PositiveIntegerField(default=STATUS_NORMAL,
        choices=STATUS_ITEMS, verbose_name="状态")
    category = models.ForeignKey(Category, verbose_name="分类")
    tag = models.ManyToManyField(Tag, verbose_name="标签")
    owner = models.ForeignKey(User, verbose_name="作者")
    created_time = models.DateTimeField(auto_now_add=True, verbose_name="创建时间")

    class Meta:
        verbose_name = verbose_name_plural = "文章"
        ordering = ['-id']  # 根据id进行降序排列
```

可以看出来，这几个 Model 都是跟内容直接相关的，因此我们把它们放到一个 App 中。其他 Model 接下来再做拆分。

对于其中的 `models.CharField` 或者 `models.TextField`，你可能有些疑惑，这些类型就是这个模型中字段的类型。比如 `CharField` 和 `TextField` 分别对应数据库中不同的类型，其他的也类似，后面会详细解释。

每个 Model 中都会定义一个 `Meta` 类属性，它的作用是配置 Model 属性，比如 `Post` 这个 Model，通过 `Meta` 配置它的展示名称为文章，排序规则是根据 `id` 降序排列。`Meta` 还有很多其他配置，详细内容可以通过 5.2.6 节中的链接查看。

Model 以及字段类型一起构成了 ORM（关于 ORM 的知识，5.3.1 节会详细介绍）。

2. 编写 config App 代码

接下来，创建另外一个 Django 的 App——config，它用来放置其他几个模型，前面那个 blog App 用来放内容相关的数据，这个用来放配置相关的数据——侧边栏和友链。

跟前面一样，执行命令 `./manage.py startapp config` 创建 config App。现在整体的目录结构如下：

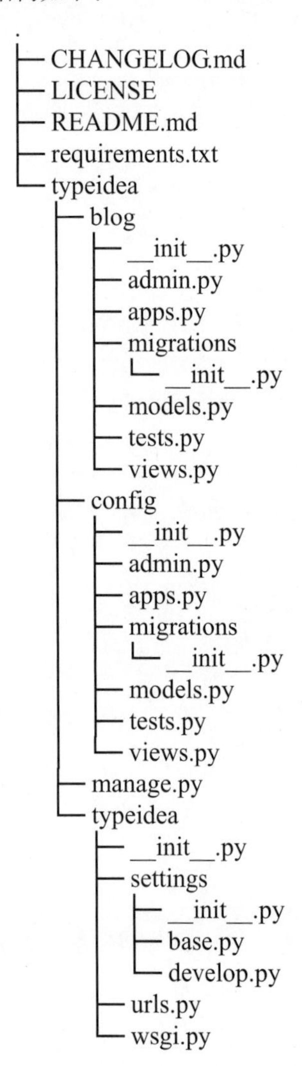

```
.
├── CHANGELOG.md
├── LICENSE
├── README.md
├── requirements.txt
└── typeidea
    ├── blog
    │   ├── __init__.py
    │   ├── admin.py
    │   ├── apps.py
    │   ├── migrations
    │   │   └── __init__.py
    │   ├── models.py
    │   ├── tests.py
    │   └── views.py
    ├── config
    │   ├── __init__.py
    │   ├── admin.py
    │   ├── apps.py
    │   ├── migrations
    │   │   └── __init__.py
    │   ├── models.py
    │   ├── tests.py
    │   └── views.py
    ├── manage.py
    └── typeidea
        ├── __init__.py
        ├── settings
        │   ├── __init__.py
        │   ├── base.py
        │   └── develop.py
        ├── urls.py
        └── wsgi.py
```

接下来，编写 config/models.py 中的代码：

```
from django.contrib.auth.models import User
from django.db import models


class Link(models.Model):
    STATUS_NORMAL = 1
    STATUS_DELETE = 0
    STATUS_ITEMS = (
        (STATUS_NORMAL, '正常'),
        (STATUS_DELETE, '删除'),
    )
    title = models.CharField(max_length=50, verbose_name="标题")
    href = models.URLField(verbose_name="链接")  # 默认长度为 200
    status = models.PositiveIntegerField(default=STATUS_NORMAL, choices=STATUS_ITEMS,
                                         verbose_name="状态")
    weight = models.PositiveIntegerField(default=1, choices=zip(range(1, 6),
                                          range(1, 6)),verbose_name="权重",
                                          help_text="权重高展示顺序靠前")

    owner = models.ForeignKey(User, verbose_name="作者")
    created_time = models.DateTimeField(auto_now_add=True, verbose_name="创建时间")

    class Meta:
        verbose_name = verbose_name_plural = "友链"


class SideBar(models.Model):
    STATUS_SHOW = 1
    STATUS_HIDE = 0
    STATUS_ITEMS = (
        (STATUS_SHOW, '展示'),
        (STATUS_HIDE, '隐藏'),
    )
    SIDE_TYPE = (
        (1, 'HTML'),
        (2, '最新文章'),
        (3, '最热文章'),
        (4, '最近评论'),
    )
    title = models.CharField(max_length=50, verbose_name="标题")
    display_type = models.PositiveIntegerField(default=1, choices=SIDE_TYPE,
                                               verbose_name="展示类型")
    content = models.CharField(max_length=500, blank=True, verbose_name="内容",
                               help_text="如果设置的不是 HTML 类型，可为空")

    status = models.PositiveIntegerField(default=STATUS_SHOW, choices=STATUS_ITEMS,
                                         verbose_name="状态")
    owner = models.ForeignKey(User, verbose_name="作者")
    created_time = models.DateTimeField(auto_now_add=True, verbose_name="创建时间")

    class Meta:
        verbose_name = verbose_name_plural = "侧边栏"
```

配置部分的功能暂时如此，后面会在其中加入更多配置。这具体取决于后续的需求。任何一款产品都不是一蹴而就的，都是经过不断迭代、不断调整才形成最终或者说最合适的形态。而对于技术人员来说，需要做的就是理解产品是不断变化的，然后提供相应的技术支持。

3. 创建评论 App

最后，我们来创建评论部分，这部分单独拎出来。因为评论可以是完全独立的模块，如果往大了做，可以作为独立的系统，比如：畅言、Disqus 等产品。我们可以把它耦合到文章上，创建一个一对多的关系。当然，我们也可以做得松耦合一点，评论功能完全独立，只关心针对哪个页面（或者 URL）来评论。这样做的好处是，产品可以增加新的页面类型，比如友链页增加评论或者文章列表页增加评论，只关心 URL，而不用关心要评论的对象是什么。

我们暂时按照耦合的方式来做，即通过外键关联 Post 的方式，后面再来修改。

同前面一样，创建 comment 的 App。想必你应该轻车熟路了，这里就不多说了。创建好 App 之后，编写 model.py 中的代码，代码如下：

```
from django.db import models

from blog.models import Post


class Comment(models.Model):
    STATUS_NORMAL = 1
    STATUS_DELETE = 0
    STATUS_ITEMS = (
        (STATUS_NORMAL, '正常'),
        (STATUS_DELETE, '删除'),
    )
    target = models.ForeignKey(Post, verbose_name="评论目标")
    content = models.CharField(max_length=2000, verbose_name="内容")
    nickname = models.CharField(max_length=50, verbose_name="昵称")
    website = models.URLField(verbose_name="网站")
    email = models.EmailField(verbose_name="邮箱")
    status = models.PositiveIntegerField(default=STATUS_NORMAL,
        choices=STATUS_ITEMS, verbose_name="状态")
    created_time = models.DateTimeField(auto_now_add=True, verbose_name="创建时间")

    class Meta:
        verbose_name = verbose_name_plural = "评论"
```

到此为止，Model 部分已经实现完毕了。写了这么多代码，想必你可能会有很多困惑，比如代码里的 `CharField` 是什么意思，`PositiveIntegerField` 又是什么意思。目前你需要理解的是，每一个 Model 相当于 MySQL 库中的一张表，其中 Field 相当于数据库中的一个字段。

更详细的内容下一节来介绍。这里有了大体的概念之后，先把编好的这些代码用起来。

5.2.2　配置 INSTALLED_APPS

创建好 App，编写好对应的 Model 代码之后，我们需要把这些 App（blog、config 和 comment）放到 settings 配置中，才能让 Django 启动时识别这些 App。

修改 settings/base.py：

```
INSTALLED_APPS = [
    'blog',
    'config',
    'comment',

    'django.contrib.admin',
    'django.contrib.auth',
    'django.contrib.contenttypes',
    'django.contrib.sessions',
    'django.contrib.messages',
    'django.contrib.staticfiles',
]
```

这个 `INSTALLED_APPS` 的列表顺序需要格外注意，Django 是根据这些 App 的顺序来查找对应资源的。比如后面会用到 static 和 templates 这些模块，Django 会根据顺序挨个去这些 App 下查找对应资源，这意味着如果资源路径和名称相同的话，前面的会覆盖掉后面的。

因此，如果在开发中有需要覆盖 Django 自带的 admin 模板的需求，可以根据 admin 模板的路径和名称写一份一样的。Django 会加载你重写的（如果你的 App 靠前的话）。你现在可能还没概念，后面用到的时候就会理解。

不过这并不是覆盖自带模板的最佳方式，因为这是基于对 Django 的理解，有些隐晦，可能会给不熟悉的人"刨坑"。后面会介绍，可以在代码中通过制定模板的方式来自定义页面。

5.2.3 创建数据库[表]

配置好 Model 和 App 之后，需要做的就是配置数据库。理论方面可以先不做了解，单纯来看看我们所编写的代码的具体表现。

首先激活当前虚拟环境，然后到 manage.py 所在目录执行 `./manage.py makemigrations`，如果没报错的话，应该能看到类似下面的输出：

```
Migrations for 'blog':
  blog/migrations/0001_initial.py
    - Create model Category
    - Create model Post
    - Create model Tag
    - Add field tag to post
Migrations for 'comment':
  comment/migrations/0001_initial.py
    - Create model Comment
Migrations for 'config':
  config/migrations/0001_initial.py
    - Create model Link
    - Create model SideBar
```

这意味着已经创建好了迁移文件。所谓迁移文件（migration），就是把我们的 Model 定义迁移到数据库中来具体操作。其原理在下一节中介绍。

这里直接执行迁移操作，执行命令 `./manage.py migrate`，没报错的情况下能得到如下结果：

```
Operations to perform:
  Apply all migrations: admin, auth, blog, comment, config, contenttypes, sessions
Running migrations:
  Applying contenttypes.0001_initial... OK
  Applying auth.0001_initial... OK
  Applying admin.0001_initial... OK
  Applying admin.0002_logentry_remove_auto_add... OK
  Applying contenttypes.0002_remove_content_type_name... OK
  Applying auth.0002_alter_permission_name_max_length... OK
  Applying auth.0003_alter_user_email_max_length... OK
  Applying auth.0004_alter_user_username_opts... OK
  Applying auth.0005_alter_user_last_login_null... OK
  Applying auth.0006_require_contenttypes_0002... OK
  Applying auth.0007_alter_validators_add_error_messages... OK
  Applying auth.0008_alter_user_username_max_length... OK
  Applying blog.0001_initial... OK
  Applying comment.0001_initial... OK
  Applying config.0001_initial... OK
  Applying sessions.0001_initial... OK
```

这时在你的 typeidea 目录下（也就是 settings 同级目录）会多出一个 db.sqlite3 文件，这就是我们在 settings/develop.py 中配置的 `DATABASES` 里面的 `defaut` 那一项的数据库 `NAME`。

当然，因为这里使用的是 SQLite3 数据库，也就是项目刚创建时 Django 帮我们默认创建的，但是如果配置 MySQL 或者其他关系型数据库，需要先创建好对应的数据库，然后再来创建表（通过上面的两个命令）。

注意　如果上面的命令出错了，要仔细看看错误提示，然后再做下一步操作。如果依然无法完成，可以到 https://github.com/the5fire/typeidea/issues 提交问题。

到此为止，Model 和数据库就创建完成了，我们可以尝试查看数据库。使用命令 `./manage.py dbshell`，会进入 SQLite3 数据库的交互界面，如图 5-3 所示。

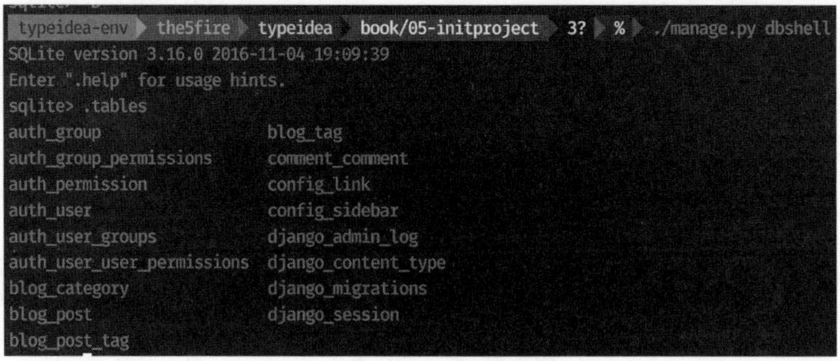

```
typeidea-env  the5fire  typeidea  book/05-initproject  3?  %  ./manage.py dbshell
SQLite version 3.16.0 2016-11-04 19:09:39
Enter ".help" for usage hints.
sqlite> .tables
auth_group                  blog_tag
auth_group_permissions      comment_comment
auth_permission             config_link
auth_user                   config_sidebar
auth_user_groups            django_admin_log
auth_user_user_permissions  django_content_type
blog_category               django_migrations
blog_post                   django_session
blog_post_tag
```

图 5-3　SQLite3 交互模式

可以看到，除了我们创建的 Model 对应的表之外，还有 Django 内置的 Model 对应的表。

好了，到此为止，App 和 Model 配置可以告一段落了，你可以自行探索 `dbshell` 之后跟 SQLite3 数据库的一些交互。

接下来，我们需要提交代码。

5.2.4 提交代码

我们可以通过命令 `git add .` 或者 `git add <对应文件>` 把变更提交到暂存区，我比较习惯使用 `git add -p` 通过这种交互式的方式自己边评审（review）边提交代码。但是对于创建的文件，需要使用前者来提交。

添加完之后，执行命令 `git commit`，会进入 Vim 的编辑器界面（也可能是 nano 编辑器界面，具体取决于你的配置），然后输入本次提交说明：增加项目 Model。当然，你也可以使用 `git commit -m '增加项目说明'` 的方式直接提交。不过我更推荐前者，原因跟上面一样，在提交之前需要确认这个 commit 中有多少文件变更。

通过 `git add -p` 命令提交后的界面如图 5-4 所示。

```
index 0dcbb87..122f5ef 100644
--- a/typeidea/typeidea/settings/base.py
+++ b/typeidea/typeidea/settings/base.py
@@ -31,6 +31,10 @@ ALLOWED_HOSTS = []
 # Application definition

 INSTALLED_APPS = [
+    'blog',
+    'config',
+    'comment',
+
     'django.contrib.admin',
     'django.contrib.auth',
     'django.contrib.contenttypes',
Stage this hunk [y,n,q,a,d,/,e,?]?
```

图 5-4 通过 `git add -p` 命令提交代码

通过 `git commit` 命令提交后的界面如图 5-5 所示。

```
1 完成App和Model代码的创建
2 # Please enter the commit message for your changes. Lines starting
3 # with '#' will be ignored, and an empty message aborts the commit.
4 # On branch book/05-initproject
5 # Changes to be committed:
6 #       new file:   blog/__init__.py
7 #       new file:   blog/admin.py
8 #       new file:   blog/apps.py
9 #       new file:   blog/migrations/__init__.py
10 #       new file:   blog/models.py
11 #       new file:   blog/tests.py
12 #       new file:   blog/views.py
13 #       new file:   comment/__init__.py
14 #       new file:   comment/admin.py
15 #       new file:   comment/apps.py
16 #       new file:   comment/migrations/__init__.py
17 #       new file:   comment/models.py
18 #       new file:   comment/tests.py
19 #       new file:   comment/views.py
20 #       new file:   config/__init__.py
21 #       new file:   config/admin.py
22 #       new file:   config/apps.py
```

图 5-5　git commit 提交界面

创建好 commit 之后，可以把代码推上去了。

注意　我建议将创建数据库和表的过程中所产生的 migrations 文件及时提交到代码仓库中，以避免不同开发人员开发机上的 Model 代码跟数据库不一致。

创建完 commit 之后，你可以回到主分支：`git checkout master`，然后把 add-blog-app-model 分支合并进来：`git merge add-blog-app-model`。如果你是通过 GitHub 管理的代码，不妨尝试通过 Pull Request 的方式来把项目合并到主分支中。

5.2.5　总结

根据前面设计好的数据关系图，可以很容易编写出 Model 代码。而在 Django 中，当我们有了 Model 代码后，又可以很容易创建好对应的数据库表。这其实就是 ORM 的功劳，很多时候我们不需要去写 SQL 语句来创建表。

5.2.6　参考资料

- Django Model Meta：https://docs.djangoproject.com/en/1.11/ref/models/options/。

5.3　Model 层：字段介绍

跟着上一节写完这些 Model 以及对应的字段之后，你可能会疑惑这些字段分别是什么意思，以及为什么要这么写。还有为什么定义好那些代码之后，Django 就能帮我们创建表了？这一节就来详细解释一下。

5.3.1 ORM 的基本概念

在进行详细的字段介绍之前，先来了解一下什么是 ORM（Object Relational Mapping，对象关系映射）。

“对象关系映射”听起来有点学术化，不太好理解。用大白话解释一下就很容易明白，那就是把我们定义的对象（类）映射到对应的数据库的表上。所以 ORM 就是代码（软件）层面对于数据库表和关系的一种抽象。

Django 的 Model 就是 ORM 的一个具体实现。

简单来说，就是继承了 Django 的 Model，然后定义了对应的字段，Django 就会帮我们把 Model 对应到数据库的表上，Model 中定义的属性（比如：`name = models.CharField(max_length=50, verbose_name="名称")`）就对应一个表的字段。所以一个 Model 也就对应关系数据库中的一张表，而对于有关联关系的 Model，比如用到了 `ForeignKey` 的 Model，就是通过外键关联的表。

举个例子来说：

```
class Foo(models.Model):
    name = models.CharField(max_length=20)
```

假设上面这个例子可以对应到数据库的表：

```
+-------------+-------------+------+-----+---------+----------------+
| Field       | Type        | Null | Key | Default | Extra          |
+-------------+-------------+------+-----+---------+----------------+
| id          | int(11)     | NO   | PRI | NULL    | auto_increment |
| name        | varchar(20) | NO   |     | NULL    |                |
+-------------+-------------+------+-----+---------+----------------+
```

表中自增 `id` 是 Django 的 Model 内置字段，可以被重写。

通过这个表以及上面的代码，想必你有了一点感觉。类中的属性对应 MySQL 中的字段，属性的类型对应 MySQL 字段的类型。属性定义时传递的参数定义了字段的其他属性，比如长度、是否允许为空等。

在 MySQL 中，一个表中的字段有多种类型，比如 `int`、`varchar` 和 `datetime` 等。因此，我们在定义 Model 中的字段时，就需要不同的类型，比如上面定义的 `name` 或者上一节定义的其他类型。比如 `created_time = models.DateTimeField(auto_now_add=True, verbose_name="创建时间")`，就能把属性 `created_time` 对应到 MySQL 中类型为 `datetime` 的 `created_time` 字段上，其中 `verbose_name` 是页面上展示用的，也相当于我们对字段的描述，`auto_now_add` 是 `DateTimeField` 特有的参数，配置为 `True` 时 Django 会默认填充上当前时间。

Model 中字段的类型跟 MySQL 中字段的类型相对应是 ORM 中基本的规则，理解了字段类型跟数据库的映射规则，再思考一下 Model 的定义跟表的对应，你就能理解什么是 ORM 了。其实就是把我们定义的数据模型对应到数据库的表上，或者反过来说也成立，把数据库的表对应到我们定义的数据模型上。理解了这些还不够，数据库有数据操作语言（DML），可以通过 SQL 语句对数据做 CRUD（增、查、改、删）操作，那么 Model 怎么处理这样的逻辑呢？别着急，下一节就来着重介绍 `QuerySet` 的用法。这里我们先对 Model 中的字段定义有一个完整的了解。

在前面的代码中，你可能注意到有些字段中有 `choices` 这样的参数：`status = models.PositiveIntegerField(default=STATUS_NORMAL, choices=STATUS_ITEMS, verbose_name="状态")`，它是做什么用的呢？这就是跟展现层相关的逻辑了，后面讲到 admin 部分时，还会详细介绍。这里需要先理解，对于有 `choices` 的字段，在 admin 后台，Django 会提供一个下拉列表让用户选择，而不是填写，这对于用户来说非常友好。

5.3.2　常用字段类型

理解了 ORM 的基本概念和规则之后，剩下需要了解的就是具体实现。有了基础规则的理解之后，下面这些工具性质的东西会变得很简单。我们把 Django 中常用的字段类型以及参数配置进行说明。这里可以根据类型来划分，这其实就是数据库中字段类型的划分。

1. 数值型

这些类型都是数值相关的，比如 `AutoField`，上面也看到了它在 MySQL 中的类型为 `int(11)`，而 `BooleanField` 在 MySQL 中对应的类型是 `tinyint(1)`。下面对每个字段做简单介绍。

- **`AutoField`　`int(11)`**。自增主键，Django Model 默认提供，可以被重写。它的完整定义是 `id = models.AutoField(primary_key=True)`。
- **`BooleanField`　`tinyint(1)`**。布尔类型字段，一般用于记录状态标记。
- **`DecimalField` `decimal`**。开发对数据精度要求较高的业务时考虑使用，比如做支付相关、金融相关。定义时，需要指定精确到多少位，比如 `cash = models.DecimalField(max_digits=8, decimal_places=2, default=0, verbose_name="消费金额")` 就是定义长度为 8 位、精度为 2 位的数字。比方说，你想保存 666.66 这样的数字，那么你的 `max_digits` 就需要为 5，`decimal_places` 需要为 2。

  同时需要注意的是，在 Python 中也要使用 `Decimal` 类型来转换数据（`from decimal import Decimal`）。
- **`IntegerField` `int(11)`**。它同 `AutoField` 一样，唯一的差别就是不自增。
- **`PositiveIntegerField`**。同 `IntergerField`，只包含正整数。
- **`SmallIntegerField` `smallint`**。小整数时一般会用到。

2. 字符型

下面这些字段都是用来存储字符数据的，对应到 MySQL 中有两种类型：`longtext` 和 `varchar`。

除了 TextField 是 longtext 类型外，其他均属于 varchar 类型。为什么会有这么多都是 varchar 类型但名字却不相同的字段类型呢？其实看看字段类型的命名就能猜到。数据存储都是基于 varchar 的，但是上层业务可以有多种展示，最常见的比如 URLField，顾名思义，它用来存储 URL 数据。非 URL 数据可以在业务层就拒绝掉，不会存入数据库中。

这些都是比较常用的字段，下面来逐个解释一下。

- **CharField varchar**。基础的 varchar 类型。
- **URLField**。继承自 CharField，但是实现了对 URL 的特殊处理。
- **UUIDField char(32)**。除了在 PostgreSQL 中使用的是 uuid 类型外，在其他数据库中均是固定长度 char(32)，用来存放生成的唯一 id。
- **EmailField**。同 URLField 一样，它继承自 CharField，多了对 E-mail 的特殊处理。
- **FileField**。同 URLField 一样，它继承自 CharField，多了对文件的特殊处理。当你定义一个字段为 FileField 时，在 admin 部分展示时会自动生成一个可上传文件的按钮。
- **TextField longtext**。一般用来存放大量文本内容，比如新闻正文、博客正文。
- **ImageField**。继承自 FileField，用来处理图片相关的数据，在展示上会有不同。

3. 日期类型

下面 3 个都是日期类型，分别对应 MySQL 的 date、datetime 和 time，似乎也不需要过多解释：

- DateField
- DateTimeField
- TimeField

4. 关系类型

这是关系型数据库中比较重要的字段类型，用来关联两个表，具体如下：

- ForeignKey
- OneToOneField
- ManyToManyField

其中外键和一对一其实是一种，只是一对一在外键的字段上加了 unique。而多对多会创建一个中间表，来进行多对多的关联。

5.3.3 参数

上面只是介绍了常用的类型以及不同字段类型的差异。接着，我们需要了解这些字段类型都提供了哪些参数供我们使用，以及这些参数的作用。这里需要意识到的一点是，这些类型就是 Python 中的类，比如 models.CharField 的定义就是这样：class CharField:。这些参数都是类在实例化时传递的。

下面我们列一下参数，并给一个简单的说明，这样大家在使用时可以根据具体需求配置对应参数。

- **null**。可以同 blank 对比考虑，其中 null 用于设定在数据库层面是否允许为空。
- **blank**。针对业务层面，该值是否允许为空。
- **choices**。前面介绍过，配置字段的 choices 后，在 admin 页面上就可以看到对应的可选项展示。
- **db_column**。默认情况下，我们定义的 Field 就是对应数据库中的字段名称，通过这个参数可以指定 Model 中的某个字段对应数据库中的哪个字段。
- **db_index**。索引配置。对于业务上需要经常作为查询条件的字段，应该配置此项。
- **default**。默认值配置。
- **editable**。是否可编辑，默认是 True。如果不想将这个字段展示到页面上，可以配置为 False。
- **error_messages**。用来自定义字段值校验失败时的异常提示，它是字典格式。key 的可选项为 null、blank、invalid、invalid_choice、unique 和 unique_for_date。
- **help_text**。字段提示语，配置这一项后，在页面对应字段的下方会展示此配置。
- **primary_key**。主键，一个 Model 只允许设置一个字段为 primary_key。
- **unique**。唯一约束，当需要配置唯一值时，设置 unique=True，设置此项后，不需要设置 db_index。
- **unique_for_date**。针对 date（日期）的联合约束，比如我们需要一天只能有一篇名为《学习 Django 实战》的文章，那么可以在定义 title 字段时配置参数：unique_for_date="created_time"。

需要注意的是，这并不是数据库层面的约束。

- **unique_for_month**。针对月份的联合约束。
- **unique_for_year**。针对年份的联合约束。
- **verbose_name**。字段对应的展示文案。
- **validators**。自定义校验逻辑，同 form 类似，我们在介绍 form 时会介绍。

到此为止，你应该对 Model 中的字段有一些基本了解了。碍于篇幅，这里并没有完全列出所有内容，更多的内容还需要你到 Django 网站去查看。

这一部分只是对应了数据库的表定义，没有涉及如何操作这些数据库。

5.3.4　总结

上面的内容多少有点罗列功能点的味道，你只需要熟悉就好。随着学习的深入，你会慢慢理解的。

5.3.5 参考资料

- Django Model Fields：https://docs.djangoproject.com/en/1.11/ref/models/fields/。

5.4 Model 层：`QuerySet` 的使用

有了上一节的认识，再次看到 Model 的定义时，你就能够很容易联想到对应的 MySQL 中的表以及字段类型。在这一节中，我们就来介绍如何通过 Django 的 Model 操作数据库。

5.4.1 `QuerySet` 的概念

在 Django 的 Model 中，`QuerySet` 是一个重要的概念，必须了解！因为我们同数据库的所有查询以及更新交互都是通过它来完成的。

创建完 Model 并建好数据库表之后，接下来要做的就是创建 admin 界面和开发前台页面。

在上一节中，我们详细介绍了 Model 中的字段和 ORM 中的字段的作用，这些都属于细节层面的东西，有助于你理解 Django 是如何帮我们从 Model 转换到数据库的。

在这一节中，我们将学习更高层面的东西——Model 细节之外的东西。Django 算是标准的 MVC 框架，虽然因为它的模板和 View 的概念被大家戏称为“MTV”的开发模式，但是道理都是一样的。Model 作为 MVC 模式中的基础层（也可以称为数据层），负责为整个系统提供数据。因此，我们需要先理解一下它是如何提供数据的。

在 Model 层中，Django 通过给 Model 增加一个 `objects` 属性来提供数据操作的接口。比如，想要查询所有文章的数据，可以这么写：`Post.objects.all()`，这样就能拿到 `QuerySet` 对象。这个对象中包含了我们需要的数据，**当我们用到它时**，它会去 DB 中获取数据。

这样的描述你可能会觉得奇怪，为什么是用到数据时才会去 DB 中查询，而不是执行 `Post.objects.all()`时去执行数据库查询语句。其原因是 `QuerySet` 要支持链式操作。如果每次执行都要查询数据库的话，会存在性能问题，因为你可能用不到你执行的代码。举个例子，也顺便说下链式调用。

比方说，我们有下面的代码：

```
posts = Post.objects.all()
available_posts = posts.filter(status=1)
```

如果这条语句要立即执行，就会出现这种情况：先执行 `Post.objects.all()`，拿到所有的数据 `posts`，然后再执行过滤，拿到所有上线状态的文章 `available_posts`，这样就会产生两次数据库请求，并且两次查询存在重复的数据。

当然，平时可能不会出现这么低级的错误，但是当代码比较复杂时，谁也无法保证不会出现类似的问题。

因此，Django 中的 QuerySet 本质上是一个**懒加载**的对象，上面的两行代码执行后，都不会产生数据库查询操作，只是会返回一个 QuerySet 对象，等你真正用它时才会执行查询。下面通过代码解释一下：

```
posts = Post.objects.all()  # 返回一个 QuerySet 对象并赋值给 posts
available_posts = posts.filter(status=1)  # 继续返回一个 QuerySet 对象并赋值给
                                            available_posts
print(available_posts)  # 此时会根据上面的两个条件执行数据查询操作，对应的 SQL 语句为：
                          SELECT * FROM blog_post where status =1;
```

所以这部分的重点就是理解 QuerySet 是懒加载的。在日常开发中，我们遇到的一部分性能问题就是因为开发人员没有理解 QuerySet 特性。

另外，上面说到**链式调用**，这又是什么概念呢？其实根据上面的代码，你应该能猜到了。链式调用就是，执行一个对象中的方法之后得到的结果还是这个对象，这样可以接着执行对象上的其他方法。比如下面这个代码：

```
posts = Post.objects.filter(status=1).filter(category_id=2).filter(title__icontains=
    "the5fire")
```

在每个函数（或者方法）的执行结果上可以继续调用同样的方法，因为每个函数的返回值都是它自己，也就是 QuerySet。

如果有兴趣的话，可以尝试自行来实现一个支持链式调用的对象。另外，也可以考虑一下这种编程方式带来的好处。这是一种更加自然的对数据进行处理的方式。想象一下数据就是水流，而方法就是管道，把不同的管道接起来形成“链”，然后让数据流过。

5.4.2　常用的 QuerySet 接口

好了，回到正题，编程上有很多理念或者习惯，我们在接下来的实践中会不断学到。现在来看看 Model 层是如何通过 QuerySet 为上层提供接口的。比如上面用到了 Post.objects.filter(status=1) 里面的 filter，除了这个外，还有哪些呢？

在这一节中，我们来看看常用的接口。这里我根据是否支持链式调用分类进行介绍。

1. 支持链式调用的接口

支持链式调用的接口即返回 QuerySet 的接口，具体如下。

- **all** 接口。相当于 SELECT * FROM table_name 语句，用于查询所有数据。
- **filter** 接口。顾名思义，根据条件过滤数据，常用的条件基本上是字段等于、不等于、大于、小于。当然，还有其他的，比如能改成产生 LIKE 查询的：Model.objects.filter(content__contains="条件")。
- **exclude** 接口。同 filter，只是相反的逻辑。
- **reverse** 接口。把 QuerySet 中的结果倒序排列。

- **distinct** 接口。用来进行去重查询，产生 SELECT DISTINCT 这样的 SQL 查询。
- **none** 接口。返回空的 QuerySet。

2. 不支持链式调用的接口

不支持链式调用的接口即返回值不是 QuerySet 的接口，具体如下。

- **get** 接口。比如 Post.objects.get(id=1)用于查询 id 为 1 的文章：如果存在，则直接返回对应的 Post 实例；如果不存在，则抛出 DoesNotExist 异常。所以一般情况下，我们会这么用：

```
try:
   post = Post.objects.get(id=1)

except Post.DoesNotExist:
# 做异常情况处理
```

- **create** 接口。用来直接创建一个 Model 对象，比如 post = Post.objects.create(title="一起学习 Django 实战吧")。
- **get_or_create** 接口。根据条件查找，如果没查找到，就调用 create 创建。
- **update_or_create** 接口。同 get_or_create，只是用来做更新操作。
- **count** 接口。用于返回 QuerySet 有多少条记录，相当于 SELECT COUNT(*) FROM table_name。
- **latest** 接口。用于返回最新的一条记录，但是需要在 Model 的 Meta 中定义：get_latest_by = <用来排序的字段>。
- **earliest** 接口。同上，返回最早的一条记录。
- **first** 接口。从当前 QuerySet 记录中获取第一条。
- **last** 接口。同上，获取最后一条。
- **exists** 接口。返回 True 或者 False，在数据库层面执行 SELECT (1) AS "a" FROM table_name LIMIT 1 的查询，如果只是需要判断 QuerySet 是否有数据，用这个接口是最合适的方式。不要用 count 或者 len(queryset)这样的操作来判断是否存在。相反，如果可以预期接下来会用到 QuerySet 中的数据，可以考虑使用 len(queryset) 的方式来做判断，这样可以减少一次 DB 查询请求。
- **bulk_create** 接口。同 create，用来批量创建记录。
- **in_bulk** 接口。批量查询，接收两个参数 id_list 和 filed_name。可以通过 Post.objects.in_bulk([1, 2, 3])查询出 id 为 1、2、3 的数据，返回结果是字典类型，字典类型的 key 为查询条件。返回结果示例：{1: <Post 实例 1>, 2: <Post 实例 2>, 3: <Post 实例 3> }。
- **update** 接口。用来根据条件批量更新记录，比如：Post.objects.filter(owner__name='the5fire').update(title='测试更新')。

- **delete 接口**。同 update，这个接口是用来根据条件批量删除记录。需要注意的是，update 和 delete 都会触发 Django 的 signal（signal 的用法见附录 E）。
- **values 接口**。当我们明确知道只需要返回某个字段的值，不需要 Model 实例时，可以使用它，用法如下：

```
title_list = Post.objects.filter(category_id=1).values('title')
```

\# 返回的结果包含 dict 的 QuerySet，类似这样：<QuerySet [{'title':xxx},]>

- **values_list 接口**。同 values，但是直接返回的是包含 tuple 的 QuerySet：

```
titles_list = Post.objects.filter(category=1).values_list('title')
```

\# 返回结果类似：<QuerySet[('标题',)]>

如果只是一个字段的话，可以通过增加 flat=True 参数，便于我们后续处理：

```
title_list = Post.objects.filter(category=1).values_list('title', flat=True)
for title in title_list:
    print(title)
```

5.4.3　进阶接口

除了上面介绍的常用接口外，还有其他用来提高性能的接口，下面一一介绍。在优化 Django 项目时，尤其要考虑这几种接口的用法。

- **defer 接口**。把不需要展示的字段做延迟加载。比如说，需要获取到文章中除正文外的其他字段，就可以通过 posts = Post.objects.all().defer('content')，这样拿到的记录中就不会包含 content 部分。但是当我们需要用到这个字段时，在使用时会去加载。下面还是通过代码演示：

```
posts = Post.objects.all().defer('content')
for post in posts:  # 此时会执行数据库查询
    print(post.content)  # 此时会执行数据查询，获取到 content
```

当不想加载某个过大的字段时（如 text 类型的字段），会使用 defer，但是上面的演示代码会产生 *N*+1 的查询问题，在实际使用时千万要注意！

注意　上面的代码是一个不太典型的 *N*+1 查询的问题，一般情况下由外键查询产生的 *N*+1 问题比较多，即一条查询请求返回 *N* 条数据，当我们操作数据时，又会产生额外的请求。这就是 *N*+1 问题，所有的 ORM 框架都存在这样的问题。

- **only 接口**。同 defer 接口刚好相反，如果只想获取到所有的 title 记录，就可以使用 only，只获取 title 的内容，其他值在获取时会产生额外的查询。
- **select_related 接口**。这就是用来解决外键产生的 *N*+1 问题的方案。我们先来看看什么情况下会产生这个问题：

```
posts = Post.objects.all()
for post in posts:    # 产生数据库查询
    print(post.owner)   # 产生额外的数据库查询
```

代码同上面类似，只是这里用的是 owenr（关联表）。

它的解决方法就是用 select_related 接口：

```
post = Post.objects.all().select_related('category')
for post in posts:    # 产生数据库查询，category 数据也会一次性查询出来
    print(post.category)
```

当然，这个接口只能用来解决一对多的关联关系。对于多对多的关系，还得使用下面的接口。

- **prefetch_related** 接口。针对多对多关系的数据，可以通过这个接口来避免 *N*+1 查询。比如，post 和 tag 的关系可以通过这种方式来避免：

```
posts = Post.objects.all().prefetch_related('tag')
for post in posts:    # 产生两条查询语句，分别查询 post 和 tag
    print(post.tag.all())
```

5

5.4.4 常用的字段查询

上面用到的 Post.objects.filter(content__contains='查询条件') 中的 contains 就属于字段查询。这里我们把常用的查询关键字列一下，更多的还需要去查看 Django 文档。

- **contains**：包含，用来进行相似查询。
- **icontains**：同 contains，只是忽略大小写。
- **exact**：精确匹配。
- **iexact**：同 exact，忽略大小写。
- **in**：指定某个集合，比如 Post.objects.filter(id__in=[1, 2, 3]) 相当于 SELECT * FROM blog_post WHERE IN (1, 2, 3);。
- **gt**：大于某个值。
- **gte**：大于等于某个值。
- **lt**：小于某个值。
- **lte**：小于等于某个值。
- **startswith**：以某个字符串开头，与 contains 类似，只是会产生 LIKE '<关键词>%' 这样的 SQL。
- **istartswith**：同 startswith，忽略大小写。
- **endswith**：以某个字符串结尾。
- **iendswith**：同 endswith，忽略大小写。
- **range**：范围查询，多用于时间范围，如 Post.objects.filter(created_time__range=('2018-05-01', '2018-06-01')) 会产生这样的查询：SELECT ... WHERE created_time BETWEEN '2018-05-01' AND '2018-06-01';。

关于日期类的查询还有很多，比如 date、year 和 month 等，具体等需要时查文档即可。

这里你需要理解的是，Django 之所以提供这么多的字段查询，其原因是通过 ORM 来操作数据库无法做到像 SQL 的条件查询那么灵活。因此，这些查询条件都是用来匹配对应 SQL 语句的，这意味着，如果你知道某个查询在 SQL 中如何实现，可以对应来看 Django 提供的接口。

5.4.5　进阶查询

除了上面基础的查询表达式外，Django 还提供了其他封装，用来满足更复杂的查询，比如 `SELECT ... WHERE id = 1 OR id = 2` 这样的查询，用上面的基础查询就无法满足。

- **F**。F 表达式常用来执行数据库层面的计算，从而避免出现竞争状态。比如需要处理每篇文章的访问量，假设存在 post.pv 这样的字段，当有用户访问时，我们对其加 1：

```
post = Post.objects.get(id=1)
post.pv = post.pv + 1
post.save()
```

  这在多线程的情况下会出现问题，其执行逻辑是先获取到当前的 pv 值，然后将其加 1 后赋值给 post.pv，最后保存。如果多个线程同时执行了 post = Post.objects.get(id=1)，那么每个线程里的 post.pv 值都是一样的，执行完加 1 和保存之后，相当于只执行了一个加 1，而不是多个。

  其原因在于我们把数据拿到 Python 中转了一圈，然后再保存到数据库中。这时通过 F 表达式就可以方便地解决这个问题：

```
from django.db.models import F
post = Post.objects.get(id=1)
post.pv = F('pv') + 1
post.save()
```

  这种方式最终会产生类似这样的 SQL 语句：UPDATE blog_post SET pv = pv + 1 WHERE ID = 1。它在数据库层面执行原子性操作。

- **Q**。Q 表达式就是用来解决前面提到的那个 OR 查询的，可以这么用：

```
from django.db.models import Q
Post.objects.filter(Q(id=1) | Q(id=2))
```

  或者进行 AND 查询：

```
Post.objects.filter(Q(id=1) & Q(id=2))
```

- **Count**。用来做聚合查询，比如想要得到某个分类下有多少篇文章，怎么做呢？简单的做法就是：

```
category = Category.objects.get(id=1)
posts_count = category.post_set.count()
```

  但是如果想要把这个结果放到 category 上呢？通过 category.post_count 可以访问到：

```
from django.db.mdoels import Count
categories =  Category.objects.annotate(posts_count=Count('post'))
print(categories[0].posts_count)
```

这相当于给 category 动态增加了属性 posts_count，而这个属性的值来源于 Count('post')。

- **Sum**。同 Count 类似，只是它是用来做合计的。比如想要统计目前所有文章加起来的访问量有多少，可以这么做：

```
from django.db.models import Sum
Post.objects.aggregate(all_pv=Sum('pv'))
# 输出类似结果：{'all_pv': 487}
```

上面演示了 QuerySet 的 annotate 和 aggregate 的用法，其中前者用来给 QuerySet 结果增加属性，后者只用来直接计算结果，这些聚合表达式都可以与它们结合使用。

除了 Count 和 Sum 外，还有 Avg、Min 和 Max 等表达式，均用来满足我们对 SQL 查询的需求。

5.4.6 总结

通过上面一系列的介绍，你应该对 QuerySet 有了基本了解。其实简单来说，就是 Django 的 ORM 为了达到跟 SQL 语句同样的表达能力，给我们提供了各种各样的接口。

因此，我们也可以知道，QuerySet 的作用就是帮助我们更友好地同数据库打交道。

5.4.7 参考资料

- QuerySet API：https://docs.djangoproject.com/en/1.11/ref/models/querysets/。
- Django 数据库访问优化：https://www.the5fire.com/django-database-access-optimization.html。
- 查询条件语句：https://docs.djangoproject.com/en/1.11/ref/models/querysets/#field-lookups。
- 聚合查询：https://docs.djangoproject.com/en/1.11/topics/db/aggregation/。

5.5 本章总结

这一章主要介绍了 Model 层的创建以及 ORM 的相关知识。对于任何业务来说，数据层都是非常重要的一层。现在 Model 层所提供的接口完全是 Django 内置的，还没进行自定义开发，这些后续会根据需求补充。

这一章中尤其需要注意的是 ORM 优化的部分。在操作数据库的便利性上，ORM 提供了非常便利的接口，让我们不需要编写复杂的 SQL 语句就能够操作数据库，但同时需要意识到的是 ORM 的使用必定会产生损耗。因此，Django 还提供了原生 SQL 的接口 Post.objects.raw('SELECT * FROM blog_post')，它除了可以解决 QuerySet 无法满足查询的情况外，还可以提高执行效率。不过，我们需要严格把控使用场景，因为过多地使用原生 SQL 会提高维护成本。

第 6 章

开发管理后台

在上一章中，我们对 Django 的 Model 层有了比较全面的认识，本章就来配置 Django 自带的 admin。这里需要认识到，Django 的 Model 层是很重要的一环，无论是对于框架本身还是对于基于 Django 框架开发的大多数系统而言。因为一个系统的根基就是数据，所有业务都是建立在这个根基之上的。如果从数据层开始就出了问题（偏差），那么其他层的开发也不会得到好结果。

本章中，我们主要使用 Django 自带的 admin 来完成管理后台的开发。

admin 是 Django 的杀手锏。对于内容管理系统来说，当你有了数据表，有了 Model，就相当于自动有了一套管理后台，还包括权限控制，这简直是太爽的操作了。当然，这得益于 Django 的诞生环境——“它最初用来开发新闻内容相关的网站”。从框架本身来讲，这完全依托于 Django 的 Model 层。

我们在上一章中说过，Django 是一个重 Model 的框架。Model 定义好了字段类型，上层可以根据这些字段类型定义 Form 中需要呈现以及编辑的字段类型，这样就形成了表单。有了表单之后，基本上就有了增、删、改的页面。而基于 `QuerySet` 这个数据集合以及它所提供的查询操作，就有了列表的数据以及列表页的操作。

其实可以想一下，对于一个内容管理系统来说，需要哪些页面来完成数据的增、删、改、查。这其实也就是上面说到的那些。有了 Model 层的支持，上面的业务逻辑很容易实现。当然，这也带来另外一个问题，那就是上层的实现跟 Model 层耦合得比较紧。这既是好事，也是坏事，不过对于刚开始用 Django 的你来说，不用考虑太多，直接用就行，等你熟悉之后，所有的特点都能为你所用。

有了大概的认识之后，我们来看 admin 的用法。

6.1 配置 admin 页面

基于前面编写完成的 Model 代码，我们来配置 admin 的页面。重复编写 Model 中的字段相对枯燥，但是编写 admin 的代码会比较有趣，因为它让我们能直接看到对应的页面，也能直接修改页面。

废话不多说，我们开始编写 admin 的代码。

6.1.1　创建 blog 的管理后台

首先是 blog 这个 App，其中定义了 3 个 Model，分别是 Category、Post 和 Tag。先来创建 admin 页面，其代码需要写到 blog/admin.py 这个模块（文件）中。

1. 编写 Tag 和 Category 的管理后台

我们先来编写 Tag 和 Category 这两个 Model 对应的 admin 配置：

```
from django.contrib import admin

from .models import Post, Category, Tag


@admin.register(Category)
class CategoryAdmin(admin.ModelAdmin):
    list_display = ('name', 'status', 'is_nav', 'created_time')
    fields = ('name', 'status', 'is_nav')


@admin.register(Tag)
class TagAdmin(admin.ModelAdmin):
    list_display = ('name', 'status', 'created_time')
    fields = ('name', 'status')
```


这点代码就完成了 Tag 和 Category 的 admin 配置，我们可以尝试运行一下看看效果，然后再来解释其中代码的作用。

首先，激活虚拟环境。先来创建超级用户的用户名和密码，执行 `./manage.py createsuperuser`，然后根据提示输入用户名和密码，如图 6-1 所示。

```
typeidea-env  the5fire  typeidea  book/06-admin  %  ./manage.py createsuperuser
Username (leave blank to use 'the5fire'): the5fire
Email address: admin@admin.com
Password:
Password (again):
Superuser created successfully.
```

图 6-1　创建超级用户

接着执行 `./manage.py runserver`，看到正确输出之后，打开 http://127.0.0.1:8000/admin/，进行登录，登录后能看到如图 6-2 所示的界面。

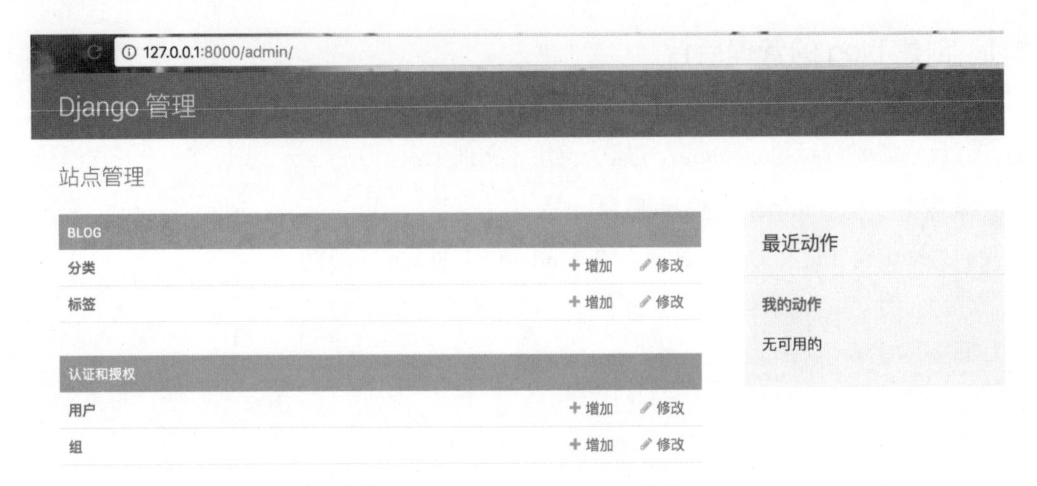

图 6-2 管理后台界面

刚才编写的“标签”和“分类”管理后台就出现了，你可以尝试点进去操作一下，比如新建一条数据，不过你应该会遇到如图 6-3 所示的错误。

图 6-3 保存数据时的异常情况

这个错误可以理解为数据不完整。根据提示的信息 `NOT NULL constraint failed: blog_category.owner_id`，我们知道具体问题是“非空约束错误：blog_category.owner_id”。再结合我们编写的 Model，不难得到问题的原因是：我们给每个 Model 定义了一个 `owner` 字段来标记这个数据属于哪个作者，而页面上并没有填这一项。

对于新手来说，学会查看和分析错误信息至关重要，其重要性远高于掌握一个框架！

接着来解决这个问题。知道了原因，解决起来就简单了。新建数据时，页面上并没有让我们设置作者的地方。拿“分类”管理来说，其界面如图 6-4 所示。

图 6-4 添加“分类”管理界面

再对比上一章中 Category 模型的定义，为什么只展示了三个字段的内容？

其原因就在 admin 的定义上。我们再来看看 `CategoryAdmin` 的定义：

```
@admin.register(Category)
class CategoryAdmin(admin.ModelAdmin):
    list_display = ('name', 'status', 'is_nav', 'created_time')
    fields = ('name', 'status', 'is_nav')
```

可以发现，这三个字段刚好是 `fields` 的内容。这时即便没看文档也知道，`fields` 这个配置的作用就是控制页面上要展示的字段。

因此，解决方案很简单，把 `owner` 放进去就好了。此时我们就能在页面上选择用户了，如图 6-5 所示。

图 6-5 添加分类时设置作者

不过这也不是一个好方案。如果这么做，岂不是任何作者都可以随意把自己创建的内容改为作者的吗？这就是 bug 了。

此时可以考虑另外一个方案：保存数据之前，把 owner 这个字段设定为当前的登录用户。怎么做呢？这个时候就需要重写 ModelAdmin 的 save_model 方法，其作用是保存数据到数据库中。

重写后的完整代码如下：

```
from django.contrib import admin

from .models import Post, Category, Tag


@admin.register(Category)
class CategoryAdmin(admin.ModelAdmin):
    list_display = ('name', 'status', 'is_nav', 'created_time')
    fields = ('name', 'status', 'is_nav')

    def save_model(self, request, obj, form, change):
        obj.owner = request.user
        return super(CategoryAdmin, self).save_model(request, obj, form, change)


@admin.register(Tag)
class TagAdmin(admin.ModelAdmin):
    list_display = ('name', 'status', 'created_time')
    fields = ('name', 'status')

    def save_model(self, request, obj, form, change):
        obj.owner = request.user
        return super(TagAdmin, self).save_model(request, obj, form, change)
```

这里我们再解释一下 save_model 这个方法，从其参数的命名基本上能看到它们的作用。通过给 obj.owner 赋值，就能达到自动设置 owner 的目的。这里的 request 就是当前请求，request.user 就是当前已经登录的用户。如果是未登录的情况下，通过 request.user 拿到的是匿名用户对象。

obj 就是当前要保存的对象，而 form 是页面提交过来的表单之后的对象，后面会讲。change 用于标志本次保存的数据是新增的还是更新的。

这么修改之后，重新运行一下代码。保存数据后，查看列表页，得到的结果如图 6-6 所示。

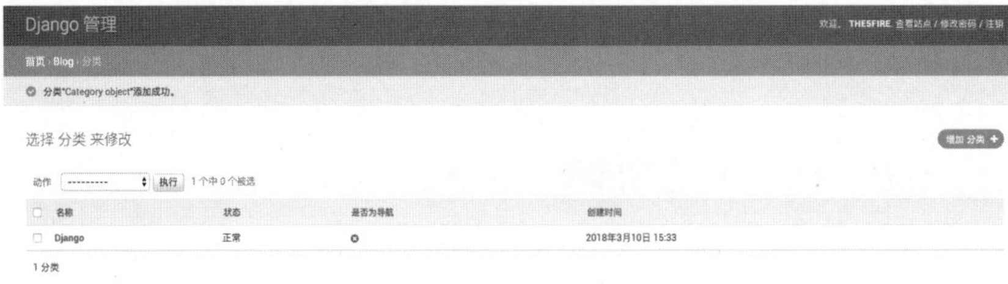

图 6-6　分类列表页

看到这个页面后，再对比一下上面定义的 list_display，就能够知道它的作用是什么了。你应该自己去修改 list_display 的内容，然后看看页面上有什么变化。

在编程中始终需要记住的一点是，无论文档上说这么写代码会得到这样的结果，还是大神告诉你那么写就能得到那样的结果，都是仅供参考。只有代码运行之后产生的结果才是可信的。因为计算机是客观的，执行什么，得到什么，是很严谨的因果关系。而人类是会犯错的，这个错可能不是知识上的错误，可能是环境差异导致的。谨记！

2. 编写 Post 的管理后台

Tag 和 Category 的 admin 代码都编写好了，接着需要编写 Post 的 admin 代码。还是在刚才的文件 blog/admin.py 中增加代码：

```
@admin.register(Post)
class PostAdmin(admin.ModelAdmin):
    list_display = [
        'title', 'category', 'status',
        'created_time', 'operator'
    ]
    list_display_links = []

    list_filter = ['category', ]
    search_fields = ['title', 'category__name']

    actions_on_top = True
    actions_on_bottom = True

    # 编辑页面
    save_on_top = True

    fields = (
        ('category', 'title'),
        'desc',
        'status',
        'content',
        'tag',
    )

    def operator(self, obj):
        return format_html(
            '<a href="{}">编辑</a>',
            reverse('admin:blog_post_change', args=(obj.id,))
        )
    operator.short_description = '操作'

    def save_model(self, request, obj, form, change):
        obj.owner = request.user
        return super(PostAdmin, self).save_model(request, obj, form, change)
```

在 blog/admin.py 最上面增加新的引用。到目前为止，所有的引用为：

```
from django.contrib import admin
from django.urls import reverse
from django.utils.html import format_html

from .models import Post, Category, Tag
```

你可以先把上面的代码写到项目中运行一下，尝试创建一些数据，看看结果，然后再回过头来解释各项内容。

这里先总结 PostAdmin 中的各项配置，然后再整体总结一下。

- **list_display**：上面已经介绍过，它用来配置列表页面展示哪些字段。
- **list_display_links**：用来配置哪些字段可以作为链接，点击它们，可以进入编辑页面。如果设置为 None，则表示不配置任何可点击的字段。
- **list_filter**：配置页面过滤器，需要通过哪些字段来过滤列表页。上面我们配置了 category，这意味着可以通过 category 中的值来对数据进行过滤。
- **search_fields**：配置搜索字段。
- **actions_on_top**：动作相关的配置，是否展示在顶部。
- **actions_on_bottom**：动作相关的配置，是否展示在底部。
- **save_on_top**：保存、编辑、编辑并新建按钮是否在顶部展示。

除了这些 ModelAdmin，Django 还提供了很多其他配置，具体可以通过文档查看：https://docs.djangoproject.com/en/1.11/ref/contrib/admin/#modeladmin-options。不过文档上列的也并不完整，最好等你熟悉 Django 之后，去看对应部分的源码。

最后，还需介绍的是自定义方法。在 list_display 中，如果想要展示自定义字段，如何处理呢？上面的 operator 就是一个示例。

自定义函数的参数是固定的，就是当前行的对象。列表页中的每一行数据都对应数据表中的一条数据，也对应 Model 的一个实例。

自定义函数可以返回 HTML，但是需要通过 format_html 函数处理，reverse 是根据名称解析出 URL 地址，这个后面会介绍到。最后的 operator.short_description 的作用就是指定表头的展示文案。

在日常开发中，自定义函数很常用，除了上面介绍的可以自定义 HTML 代码外，还可以定义需要展示的其他内容。比如说，在“分类”列表页，我们需要展示该分类下有多少篇文章，此时可以在 CategoryAdmin 中增加如下代码：

```
def post_count(self, obj):
    return obj.post_set.count()

post_count.short_description = '文章数量'
```

然后修改 list_display，最后增加 post_count，刷新页面就能看到修改之后的结果。

3. Model 的 __str__ 方法

如果你尝试运行了上面的代码，可能会发现列表页上有这样的文案：Category object。这是因为我们没有配置类的 __str__ 方法。因此，对于每个 Model，都需要增加这个方法，类似于这样：

```
class Category(models.Model):
    # 省略其他代码

    def __str__(self):
        return self.name
```

4. ModelAdmin 总结

好了，到此为止，一个简单的管理后台就配置好了，我们稍稍总结一下。

你应该能够体会到"当你有了 Model 之后，就自动有了一个管理系统"的感觉。如上面所说，这一切都是基于 Model 来实现的。

通过继承 admin.ModelAdmin，就能实现对这个 Model 的增、删、改、查页面的配置。这里的 ModelAdmin 是很重要的一环，后面还会接触到 ModelForm 的概念，这些都是跟 Model 紧耦合的。在 Model 之上可以实现更多的业务逻辑。而关于 admin 的部分，ModelAdmin 可能是你使用最频繁的类，如果后面的工作会持续用到 admin 模块的话。

6.1.2　comment 的 admin 配置

这一块不用多讲了，跟上面一样，我们需要做的就是照猫画虎。你可以自行来写，或者根据下面我的实现来写。

comment/admin.py 的完整代码如下：

```
from django.contrib import admin

from .models import Comment


@admin.register(Comment)
class CommentAdmin(admin.ModelAdmin):
    list_display = ('target', 'nickname', 'content', 'website', 'created_time')
```

6.1.3　config 的 admin 配置

这一块同样不用多说，直接来编辑代码。config/admin.py 的完整代码如下：

```
from django.contrib import admin

from .models import Link, SideBar


@admin.register(Link)
```

```
class LinkAdmin(admin.ModelAdmin):
    list_display = ('title', 'href', 'status', 'weight', 'created_time')
    fields = ('title', 'href', 'status', 'weight')

    def save_model(self, request, obj, form, change):
        obj.owner = request.user
        return super(LinkAdmin, self).save_model(request, obj, form, change)


@admin.register(SideBar)
class SideBarAdmin(admin.ModelAdmin):
    list_display = ('title', 'display_type', 'content', 'created_time')
    fields = ('title', 'display_type', 'content')

    def save_model(self, request, obj, form, change):
        obj.owner = request.user
        return super(SideBarAdmin, self).save_model(request, obj, form, change)
```

6.1.4 详细配置

通过上面的配置，我们已经得到了一个完善的内容管理后台，其中包含分类、标签、文章、评论、侧边栏、友链的管理。算下来没几行代码，但是这足以供你完成简单的内容管理了。比如，你只是想做一个联系人的管理后台，那么到这一步就够了。但是我们需要做的更多，所以还要继续。

现在的问题是页面展示还不够友好，因此我们需要进行更多配置。

我们先梳理一下需要哪些定制，但在梳理之前需要先扮演用户，去使用自己的产品。看看有哪些别扭的地方，然后再改进。在正式开发中，程序员往往喜欢开发完一个功能，赶紧拿给产品经理或者老大看。潜台词是：我的开发效率高吧，快夸我！这时往往会得到产品经理或者老大的一顿鄙视，仅仅实现程序逻辑远不是一个优秀程序员的追求，我们需要创建的是易用、易维护的项目/产品。因此，把自己当作用户先去体验一下产品的流程，然后确认没问题了再拿出去。

假设我们要发布一篇文章，需要怎么做呢？步骤如下：

(1) 新建文章；
(2) 填写标题和内容，选择分类，选择标签；
(3) 保存文章；
(4) 查看文章；
(5) 查看某个分类或者标签下有多少文章；
(6) 查看最新的文章。

根据页面来分的话，其实也就两个页面，一是文章列表页，二是文章编辑页面。

列表页需要展示哪些内容呢？如果你是用户，希望看到哪些内容呢？标题，内容？考虑好这些，然后进行配置。

编辑页面呢？如何布局？用户写文章时，需要先写标题，还是先选择分类或者标签？

你可能觉得烦琐，不就是写个代码吗，考虑这么多产品逻辑作甚。

这里我们需要意识到的一件事是，我们做出来的东西，别人看到的永远只是界面而已，用起来是否舒服完全是感官上的东西。架构设计得多么合理，代码质量写得多么高，用户不会关心，也不知道。产品经理的评价可能是，这哥们做东西太马虎，只图快，用起来一塌糊涂。或者这哥们做东西就是细致，产品体验很好。

因此，优秀的程序员除了追求编写优雅的代码之外，还需要做出优雅的产品。

好了，说了这么多，目的只有一个：开发出优秀的产品。就像我们正在学习的 Django 一样，它对开发人员足够友好（充足的文档以及丰富的生态）。

6.1.5 总结

经过这一节，想必你已经得到了一个基本可用的管理系统。但是这还不够。请记住我们的追求。下一节中，再来学习更多的模块来优化项目。

6.2 根据需求定制 admin

上一节中，我们完成了基础的 admin 代码编写，已经得到了一个基本可用的内容管理系统。在这一节中，我们来说一下常用的定制行的操作，让大家有一个初步的认识，后面在实现需求时还会做更多讲解。

框架在设计时为了达到更好的通用性，会抽象出通用的逻辑，把一些可配置项暴露给用户，让用户可以通过简单的配置完成自己的需求。比方说，上一节配置的 `list_display` 以及其他选项，配置起来都很简单。除了简单的配置项之外，一个好的框架在保证自身通用性的前提下，还会提供给我们定制的能力（或者说接口）。从这方面来说，Django 也是一个优秀的框架。

其实我们自己思考一下，对于数据管理或者内容管理来说，我们需要操作的页面基本上只有两种：一是数据批量展示和操作的列表页，二是数据增加或者修改的编辑（新增）页。

接下来，我们来详细说一下如何定制这两部分页面，也看看 Django 给我们提供了哪些接口。

6.2.1 定义 list 页面

第一个需要定制的就是列表页，如何定制？这个需求谁来提？这是个问题。

就我自己的经验来说，开发人员一定要自己吃自己的“狗粮”（即要自己使用自己开发出来的系统）。把自己作为一个真实用户，去体验一下系统使用的流程，你就知道应该如何定制列表页，哪些信息是有用的，哪些信息是要隐藏的，哪些信息是只能自己查看的。这些你都得知道，然后才能去开发。

这也是你要自己写一个博客系统的原因。因为这将是你能持续参与使用和维护的一个真实项目。只有不断维护和改写，才能获得足够多的经验。

下面来看具体的定制细节。

上一节中的一些配置项不再多说，这里只补充两点。

- 其实在 `search_fields` 中已经用到了，就是通过 __（双下划线）的方式指定搜索关联 Model 的数据，这种用法可以用于 `list_display` 和 `list_filter`。
- `list_filter` 可以进行更多的自定义。除了配置字符串之外，还可以自定义类过滤器。具体定义的逻辑下面拆开来说。

1. 自定义 list_filter

自定义 `list_filter` 比较简单，看一下文档上的代码大概就知道怎么用了。我们需要做的是跟现在需要开发的系统结合起来。

运行系统之后，可以尝试在用户管理部分新添加几个用户，每个用户添加一下数据，然后在文章列表页就能看到如图 6-7 所示的结果。

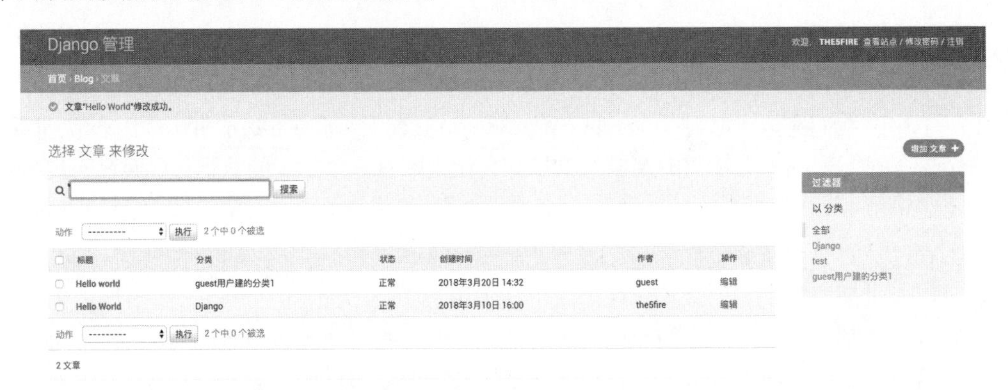

图 6-7　列表页过滤器

你运行的结果可能跟我的稍有不同，我在 `PostAdmin` 的 `list_display` 中增加了 `owner` 字段，用来展示文章作者。

从图 6-7 中能发现，当前登录用户是 `the5fire`，但是我却可以看到其他用户的文章。这是权限问题。作者应该只能看到自己的文章才对。

另外，图 6-7 右侧的过滤器中展示了非当前用户创建的分类——guest 用户建的分类 1，这显然也是权限问题。

这就是需要解决的问题，可以通过定制 Django 提供给我们的接口来完成。

首先，完成右侧过滤器的功能，这时需要自定义过滤器。其使用方式很简单，文档上有很详细的说明和示例，这里直接编写代码，在 `PostAdmin` 定义的上方定义如下代码：

```
class CategoryOwnerFilter(admin.SimpleListFilter):
    """ 自定义过滤器只展示当前用户分类 """

    title = '分类过滤器'
    parameter_name = 'owner_category'

    def lookups(self, request, model_admin):
        return Category.objects.filter(owner=request.user).values_list('id', 'name')

    def queryset(self, request, queryset):
        category_id = self.value()
        if category_id:
            return queryset.filter(category_id=category_id)
        return queryset
```

通过继承 Django admin 提供的 `SimpleListFilter` 类来实现自定义过滤器，之后只需要把自定义过滤器配置到 `ModelAdmin` 中即可。这里先解释一下上面的代码。

`SimpleListFilter` 类提供了两个属性和两个方法来供我们重写。两个属性的作用顾名思义，`title` 用于展示标题，`parameter_name` 就是查询时 URL 参数的名字，比如查询分类 `id` 为 1 的内容时，URL 后面的 Query 部分是 `?owner_category=1`，此时就可以通过我们的过滤器拿到这个 `id`，从而进行过滤。

两个方法的作用如下。

- **lookups**：返回要展示的内容和查询用的 `id`（就是上面 Query 用的）。
- **queryset**：根据 URL Query 的内容返回列表页数据。比如如果 URL 最后的 Query 是 `?owner_category=1`，那么这里拿到的 `self.value()` 就是 1，此时就会根据 1 来过滤 `QuerySet`（这部分在第 5 章中已经介绍过）。这里的 `QuerySet` 是列表页所有展示数据的合集，即 post 的数据集。

编写完之后，只需要修改 `list_filter` 为：

```
list_filter = [CategoryOwnerFilter]
```

就能让用户在侧边栏的过滤器中只看到自己创建的分类了。

2. 自定义列表页数据

完成了 `list_filter` 的定制，我们还需要继续定制，让当前登录的用户在列表页中只能看到自己创建的文章。怎么操作呢？

`PostAdmin` 继承自 `admin.ModelAdmin`，显然我们需要看 `ModelAdmin` 提供了哪些方法，可以让我们来重写。

有两个地方可以查。一个是官方文档，从中可以查看 `ModelAdmin` 提供的方法及其具体作用。另外一个就是 Django 源代码。不必对 Django 庞大的源码感到恐惧，只需要从你熟悉的地方开始就行。比如说 django/contrib/admin/options.py 这个模块，`ModelAdmin` 的定义就在其中，你可以看看它是怎么实现的，定义了哪些方法供开发者使用，定义了哪些属性可以让开发者配置。

我们来实现一下 blog/admin.py，其中省略了部分代码：

```
@admin.register(Post)
class PostAdmin(admin.ModelAdmin):
    list_display = [
        'title', 'category', 'status',
        'created_time', 'operator'
    ]

    # 省略部分代码

    def save_model(self, request, obj, form, change):
        obj.owner = request.user
        return super(PostAdmin, self).save_model(request, obj, form, change)

    def get_queryset(self, request):
        qs = super(PostAdmin, self).get_queryset(request)
        return qs.filter(owner=request.user)
```

这么写完之后，重启进程后（如果你用 `./manage.py runserver` 方式启动的进程，那么进程会自动重启）刷新页面，观察结果。

从这两个定制可以看出来，关于数据过滤的部分，只需要找到数据源在哪儿，也就是 `QuerySet` 最终在哪儿生成，然后对其进行过滤即可。

列表页的处理就先介绍到这，再来看看编辑页面的定制。

6.2.2　编辑页面的配置

在上一节中，我们看到了部分展示，这里再重新梳理一遍。首先，需要明确在编辑页面中有哪些东西可以被定制，比如：

- 按钮位置；
- 哪些字段需要被用户填写，哪些不用填写甚至不用展示；
- 页面的字段展示顺序是不是能调整，展示位置是否能调整；
- 输入框的样式。

根据这些可能的需求，我们来一一处理。首先是按钮位置，在编辑页面中主要的按钮也就是“保存”，不过 Django 提供给我们另外两个便于操作的按钮：“保存并继续”以及“保存并新增另一个”。

关于按钮的位置，有一个配置项可以完成：`save_on_top` 用来控制是否在页面顶部展示上述的三个按钮。

对于字段是否展示以及展示顺序的需求，可以通过 `fields` 或者 `fieldset` 来配置。通过 `exclude` 可以指定哪些字段是不展示的，比如下面的 `owner`，我们是在程序中自动赋值当前用户的。

代码如下：

```
# blog/admin.py

@admin.register(Post)
class PostAdmin(admin.ModelAdmin):
    # 省略其他代码
    exclude = ('owner',)

    fields = (
        ('category', 'title'),
        'desc',
        'status',
        'content',
        'tag',
    )
    # 省略其他代码
```

fields 配置有两个作用，一个是限定要展示的字段，另外一个就是配置展示字段的顺序。你可以将上面的代码放到项目中，看看页面展示效果。

接着，来看另外一项配置 fieldsets，它用来控制页面布局。先来看代码示例，你可以把代码放到自己项目上看看效果，然后再看解释。我们用它来替换上述代码中的 fields：

```
fieldsets = (
    ('基础配置', {
        'description': '基础配置描述',
        'fields': (
            ('title', 'category'),
            'status',
        ),
    }),
    ('内容', {
        'fields': (
            'desc',
            'content',
        ),
    }),
    ('额外信息', {
        'classes': ('collapse',),
        'fields': ('tag', ),
    })
)
```

fieldsets 用来控制布局，要求的格式是有两个元素的 tuple 的 list，如：

```
fieldsets = (
    (名称, {内容}),
    (名称, {内容}),
)
```

其中包含两个元素的 tuple 内容，第一个元素是当前版块的名称，第二个元素是当前版块的描述、字段和样式配置。也就是说，第一个元素是 string，第二个元素是 dict，而 dict 的 key 可以是'fields'、'description'和'classes'。

fields 的配置效果同上面一样，可以控制展示哪些元素，也可以给元素排序并组合元素的位置。

classes 的作用就是给要配置的版块加上一些 CSS 属性，Django admin 默认支持的是 collapse 和 wide。当然，你也可以写其他属性，然后自己来处理样式。

最后，关于编辑页的配置，还有针对多对多字段展示的配置 filter_horizontal 和 filter_vertical，它们用来控制多对多字段的展示效果，你可以自行尝试，后面我们会通过其他插件来处理这种功能。

这两种配置方式也简单，同其他的一样，只需要设置哪些字段是横向展示的，哪些字段是纵向展示的即可：

```
filter_horizontal = ('tag', )
# 或者下面
filter_vertical = ('tag', )
```

我建议你运行代码看看效果。

6.2.3　自定义静态资源引入

前面提过，我们可以自定义 class 来控制页面元素的样式，但是问题来了：页面是 Django 帮我们生成的，即便我们可以自定义元素的 class，那么怎么来定义 CSS 呢？

或者是另外的情况，我们打算给页面添加自己写的 JavaScript 脚本来完成某些前端操作，怎么处理呢？

Django 给我们提供了这样的接口。还是在 PostAdmin 下，我们来增加新的属性：

```
class PostAdmin(admin.ModelAdmin):
    # 省略其他代码
    class Media:
        css = {
            'all': ("https://cdn.bootcss.com/bootstrap/4.0.0-beta.2/css/
                bootstrap.min.css", ),
        }
        js = ('https://cdn.bootcss.com/bootstrap/4.0.0-beta.2/js/bootstrap.bundle.js', )
```

这里我用到的都是完整的资源地址，如果是项目本身的静态资源地址，直接写名称即可，后面会介绍如何配置项目的静态资源。这么配置完成后，在页面加载时，Django 会把这些资源加载到页面上。

需要理解的是，我们可以通过自定义 Media 类来往页面上增加想要添加的 JavaScript 以及 CSS 资源。

6.2.4　自定义 Form

上面的所有配置都是基于 `ModelAdmin` 的。如果有更多的定制需求，应该怎么处理呢？比如说，我们希望文章描述字段能够以 `textarea`（也就是多行多列的方式）展示，怎么处理呢？这其实属于展示层的定义。

这就需要用到 `ModelForm` 了，它的用法前面也介绍过。这里需要知道的是，我们目前看到以及用到的 admin 的页面，就是通过这些组件生成的，`ModelForm` 就是其中一环。只是用到的是 Django admin 默认的 Form 而已。

先在 blog 的目录下新增一个文件 adminforms.py。因为这是用作后台管理的 Form，所以这里要命名为 adminforms 而不是 forms。这只是为了跟前台针对用户输入进行处理的 Form 区分开来。

接着，需要在里面编写代码，定义 Form。关于 Form 的作用，之前有讲到：Form 跟 Model 其实是耦合在一起的，或者说 Form 跟 Model 的逻辑是一致的，Model 是对数据库中字段的抽象，Form 是对用户输入以及 Model 中要展示数据的抽象。

在 adminforms.py 中，我们通过 Form 来定制 `desc` 这个字段的展示：

```
from django import forms


class PostAdminForm(forms.ModelForm):
    desc = forms.CharField(widget=forms.Textarea, label='摘要', required=False)
```

上面就是完整的代码，接着将其配置到 admin 定义中（详见 blog/admin.py）：

```
from .adminforms import PostAdminForm


class PostAdmin(admin.ModelAdmin):
    form = PostAdminForm
    # 省略其他代码
```

好了，编写完上述代码后，刷新一下页面，就能看到文章描述字段已经改为 Textarea 组件了。

6.2.5　在同一页面编辑关联数据

了解了上面的定制，大部分需求应该都可以满足了。不过对于关联内容的管理，偶尔也需要考虑，比如下面的需求。

产品经理说：我们需要在分类页面直接编辑文章。

当然，这是一个伪需求。因为这种内置（inline）的编辑相关内容的操作更适合字段较少的 Model。这里只是演示一下它的用法。在 blog/admin.py 文件中增加：

```
from django.contrib import admin


class PostInline(admin.TabularInline):  # StackedInline 样式不同
```

```
    fields = ('title', 'desc')
    extra = 1  # 控制额外多几个
    model = Post


class CategoryAdmin(admin.ModelAdmin):
    inlines = [PostInline, ]
```

编写完成后，启动程序，进入分类编辑页面，此时就能看到页面下方多了一个新增/编辑文章的组件。对于需要在一个页面内完成两个关联模型编辑的需求，使用 inline admin 方式非常合适。

6.2.6　定制 site

大部分情况下，只需要一个 site 就够了，一个 site 对应一个站点，这就像上面所有操作最终都反应在一个后台。当然，我们也可以通过定制 site 来实现一个系统对外提供多套 admin 后台的逻辑。

如何区分不同的 site 呢？一个 URL 后面对应的就是一个 site。看一下 urls.py 文件中的这段代码：`url(r'^admin/', admin.site.urls)`，这就对应了一个 site。

那么，我们得到一个新需求：用户模块的管理应该跟文章分类等数据的管理分开。另外，我们也需要修改后台的默认展示。现在后台名称是“Django 管理”，这看起来有点奇怪。

接下来，我们来实现这个需求。

从上面的代码也能看到，我们用的是 Django 提供的 `admin.site` 模块，这里面的 site 其实是 `django.contrib.admin.AdminSite` 的一个实例。

因此，我们可以继承 `AdminSite` 来定义自己的 site，其代码如下：

```
from django.contrib.admin import AdminSite


class CustomSite(AdminSite):
    site_header = 'Typeidea'
    site_title = 'Typeidea 管理后台'
    index_title = '首页'


custom_site = CustomSite(name='cus_admin')
```

我们把代码放到 typeidea/typeidea/custom_site.py 文件中。接着，就需要修改所有 App 下 register 部分的代码了。下面以修改 `PostAdmin` 为例来介绍。

把 `@admin.register(Post)` 修改为 `@admin.register(Post, site=custom_site)` 即可。

说明 我们需要在模块上面引入 custom_site：from typeidea.custom_site import custom_site。

需要注意的是，上面用 reverse 方式来获取后台地址时，我们用到了 admin 这个名称，因此需要调整 blog/admin.py 的代码。

原代码：

```
    def operator(self, obj):
        return format_html(
            '<a href="{}">编辑</a>',
            reverse('admin:blog_post_change', args=(obj.id,))
        )
    operator.short_description = '操作'
```

修改为：

```
    def operator(self, obj):
        return format_html(
            '<a href="{}">编辑</a>',
            reverse('cus_admin:blog_post_change', args=(obj.id,))
        )
    operator.short_description = '操作'
```

接着，需要在 urls.py 文件中进行修改，其完整代码如下：

```
from django.conf.urls import url
from django.contrib import admin

from .custom_site import custom_site


urlpatterns = [
    url(r'^super_admin/', admin.site.urls),
    url(r'^admin/', custom_site.urls),
]
```

这样就有两套后台地址，一套用来管理用户，另外一套用来管理业务。需要理解的是，这两套系统都是基于一套逻辑的用户系统，只是我们在 URL 上进行了划分。

这么修改代码之后，可以再次看看页面有什么不同。除了上面简单的文案配置外，AdminSite 中还提供了首页、登录页、密码修改等页面的重载接口。具体内容可以查看文档，这里不做过多介绍。

6.2.7 admin 的权限逻辑以及 SSO 登录

如果在写上面那部分代码时，去看 Django 的文档或者源码的话，应该能看到部分关于权限的代码。

在日常开发中，权限管理是常规需求，虽然在博客系统开发中没提到。但作为后台开发的重点，这里还是要提一下。

在开发企业内部系统时，往往需要集成已有的 SSO（Single Sign-On，单点登录）系统进来。集成登录的逻辑只需要参考 Django 默认的 Settings 的配置 AUTHENTICATION_BACKENDS 是如何实现的即可，并且 Django 也提供了详细的文档，告诉你如何定制第三方认证系统。

这里讲一下如果已经集成了 SSO，那么权限部分的逻辑怎么处理。有两种方式，一种是在自定义的 AUTHENTICATION_BACKEND 中来做，另外一种就是在 Django admin 中来做。先来看看 Django admin 提供给我们的接口：

- has_add_permission
- has_change_permission
- has_delete_permission
- has_module_permission

一个 ModelAdmin 的配置就对应一个 Model 的数据管理页面（列表页、新增页、编辑页、删除页），所以 ModelAdmin 的配置中包含了这些权限的方法。

如果需要自己实现不同 Model 对应管理功能上的权限逻辑，可以通过重写上面的方法来实现。我们看一个简单的例子，比如需要判断某个用户是否有添加文章的权限，而权限的管理是在另外的系统上，只提供了一个接口：http://permission.sso.com/has_perm?user=<用户标识>&perm_code=<权限编码>。如果有权限，那么响应状态为 200；如果没有权限，则为 403。（这里面的地址 sso.com 是我随便写的，使用时需要替换为你们内部的 SSO 系统地址。）

这里我们来简单实现一下 has_add_permission：

```
import requests

from django.contrib.auth import get_permission_codename


PERMISSION_API = "http://permission.sso.com/has_perm?user={}&perm_code={}"


class PostAdmin(admin.ModelAdmin):
    def has_add_permission(self, request):
        opts = self.opts
        codename = get_permission_codename('add', opts)
        perm_code = "%s.%s" % (opts.app_label, codename)
        resp = requests.get(PERMISSION_API.format(request.user.username, perm_code))
        if resp.status_code == 200:
            return True
        else:
            return False
```

这就是一个简单的实现，实际情况会稍微复杂些，不过大概流程是一样的。在实际中，需要双方统一用户标识以及权限编码，当然还有接口规范。

这种每次都通过接口去查询是否有权限的效率比较低。我们可以在用户登录之后把所有的权限从数据库中读取出来，保存到 session 或者缓存中，从而避免每次都去 API 查询是否有权限。但是需要注意的问题是，如果发生了权限变更，那么当前系统中的用户需要登出或者系统主动清理缓存后才会使新的权限生效。

6.2.8 总结

正如前面所说，当你有了 Model 之后，就有了一套 CRUD 的管理后台，这一节是一个直观的体验。现在你可能对 admin 还有点陌生，但是当你上手之后，会觉得这确实能减少很多后台开发的工作量。

随着使用的深入或者需求的变化，定制开发不可避免，因此我们需要做的是先熟读 Django admin 部分的文档，理解其中模块之间的关系后，根据需要去查看源代码。

6.2.9 参考资料

- 自定义 admin site：https://docs.djangoproject.com/en/1.11/ref/contrib/admin/#customizing-the-adminsite-class。
- `format_html` 的用法：https://docs.djangoproject.com/en/1.11/ref/utils/#django.utils.html.format_html。
- admin `list_filter` 定制：https://docs.djangoproject.com/en/1.11/ref/contrib/admin/#django.contrib.admin.ModelAdmin.list_filter。
- admin `get_queryset` 接口：https://docs.djangoproject.com/en/1.11/ref/contrib/admin/#django.contrib.admin.ModelAdmin.get_queryset。

6.3 抽取 `Admin` 基类

这一节中，我们整理一下 admin 的所有代码，来保证代码整洁。

之前我们在 `PostAdmin` 中重写了 `save_model` 方法和 `get_queryset` 方法，目的是设置文章作者以及当前用户只能看到自己的文章。除了文章管理之外，还有其他模块也需要这么处理。

最简单的方法就是，复制一下，然后粘贴过去。这种方式虽然快，但会导致同样的代码出现在各个地方，提高了代码的维护成本。这对于编写代码来说也是冗余的。因此，我们需要“懒”一点，让我们的维护变得简单。

因此，需要做一定程度的抽象。

6.3.1 抽象 `author` 基类

在日常开发中，经常会遇到这样的问题，同样的代码抑或是类似的逻辑遍布在项目各处，可能是之前有人通过复制完成的业务功能，也可能是自己编写的，恰巧逻辑一样。不管怎么说，这样的代码会导致维护成本提高。试想一下，如果有一天这样的逻辑需要修改，那你要修改多少个地方？就算你是维护这个项目很久的“老人”，也可能会疏忽、遗漏一两处，进而导致线上故障。

因此，在开发时，我们要时刻保持这样的理念——尽量降低后期的维护成本。如何降低呢？自然是降低修改代码时的负担，降低我们在修改一个需求时要修改的代码量，让后来的程序员在修改代码时不会被之前凌乱的代码“绊倒”。

话不多说，先来抽象出一个基类 BaseOwnerAdmin，这个类帮我们完成两件事：一是重写 save 方法，此时需要设置对象的 owner；二是重写 get_queryset 方法，让列表页在展示文章或者分类时只能展示当前用户的数据。

下面来看具体代码：

```
from django.contrib import admin


class BaseOwnerAdmin(admin.ModelAdmin):
    """
    1. 用来自动补充文章、分类、标签、侧边栏、友链这些 Model 的 owner 字段
    2. 用来针对 queryset 过滤当前用户的数据
    """
    exclude = ('owner', )

    def get_queryset(self, request):
        qs = super(BaseOwnerAdmin, self).get_queryset(request)
        return qs.filter(owner=request.user)

    def save_model(self, request, obj, form, change):
        obj.owner = request.user
        return super(BaseOwnerAdmin, self).save_model(request, obj, form, change)
```

我们把这段代码放到 base_admin.py 文件中，跟 custom_site.py 同目录即可。之所以放这里，是因为所有的 App 都需要用到。

有了这个基类，接下来需要做的就是改造那些需要隔离不同用户数据的管理页面，只需要让对应的 Admin 类继承这个基类即可。这里我们列一下完整的 blog/admin.py 代码：

```
from django.contrib import admin
from django.urls import reverse
from django.utils.html import format_html

from .adminforms import PostAdminForm
from .models import Post, Category, Tag
from typeidea.base_admin import BaseOwnerAdmin
from typeidea.custom_site import custom_site


class PostInline(admin.TabularInline):  # 可选择继承自 admin.StackedInline,
                                        以获取不同的展示样式
    fields = ('title', 'desc')
```

```
    extra = 1  # 控制额外多几个
    model = Post


@admin.register(Category, site=custom_site)
class CategoryAdmin(BaseOwnerAdmin):
    inlines = [PostInline, ]
    list_display = ('name', 'status', 'is_nav', 'created_time', 'post_count')
    fields = ('name', 'status', 'is_nav')

    def post_count(self, obj):
        return obj.post_set.count()

    post_count.short_description = '文章数量'


@admin.register(Tag, site=custom_site)
class TagAdmin(BaseOwnerAdmin):
    list_display = ('name', 'status', 'created_time')
    fields = ('name', 'status')


class CategoryOwnerFilter(admin.SimpleListFilter):
    """ 自定义过滤器只展示当前用户分类 """

    title = '分类过滤器'
    parameter_name = 'owner_category'

    def lookups(self, request, model_admin):
        return Category.objects.filter(owner=request.user).values_list('id', 'name')

    def queryset(self, request, queryset):
        category_id = self.value()
        if category_id:
            return queryset.filter(category_id=category_id)
        return queryset


@admin.register(Post, site=custom_site)
class PostAdmin(BaseOwnerAdmin):
    form = PostAdminForm
    list_display = [
        'title', 'category', 'status',
        'created_time', 'owner', 'operator'
    ]
    list_display_links = []

    list_filter = [CategoryOwnerFilter, ]
    search_fields = ['title', 'category__name']
    save_on_top = True

    actions_on_top = True
    actions_on_bottom = True
```

6

```
    # 编辑页面

    exclude = ['owner']
    """
    fields = (
        ('category', 'title'),
         'desc',
         'status',
         'content',
         'tag',
    )
    """
    fieldsets = (
        ('基础配置', {
            'description': '基础配置描述',
            'fields': (
                ('title', 'category'),
                'status',
            ),
        }),
        ('内容', {
            'fields': (
                'desc',
                'content',
            ),
        }),
        ('额外信息', {
            'classes': ('wide',),
            'fields': ('tag', ),
        })
    )
    # filter_horizontal = ('tag', )
    filter_vertical = ('tag', )

    def operator(self, obj):
        return format_html(
            '<a href="{}">编辑</a>',
            reverse('cus_admin:blog_post_change', args=(obj.id,))
        )
    operator.short_description = '操作'

    class Media:
        css = {
            'all': ("https://cdn.bootcss.com/bootstrap/4.0.0-beta.2/css/bootstrap.
                min.css", ),
        }
        js = ('https://cdn.bootcss.com/bootstrap/4.0.0-beta.2/js/bootstrap.bundle.js', )
```

其他 App 也类似，碍于篇幅，这里不再列出，可以到本项目的 GitHub 地址 https://github.com/the5fire/typeidea/tree/book/06-admin 查看。但我建议先自己参考 blog 的 admin 配置完成，最后手动编写代码，然后进行对比。学习的过程就是模仿–吸收–创造的过程，急于求成反而导致学习进度比别人慢。

6.3.2 总结

我们回顾一下这一节的内容，这里主要完成了后台的配置，可以进行基础的增、删、改、查操作。对后台代码进行一定程度的抽象，便于之后的代码编写。这一节看起来比较容易，没做太多处理。不过不要心急，后面我们会在 admin 层进行更多定制，以完成需求。

现在开始把其他 App 的代码完善一下。

6.4 记录操作日志

LogEntry 也是在后台开发中经常用到的模块，它在 admin 后台是默认开启的，如图 6-8 所示。

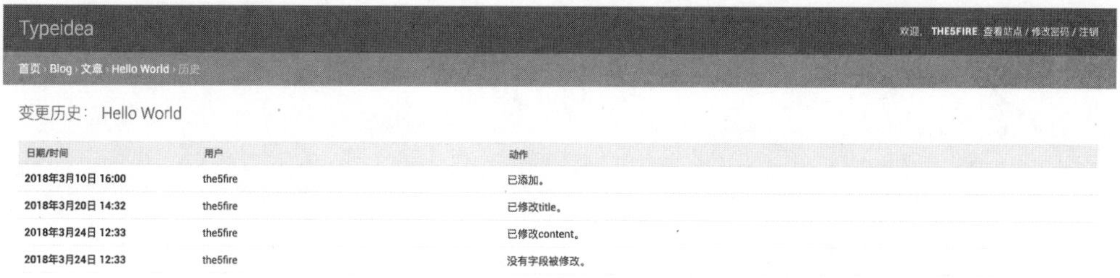

图 6-8 admin 自带的操作日志

图 6-8 中展示的就是变更记录的功能，每次修改文章时，都会记录下来。

在日常开发中，这也是非常常用的功能。比如，对于新闻类系统，我们需要知道这篇新闻是谁创建的，谁编辑的，谁发布的。因此，需要在后台记录所有用户（编辑）的操作记录。一方面是用来监督，另一方面可以用来做回滚。在 Django 中实现这个功能很简单，直接使用 LogEntry 模块即可。

6.4.1 使用 `LogEntry`

前面我们学习了 `ModelAdmin` 的定制，其中日志记录的功能 `ModelAdmin` 本身就有。当我们新建一个实体（`Post`、`Category`、`Tag` 等）时，它就会帮我们创建一条变更日志记录。当我们修改一条内容时，`ModelAdmin` 又会帮忙我们调用 `LogEntry` 来创建一条日志，记录一下这个变更。

`ModelAdmin` 内部提供了两个方法，分别是 `log_addition` 和 `log_change`。在官方文档上是看不到这个介绍的，因为它们是内部使用的函数。其功能如命名一样，一个是记录新增日志，一个是记录变更日志。我们可以看一下它们的定义来学习 `LogEntry` 的用法：

```
# 代码位置：django/admin/contrib/options.py


def log_addition(self, request, object, message):
```

```
        """
        Log that an object has been successfully added.

        The default implementation creates an admin LogEntry object.
        """
        from django.contrib.admin.models import LogEntry, ADDITION
        return LogEntry.objects.log_action(
            user_id=request.user.pk,
            content_type_id=get_content_type_for_model(object).pk,
            object_id=object.pk,
            object_repr=force_text(object),
            action_flag=ADDITION,
            change_message=message,
        )

    def log_change(self, request, object, message):
        """
        Log that an object has been successfully changed.

        The default implementation creates an admin LogEntry object.
        """
        from django.contrib.admin.models import LogEntry, CHANGE
        return LogEntry.objects.log_action(
            user_id=request.user.pk,
            content_type_id=get_content_type_for_model(object).pk,
            object_id=object.pk,
            object_repr=force_text(object),
            action_flag=CHANGE,
            change_message=message,
        )
```

这是摘自 Django 1.11 版本的代码，如果你有兴趣看代码的话，会发现相邻位置还有 log_deletion 的定义。不过内容大同小异，从上面的代码也能看出来。

这两个方法均调用了 LogEntry.objects.log_action 方法，只是参数略有不同。可以看到，如果需要自定义变更记录的话，只需要传递对应的参数即可。这里简要介绍一下这些参数。

- **user_id**：当前用户 id。
- **content_type_id**：要保存内容的类型，上面的代码中使用的是 get_content_type_for_model 方法拿到对应 Model 的类型 id。这可以简单理解为 ContentType 为每个 Model 定义了一个类型 id。
- **object_id**：记录变更实例的 id，比如 PostAdmin 中它就是 post.id。
- **object_repr**：实例的展示名称，可以简单理解为我们定义的 __str__ 所返回的内容。
- **action_flag**：操作标记。admin 的 Model 里面定义了几种基础的标记：ADDITION、CHANGE 和 DELETION。它用来标记当前参数是数据变更、新增，还是删除。
- **change_message**：这是记录的消息，可以自行定义。我们可以把新添加的内容放进去（必要时可以通过这里来恢复），也可以把新旧内容的区别放进去。

理解了这几个参数，如果遇到类似的需求，你就能直接使用 Django 现成的工具来完成了。

6.4.2 查询某个对象的变更

上面我们知道如何记录某个对象的变更日志了，那么问题来了，如何查询已经记录的变更呢？

其实这是简单的 Model 查询问题。假设我们记录的对象是 `Post` 的操作，现在来获取 `Post` 中 `id` 为 1 的所有变更日志，大概代码如下：

```
from django.contrib.admin.models import LogEntry, CHANGE
from django.contrib.admin.options import get_content_type_for_model


post = Post.objects.get(id=1)
log_entries = LogEntry.objects.filter(
    content_type_id=get_content_type_for_model(post).pk,
    object_id=post.id,
)
```

这样我们就拿到了文章 `id` 为 1 的所有变更记录了。

6.4.3 在 admin 页面上查看操作日志

我们既知道如何记录变更日志，也知道如何获取变更日志，那么如何才能够在 admin 后台方便地查看操作日志呢？

这其实就是简单配置 admin 的事儿了。我们可以在 blog/admin.py 中新增这个页面。虽然更合适的位置应该是在 typeidea 对应的/admin.py 下面，不过我们将其暂放到 blog/admin.py 中。

新增如下配置：

```
# 最上面增加 import
from django.contrib.admin.models import LogEntry

# 文件最下方增加
@admin.register(LogEntry, site=custom_site)
class LogEntryAdmin(admin.ModelAdmin):
    list_display = ['object_repr', 'object_id', 'action_flag', 'user',
        'change_message']
```

这样就可以看到所有的变更记录了。当然，这个管理的权限应该只有超级用户才有，因为这里可以看到所有用户的操作记录。当然，如果需要配置其他用户可见，但是又不想设置他为管理员的话，可以通过我们拆出来的 `super_admin` 后台对某个用户进行权限配置，如图 6-9 所示。

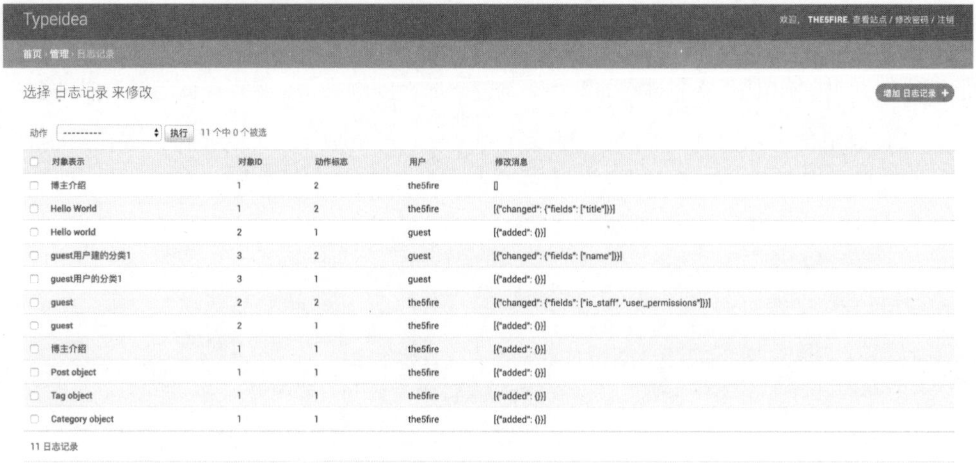

Typeidea　　欢迎，THE5FIRE. 查看站点 / 修改密码 / 注销

首页 › 管理 › 日志记录

选择 日志记录 来修改　　增加 日志记录 +

动作 --------- 执行 11 个中 0 个被选

对象表示	对象ID	动作标志	用户	修改消息
博主介绍	1	2	the5fire	[]
Hello World	1	2	the5fire	[{"changed": {"fields": ["title"]}}]
Hello world	2	1	guest	[{"added": {}}]
guest用户建的分类1	3	2	guest	[{"changed": {"fields": ["name"]}}]
guest用户的分类1	3	1	guest	[{"added": {}}]
guest	2	2	the5fire	[{"changed": {"fields": ["is_staff", "user_permissions"]}}]
guest	2	1	the5fire	[{"added": {}}]
博主介绍	1	1	the5fire	[{"added": {}}]
Post object	1	1	the5fire	[{"added": {}}]
Tag object	1	1	the5fire	[{"added": {}}]
Category object	1	1	the5fire	[{"added": {}}]

11 日志记录

图 6-9　配置 `LogEntiy` admin 页面

6.5　本章总结

admin 的配置其实比较简单，我们需要做的是了解 Django admin 提供了哪些功能，然后直接使用即可。

另外，需要意识到的一件事就是，admin 本身也是基于 Django 的内置功能开发的，结合了 Template、Form、Model 和 View 这些模块。这是一个典型的 Django 的 MTV 模式的用法，其中我们配置的 admin 部分就是 View 层。因此，在开发其他页面时，可以参考 admin 的逻辑。

第 7 章

开发面向用户的界面

在本章中，我们开始编写面向用户的界面，其中只涉及简单的 HTML 结构，不会做太多美化，目的就是把后台创建的数据展示到前台。

从技术上来讲，这一节将涉及 Django 中 function view 和 class-based view 的用法，它们本身没有优劣之分，也不是说用 class-based view 就是高级技术。场景不同，需要用到的技术也不同，仅此而已。

本章中，我们先使用 function view 来完成前台逻辑的编写，最后演化到 class-based view，这样能够对这两个方法或者技术有更直观的认识。另外需要意识到的一件事是，这些 Django 提供的接口或者方法都是 Python 代码写出来的，所以它们本身都是为了符合某种场景而抽象出来的东西，就像 Django 一样。

好了，我们开始吧。

7.1 搭建基础结构与展示文章数据

在开发面向用户的界面时，首先要整理出需要多少种 URL，即存在多少种页面（每种页面对应一类 URL），然后再来编写 View 的代码，这种方式的好处是可以去掉重复的逻辑。

接着要分析页面上需要呈现的数据，不同的数据意味着要用到不同的模型或者字段。在整个梳理的过程中，可能会突然意识到我们缺了某个字段，不过没关系，开发阶段还是可以即时调整字段的。因为目前并没有正式数据，调整字段不会有什么影响，但如果上线之后有字段调整的需求，就需要考虑一下新增字段对现有业务的影响了。

7.1.1 分析 URL 和页面数据

我们在第 1 章中做需求分析时也整理过了，对于这个需求，需要有这几个页面：

- 博客首页
- 博文详情页
- 分类列表页

- ❑ 标签列表页
- ❑ 友链展示页

我们可以先定义好URL，假设最终的网址是https://www.the5fire.com，那么对应的页面如下所示。

- ❑ 博客首页：https://www.the5fire.com/。
- ❑ 博文详情页：https://www.the5fire.com/post/<post_id>.html。
- ❑ 分类列表页：https://www.the5fire.com/category/<category_id>/。
- ❑ 标签列表页：https://www.the5fire.com/tag/<tag_id>/。
- ❑ 友链展示页：https://www.the5fire.com/links/。

页面如何布局呢？我们可以自己构思一下，通常的博客布局如图7-1所示。

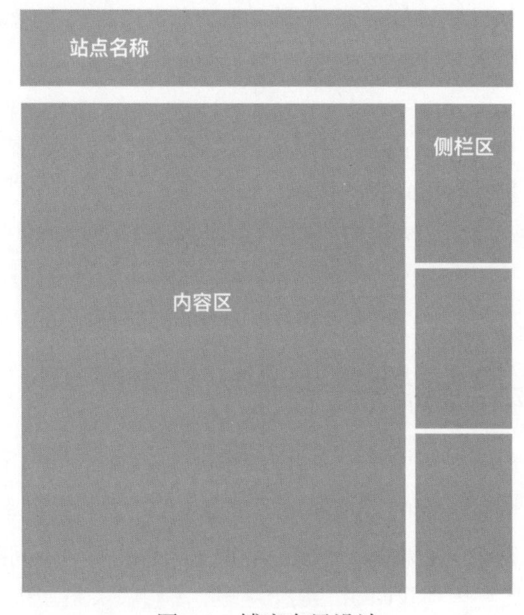

图7-1　博客布局设计

通过布局和URL，我们可以得出页面中的大部分数据是共用的。比如说博客首页、分类列表页和标签列表页，本质上都是文章列表页，只是其他信息稍有差别。因此，View的逻辑可以划分为两类：

- ❑ 根据不同的查询条件展示列表页；
- ❑ 展示博文详情页。

不过，友链展示页是独立的逻辑。

所以，View只需要三个即可。

- 列表页 View：根据不同的查询条件分别展示博客首页、分类列表页和标签列表页。
- 文章页 View：展示博文详情页。
- 友链页 View：展示所有友情链接。

7.1.2 编写 URL 代码

有了上面的分析，我们开始编写 URL 的代码：

```
from django.conf.urls import url
from django.contrib import admin

from blog.views import post_list, post_detail
from config.views import links
from typeidea.custom_site import custom_site


urlpatterns = [
    url(r'^$', post_list),
    url(r'^category/(?P<category_id>\d+)/$', post_list),
    url(r'^tag/(?P<tag_id>\d+)/$', post_list),
    url(r'^post/(?P<post_id>\d+).html$', post_detail),
    url(r'^links/$', links),
    url(r'^super_admin/', admin.site.urls),
    url(r'^admin/', custom_site.urls),
]
```

这里定义了三个 View——`post_list`、`post_detail` 和 `links`，从命名上就能看到它们要处理的逻辑。在编写对应的 View 之前，先来解释一下上面的定义。

我们可以将 URL 的定义理解为是一个路径（正则字符串）对应一个函数的映射，比如 `url(r'^$', post_list)` 意味着如果用户访问博客首页，就把请求传递到 `post_list` 这个函数中，该函数的参数下面会介绍。在 URL 的定义中，还有其他参数。完整的 URL 参数解释如下：

```
url(<正则或者字符串>, <view function>, <固定参数 context>, <url 的名称>)
```

下面来看一个完整的例子。这里还是以 `post_list` 为例，可以这么定义 URL：

```
url(r'^category/(?P<category_id>\d+)/$', post_list, {'example': 'nop'},
    name='category_list')
```

这里首先定义了一个正则表达式，是带 `group` 的正则表达式，它通过定义 `(?P<category_id>\d+)` 把 URL 这个位置的字符作为名为 `category_id` 的参数传递给 `post_list` 函数。第二个参数定义用来处理请求的函数。第三个参数定义默认传递过去的参数，也就是无论什么请求过来，都会传递 `{'example': 'nop'}` 到 `post_list` 中。第四个参数是这个 URL 的名称，这在 6.3.1 节中已经介绍过。

接着，再来编写 View 的代码，各项参数你需要能对上号。

7.1.3　编写 View 代码

先来搭一个简单的架子，让用户访问 URL 之后出现定义的内容。在 blog/views.py 中先添加如下代码：

```
from django.http import HttpResponse


def post_list(request, category_id=None, tag_id=None):
    content = 'post_list category_id={category_id}, tag_id={tag_id}'.format(
        category_id=category_id,
        tag_id=tag_id,
    )

    return HttpResponse(content)


def post_detail(request, post_id):
    return HttpResponse('detail')
```

这两个函数仅仅是通过 `HttpResponse` 返回了简单的字符串，函数定义中的参数是从 URL 中传递过来的。其实从定义上也能看出 Django 的处理逻辑——从正则表达式中解析要匹配的关键字，比如说`(?P<category_id>\d+)`，然后将其作为参数传递到函数中。

根据这一逻辑，可以处理不同的 URL 匹配到同一个函数的逻辑。我们可以通过不同的参数来区分当前请求是来自博客首页，还是来自分类列表页，或者是来自标签列表页。

接着可以编写友链（`links`）的处理逻辑，config/views.py 中相关代码如下：

```
from django.http import HttpResponse


def links(request):
    return HttpResponse('links')
```

这里只返回简单的字符串。因为在 `links` 的 URL 定义中没有参数，所以这里也不需要定义除 `request` 之外的参数。

此时可以运行一下代码。启动程序 `./manage.py runserver`，然后依次访问以下地址，看看页面结果：

- http://127.0.0.1:8000/
- http://127.0.0.1:8000/category/1/
- http://127.0.0.1:8000/tag/1/
- http://127.0.0.1:8000/post/2.html
- http://127.0.0.1:8000/links/

你可以尝试对 views.py 中的代码做些修改，然后观察结果。我们可以通过不断修改代码来理解 View 的作用。

上面只是简单实现了从 URL 到 View 的数据映射，接着来增加对模板的处理，我们依然只是填充简单的内容。

根据下面的代码来修改 blog/views.py 中的代码：

```
from django.shortcuts import render


def post_list(request, category_id=None, tag_id=None):
    return render(request, 'blog/list.html', context={'name': 'post_list'})


def post_detail(request, post_id=None):
    return render(request, 'blog/detail.html', context={'name': 'post_detail'})
```

这里需要稍稍介绍一下 `render` 方法，它接收的参数如下：

```
render(request, template_name, context=None, content_type=None, status=None,
    using=None)
```

其中各参数的意义如下。

- **request**：封装了 HTTP 请求的 `request` 对象。
- **template_name**：模板名称，可以像前面的代码那样带上路径。
- **context**：字典数据，它会传递到模板中。
- **content_type**：页面编码类型，默认值是 `text/html`。
- **status**：状态码，默认值是 200。
- **using**：使用哪种模板引擎解析，这可以在 settings 中配置，默认使用 Django 自带的模板。

了解了 `render` 的基本用法之后，需要编写模板代码。

7.1.4　配置模板

在日常开发中，创建模板常用的方法有两种：一种是每个 App 各自创建自己的模板；另外一种是统一放到项目同名的 App 中，也就是 typeidea 中。

我们考虑到后期可能需要配置多个模板，因此就放在一起，都放到 typeidea/typeidea/目录下。

首先进入对应目录，创建 templates、templates/blog/和 templates/config/目录。

创建完之后，目前 typeidea 的完整结构如下，其中去掉了各 App 的文件夹下内容的展示：

```
.
├── CHANGELOG.md
├── LICENSE
├── README.md
├── requirements.txt
└── typeidea
    ├── blog
```

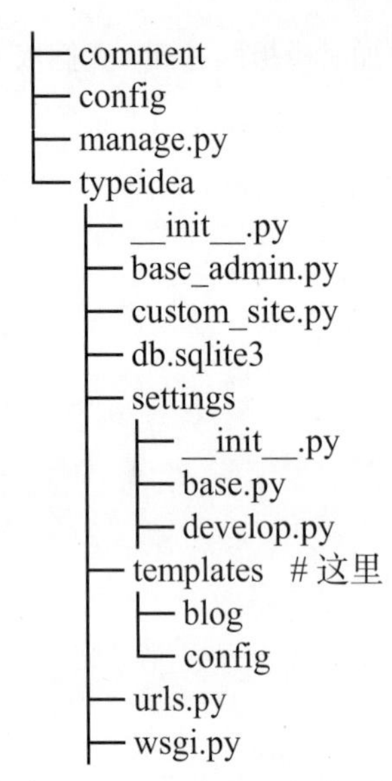

先在 templates/blog/目录下创建 list.html 和 detail.html 文件。

list.html 文件如下：

```
<h1>list</h1>
{{ name }}
```

detail.html 文件如下：

```
<h1>detail</h1>
{{ name }}
```

这里只输出一个名字。

现在可以运行项目，访问首页 http://127.0.0.1:8000，观察一下提示了什么？如果报错，仔细看一下出错提示。我建议你完整阅读错误提示，因为学会看错误也是技能之一。

7.1.5　模板找不到的错误处理

可能你会看到这样的提示：

```
TemplateDoesNotExist at /
blog/list.html
```

下面还有 `Template-loader postmortem` 字样，你可以看看它提示的路径是什么。新手程序员看到错误经常会恐慌，其实不必如此。程序出错一般会给出明确的提示，给你一些线索，帮助你定位错误。Django 这么完善的框架也是如此。

针对这个错误，其大致意思是："我找了多少个目录，都没找到你说的资源。"

这时候就要去看看它有没有去查找模板目录，如果没有，那说明模板不在它的查找范围，你需要去配置 `INSTALLED_APPS`。如果它列出了你放置模板的 App，但是提示未找到，那么应该检查一下模板名称是不是有写错的情况。

针对这个错误，因为我们的模板目录在 typeidea 下面，所以需要把它加到 settings 配置的 INSTALLED_APPS 中。

加入之后的 INSTALLED_APPS 如下：

```
INSTALLED_APPS = [
    'typeidea',  # 增加这个 App
    'blog',
    'config',
    'comment',

    'django.contrib.admin',
    'django.contrib.auth',
    'django.contrib.contenttypes',
    'django.contrib.sessions',
    'django.contrib.messages',
    'django.contrib.staticfiles',
]
```

再次刷新页面，看到正常输出了。

好了，如果你是自己解决这个问题的，那么恭喜你，你已经具有基本的分析异常并解决问题的能力了。

7.1.6 编写正式的 View 代码

通过上面的内容，你已经理清了 URL 到 View，View 到模板的逻辑了。理解了这个流程，这个架子就算搭好了。接着，需要填充内容了。

这里需要做的就是通过 Model 层把数据从数据库中读取出来，然后展示到页面上。在前面的章节中，我们已经学习了 Model 部分的操作，你可以根据自己的理解尝试独立完成内容的获取。

我们先来完成 post_list 和 post_detail 的逻辑，后面再来完成其他部分的代码。先来梳理一下这两个部分的逻辑。

post_list 的逻辑是：使用 Model 从数据库中批量拿取数据，然后把标题和摘要展示到页面上。

post_detail 的逻辑也一样，只不过是只展示一条数据。

我们来编写具体代码：

```
from django.shortcuts import render

from .models import Post, Tag


def post_list(request, category_id=None, tag_id=None):
    if tag_id:
```

```
        try:
            tag = Tag.objects.get(id=tag_id)
        except Tag.DoesNotExist:
            post_list = []
        else:
            post_list = tag.post_set.filter(status=Post.STATUS_NORMAL)
    else:
        post_list = Post.objects.filter(status=Post.STATUS_NORMAL)
        if category_id:
            post_list = post_list.filter(category_id=category_id)

    return render(request, 'blog/list.html', context={'post_list': post_list})


def post_detail(request, post_id=None):
    try:
        post = Post.objects.get(id=post_id)
    except Post.DoesNotExist:
        post = None
    return render(request, 'blog/detail.html', context={'post': post})
```

先来解释一下上面的代码。`post_detail` 很简单，这里不做解释。

`post_list` 中的逻辑看似有些复杂，其主要复杂之处在于同一个函数中处理了多种请求，就是前面说的博客首页、分类列表页和标签列表页。我们可以通过判断不同的参数来处理不同的逻辑。

其中需要解释的有两个位置：第一个是如果查询到不存在的对象，需要通过 `try...except...`来捕获并处理异常，避免当数据不存在时出现错误；第二个是 `tag` 与 `post` 是多对多的关系，因此需要先获取 `tag` 对象，接着通过该对象来获取对应的文章列表。

最终传递到模板中的数据分别为 `post_list` 和 `post`。下面配置模板来展示这些数据。

7.1.7 配置模板数据

在模板中，我们只需要根据 View 传递的数据展示即可，这里先配置与文章相关的数据。

template/blog/list.html 的代码如下：

```
<ul>
{% for post in post_list %}
<li>
    <a href="/post/{{ post.id }}.html">{{ post.title }}</a>
    <div>
    <span>作者:{{ post.owner.username }}</span>
    <span>分类:{{ post.category.name }}</span>
    </div>
    <p>{{ post.desc }}</p>
</li>
{% endfor %}
</ul>
```

template/blog/detail.html 的代码如下：

```
{% if post %}
<h1>{{ post.title }}</h1>
<div>
<span>分类:{{ post.category.name }}</span>
<span>作者:{{ post.owner.username }}</span>
</div>
<hr/>
<p>
{{ post.content }}
</p>
{% endif %}
```

它们其实是简单的模板语法，里面用到了 `for` 循环、`if` 条件判断以及变量获取。这跟 Python 语法类似。

需要注意的是，我们在 detail.html 中需要判断 `post` 是否存在，以免在对象未获取到（即 `post=None`）时出错。

另外一点就是外键内容的获取，比如 `post.category.name` 和 `post.owner.username`，这个代码理解起来并不困难，不过这里的问题需要重视。因为是外键查询，所以每一条记录的请求都需要对应查询一次数据库来获取关联外键的数据。即列表页要展示 10 条文章数据，每一个关联外键的查询都会产生一次数据库请求，这就是我们前面提到的 *N*+1 问题。

也就是一次文章列表页的查询会对应着 *N* 次相关查询，这是非常损耗性能的事儿。我们将在后面的代码中解决这个问题，你可以根据前面讲过的方法自行处理。

编写好上述代码后，运行程序，打开浏览器，分别访问博客首页和博文详情页，应该能得到与图 7-2 和图 7-3 类似的页面效果。

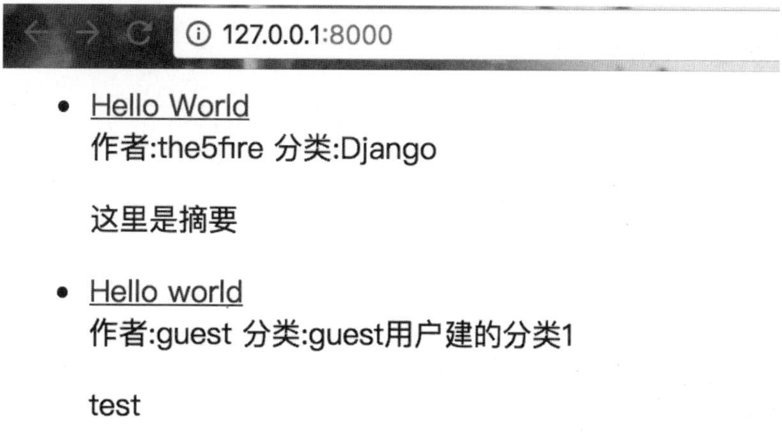

图 7-2　博客首页示例

图 7-3　博文详情页示例

7.1.8　总结

在这一节中，我们通过编写 function view 代码，把数据从数据库中取出，并放到模板中展示。可以回顾一下 3.3 节最后对数据获取方式的优化，看看怎么优化现在的代码。你可以先完成这个作业，然后继续下面的内容。

在下一节中，我们将完善页面结构，展示更多信息。另外，我们将补充通用的页面配置，比如对分类、标签、最新文章、最热文章等的展示。

7.1.9　参考资料

- Django render 的用法：https://docs.djangoproject.com/en/1.11/topics/http/shortcuts/#render。

7.2　配置页面通用数据

上一节中，我们简单处理了与文章相关的数据。如果你手动编写了代码并且能成功运行，那么你应该知道如何通过 function view 来完成需求。这一节中，我们来完善页面信息，然后把通用的数据都拿出来塞到页面上。

7.2.1　完善模板信息

首先说博客首页、分类列表页、标签列表页的数据，这三个页面目前都是一样的，只是内容不同，因此我们需要做一下区分。另外，目前的 HTML 结构并不完整，我们需要根据 HTML5 标准来组织页面。

先完成列表页的信息展示，主要是增加不同页面的信息展示。这里先修改 `post_list` 里的逻辑，改后的代码如下：

```python
from django.shortcuts import render

# 需要在上面多引入Category
from .models import Post, Tag, Category


def post_list(request, category_id=None, tag_id=None):
    tag = None
    category = None

    if tag_id:
        try:
            tag = Tag.objects.get(id=tag_id)
        except Tag.DoesNotExist:
            post_list = []
        else:
            post_list = tag.post_set.filter(status=Post.STATUS_NORMAL)
    else:
        post_list = Post.objects.filter(status=Post.STATUS_NORMAL)
        if category_id:
            try:
                category = Category.objects.get(id=category_id)
            except Category.DoesNotExist:
                category = None
            else:
                post_list = post_list.filter(category_id=category_id)

    context = {
        'category': category,
        'tag': tag,
        'post_list': post_list,
    }
    return render(request, 'blog/list.html', context=context)
```

相应的list.html模板改为：

```html
{% if tag %}
标签页：{{ tag.name }}
{% endif %}

{% if category %}
分类页：{{ category.name }}
{% endif %}

<ul>
{% for post in post_list %}
<li>
    <a href="/post/{{ post.id }}.html">{{ post.title }}</a>
    <div>
        <span>作者：{{ post.owner.username }}</span>
        <span>分类：{{ post.category.name }}</span>
    </div>
    <p>{{ post.desc }}</p>
</li>
{% endfor %}
</ul>
```

这样在观察不同的页面时，就能看到不同的信息提示。现在你可以运行代码看看效果。不得不说，现在 View 部分的代码有点复杂，因为我们在一个函数中处理了过多的业务，所以也就出现很多条件分支。这样的代码已经存在“坏味道”了，后面可以稍微做一些重构。

接着，需要完善一下模板代码。在前面的模板中，只是将关键的数据放到了模板中，这肯定和我们看到的其他网站的源码不一样。目前，我们的代码还不算完整的 HTML 代码。

我们需要补充一个 HTML 文件必备的信息，比如 title、meta、body 等信息。完整的 HTML 结构如下：

```
<!DOCTYPE HTML>
<html>
<head>
<meta charset="utf-8"/>
<title>typeidea 博客系统</title>
</head>
<body>
    <!-- 填充上面的代码到此处 -->
</body>
</html>
```

将我们自己的代码补充到注释位置即可。后面会对 HTML 再做详细处理。

7.2.2 重构 post_list 视图

上面说到，post_list 函数的代码到目前已经出现“坏味道”了，我们需要避免它继续变坏，因此先对其进行重构。这里先来了解一下重构的思路，这个代码有两个逻辑。

第一，我们可以把复杂的部分抽取成为单独的函数，比如通过 tag 来获取文章列表。其实对于我们的主函数 post_list 来说，只需要通过 tag_id 拿到文章列表和 tag 对象就行，因此可以把这个逻辑抽出去作为独立的函数。分类的处理也一样。

第二，从根源上来分析。造成 post_list 函数复杂的原因是我们把多个 URL 的处理逻辑都放到一个函数中，这个函数不得不通过各种条件语句来处理多种业务逻辑。

关于第二个逻辑，后面会通过另外的方式来解决。这里我们对第一个逻辑进行重构。

首先，抽取两个函数分别来处理标签和分类。因为这两个函数用于处理 Post 相关的数据，所以我们把它们定义到 Model 层，同时处理上一节留下的问题，把获取最新文章数据的操作放到 Model 层中。我们来修改 Post 模型（文件 blog/models.py）的定义：

```
class Post(models.Model):
    # 省略其他代码

    @staticmethod
    def get_by_tag(tag_id):
        try:
            tag = Tag.objects.get(id=tag_id)
        except Tag.DoesNotExist:
```

```
            tag = None
            post_list = []
        else:
            post_list = tag.post_set.filter(status=Post.STATUS_NORMAL)\
                .select_related('owner', 'category')

        return post_list, tag

    @staticmethod
    def get_by_category(category_id):
        try:
            category = Category.objects.get(id=category_id)
        except Category.DoesNotExist:
            category = None
            post_list = []
        else:
            post_list = category.post_set.filter(status=Post.STATUS_NORMAL)\
                .select_related('owner', 'category')

        return post_list, category

    @classmethod
    def latest_posts(cls):
        queryset = cls.objects.filter(status=cls.STATUS_NORMAL)
        return queryset
```

接着修改 blog/views.py 中的代码，修改之后的 `post_list` 代码如下：

```
def post_list(request, category_id=None, tag_id=None):
    tag = None
    category = None

    if tag_id:
        post_list, tag = Post.get_by_tag(tag_id)
    elif category_id:
        post_list, category = Post.get_by_category(category_id)
    else:
        post_list = Post.latest_posts()

    context = {
        'category': category,
        'tag': tag,
        'post_list': post_list,
    }
    return render(request, 'blog/list.html', context=context)
```

这样 View 中的逻辑看起来就清晰多了。另外，在上面的重构中，我们也通过 `select_related` 方式解决了上一节提到的部分 *N*+1 问题。

7.2.3 分类信息

接下来，需要做的是把导航信息展示到页面上。我们把分类作为一个导航来展示给访客或读者，在分类的设计上，我们也定义了 `is_nav` 字段，作者可以确定将哪些分类放到导航上。

我们来编写获取分类的代码。需要注意的是，我们需要一个独立的函数，然后在 post_list 和 post_detail 中使用该函数获取基础数据。

我们既可以考虑在 View 层来编写这个函数，也可以在 Model 层来完成，不过数据操作的部分建议放到 Model 层。

我们在 blog/models.py 中编写下面的代码：

```
class Category(models.Model):
    # 省略其他代码
    @classmethod
    def get_navs(cls):
        categories = cls.objects.filter(status=cls.STATUS_NORMAL)
        nav_categories = categories.filter(is_nav=True)
        normal_categories = categories.filter(is_nav=False)
        return {
            'navs': nav_categories,
            'categories': normal_categories,
        }
```

这个函数用来获取所有的分类，并且区分是否为导航。但是这种写法存在一个问题，那就是它会产生两次数据库请求。我们在模型优化的部分讲过 QuerySet 的懒惰特性。第一个 filter 函数在被调用时并不会产生数据库访问，因为返回的对象还未被使用。但我们返回的是 nav_categories 和 normal_categories 这两个 QuerySet 对象，它们会被用在其他地方。在使用时，它们会分别产生自己的查询语句。对系统来说，就是两次 I/O 操作。

考虑到在数据量小的情况下，我们可以通过简单的 if 判断来处理是否为导航的逻辑，那就没必要产生一次额外的 I/O 操作了。要知道，在生产环境中每一次 I/O 操作的代价是相对较高的。但这并非绝对，具体需要考虑业务场景。

因此，我们可以将上面的代码重构为：

```
class Category(models.Model):
    # 省略其他代码
    @classmethod
    def get_navs(cls):
        categories = cls.objects.filter(status=cls.STATUS_NORMAL)
        nav_categories = []
        normal_categories = []
        for cate in categories:
            if cate.is_nav:
                nav_categories.append(cate)
            else:
                normal_categories.append(cate)

        return {
            'navs': nav_categories,
            'categories': normal_categories,
        }
```

这样只需要一次数据库查询，即可拿到所有数据，然后在内存中进行数据处理。

接着，需要修改 post_list 中 context 部分的代码，增加上述分类数据：

```
def post_list(request, category_id=None, tag_id=None):
    # 省略其他代码
    context = {
        'category': category,
        'tag': tag,
        'post_list': post_list,
    }
    context.update(Category.get_navs())
    return render(request, 'blog/list.html', context=context)
```

根据同样的方式修改 post_detail 的代码：

```
def post_detail(request, post_id=None):
    try:
        post = Post.objects.get(id=post_id)
    except Post.DoesNotExist:
        post = None

    context = {
        'post': post,
    }
    context.update(Category.get_navs())
    return render(request, 'blog/detail.html', context=context)
```

现在我们已经把分类的数据塞到模板中了，接下来需要在模板中展示出这些信息了。

我们在之前页面的 body 中增加如下代码：

```
    <!-- 省略其他代码 -->
    <body>
    <div>顶部分类：
        {% for cate in navs %}
        <a href="/category/{{ cate.id}}/">{{ cate.name }}</a>
        {% endfor %}
    </div>
    <hr/>

    <!-- 省略其他代码 -->

    <hr/>
    <div>底部分类：
        {% for cate in categories %}
        <a href="/category/{{ cate.id}}/">{{ cate.name }}</a>
        {% endfor %}
    </div>
```

这样就把分类数据也展示到页面上了，你可以到后台增加数据，看看展示结果。这里需要注意的是，目前在页面上写的 URL 地址依然是**硬编码**上去的，后面我们会通过 reverse 方式来解耦。

7.2.4　侧边栏配置

根据布局规划，每个页面都会有侧边栏数据，因此还需要增加侧边栏数据。同上面一样，我们需要新增一个函数来获取侧边栏数据，以便它们在 post_list 和 post_detail 中都能够使用。

直接在 config/models.py 中定义的 SideBar 中新增类函数 get_all：

```
class SideBar(models.Model):
    # 省略其他代码
    @classmethod
    def get_all(cls):
        return cls.objects.filter(status=cls.STATUS_SHOW)
```

接着，修改 post_list 和 post_detail 中 context 部分的代码：

```
# 省略其他代码
context = {
    # 省略其他代码
    'sidebars': SideBar.get_all(),
}
```

View 中的代码编写好了，接着来修改 template。在 list.html 和 detail.html 的最下面（</body> 的上面）新增代码：

```
<div>侧边栏展示:
    {% for sidebar in sidebars %}
        <h4>{{ sidebar.title }}</h4>
        {{ sidebar.content }}
    {% endfor %}
</div>
```

这里先忽略 sidebar 类型的处理，下一节会单独处理这个逻辑。

7.2.5　总结

到此为止，我们已经把通用数据都放到页面上了。目前，还有两个瑕疵：一个是样式确实比较丑，当前的重点在数据展示上，后面再来处理美化问题；另一个是现在的侧边栏只能展示类型为 HTML 的内容，无法展示之前设计的最近文章、最热文章等数据。

下一节中，我们来单独处理侧边栏的展示。

7.3　封装侧边栏逻辑

因为侧边栏的逻辑比较复杂，所以专门用一节来处理。这里主要处理两个问题：一个是把复杂的逻辑封装起来，在模板中只需要使用 sidebar.content 即可；另一个是调整 Post 模型，以满足我们获取最热文章的逻辑。

7.3.1 调整模型

我们需要给 Post 增加两个字段，分别为 pv 和 uv，它们用来统计每篇文章的访问量。同时，也需要把最新文章和最热文章包装到 Post 的方法上，便于其他业务进行语义化调用。

修改 Post 模型的定义，在其中增加字段和方法：

```
class Post(models.Model):
    # 省略其他已有字段
    pv = models.PositiveIntegerField(default=1)
    uv = models.PositiveIntegerField(default=1)

    # 省略其他代码

    @classmethod
    def hot_posts(cls):
        return cls.objects.filter(status=cls.STATUS_NORMAL).order_by('-pv')
```

修改完字段后，需要做一下迁移：

```
./manage.py makemigrations
./manage.py migrate
```

这样 Post 模型的调整就算完成了。其实可以更进一步处理，根据在模板中需要用到的字段，通过 only 方法进行优化，比如在侧边栏展示热门文章时，只需要用到 title 和 id 这两个字段。关于 only 的用法，详见 5.4 节。

作为扩展练习，你可以自己处理这个优化。如果遇到无法解决的问题，欢迎联系我。

7.3.2 封装好 SideBar

接着，需要封装 SideBar。在上一节中，我们在模板中使用了 sidebar.content 来展示数据。对于类型为 HTML 的数据，可以直接展示，但对于其他类型的数据，就会有问题。

因为 SideBar 中不同类型对应着不同的数据源，所以一般有两种方式来处理：第一种是把数据获取的逻辑放到 Model 层，直接从 Model 层渲染数据到模板上，然后拿到渲染好的 HTML 数据并将其放到上一节写的 SideBar 部分；第二种是在模板中抽取 SideBar 为独立的 block，不同的数据源需要在不同页面对应的 View 层来获取。

这里我们采用第一种方案，把数据的获取封装到 Model 层，这样可以有更好的通用性，同时也能避免 View 层的逻辑过多。从经验上来说，大部分业务的调整都发生在 View 层，因此在起初的结构中，我们应该尽量保证 View 层足够“瘦”，避免后期维护麻烦。

不过即便把数据封装到 Model 层，也需要定义单独的模板 block 来渲染 SideBar 的数据。

先来整理一下思路：根据需要展示的类型，在 Model 层直接对数据做渲染，最终返回渲染好的数据。因为有几种类型，不同类型的数据展示不一样，所以需要处理不同的数据源。

首先，在Model中处理数据源。在这里处理的好处是，除了语义上更加明确外，还可以避免冗余。

我们在 `Sidebar` 模型中增加一个方法，同时修改之前 `SIDE_TYPE` 中用到的数字，通过变量替代，避免代码中出现Magic Number（魔术数字）的问题：

```
class SideBar(models.Model):
    DISPLAY_HTML = 1
    DISPLAY_LATEST = 2
    DISPLAY_HOT = 3
    DISPLAY_COMMENT = 4
    SIDE_TYPE = (
        (DISPLAY_HTML, 'HTML'),
        (DISPLAY_LATEST, '最新文章'),
        (DISPLAY_HOT, '最热文章'),
        (DISPLAY_COMMENT, '最近评论'),
    )
    # 省略其他代码

    @property
    def content_html(self):
        """ 直接渲染模板 """
        from blog.models import Post  # 避免循环引用
        from comment.models import Comment

        result = ''
        if self.display_type == self.DISPLAY_HTML:
            result = self.content
        elif self.display_type == self.DISPLAY_LATEST:
            context = {
                'posts': Post.latest_posts()
            }
            result = render_to_string('config/blocks/sidebar_posts.html', context)
        elif self.display_type == self.DISPLAY_HOT:
            context = {
                'posts': Post.hot_posts()
            }
            result = render_to_string('config/blocks/sidebar_posts.html', context)
        elif self.display_type == self.DISPLAY_COMMENT:
            context = {
                'comments': Comment.objects.filter(status=Comment.STATUS_NORMAL)
            }
            result = render_to_string('config/blocks/sidebar_comments.html', context)
        return result
```

在整个模块（config/models.py）的最上方增加 `render_to_string` 的引用：

```
from django.template.loader import render_to_string
```

在 `content_html` 方法中，我们用到了两个模板：sidebar_posts.html和sidebar_comments.html。分别来实现一下，模板位置在templates/config/blocks/下。

sidebar_posts.html的代码如下：

```
<ul>
{% for post in posts %}
<li><a href="/post/{{ post.id }}.html">{{ post.title }}</a>
{% endfor %}
</ul>
```

sidebar_comments.html 的代码如下：

```
<ul>
{% for comment in comments %}
<li><a href="/post/{{ comment.target_id }}.html">{{ comment.target.title }}</a> |
{{ comment.nickname }} : {{ comment.content }}
{% endfor %}
</ul>
```

这样我们就完成了 `SideBar` 的封装。在之前的 list.html 中，我们需要把 `sidebar.content` 修改为 `sidebar.content_html`。

7.3.3 总结

稍稍总结一下，其实你应该也能体验出来，拆分之后，每部分的逻辑都比较明确。如果需要修改样式，那就修改模板。而数据源是按需加载的，比方说只有你选择展示最新文章时，才会去加载对应数据。

另外，建议你考虑一下另外一种实现方案。如果要在 View 层做处理的话，怎么做？别偷懒，需要再次强调的是，单纯地读完本书，对你来说可能只是涨了些知识而已，这些东西需要在实践后才能转换成经验。

到此为止，我们就完成了数据的封装。接下来，对模板进行抽象和优化。

7.4 整理模板代码

这部分主要有两块内容：一是抽象出基础模板，因为有通用的数据，所以可以通过基类的方式实现；二是去掉模板中不合理的硬编码。

7.4.1 抽象基础模板

在前两节中，我们在 list.html 中处理侧边栏数据的展示。对于页面结构来说，也需要在文章详情页展示侧边栏数据，那么要怎么处理呢？复制代码，然后粘贴过去吗？显然这是不合理的。

因为除了这一部分之外，还有其他代码（比如频道导航和页脚）也需要共用，如果直接复制过去，那么有新的需求时，就要修改两个地方。这是复制代码最大的危害，提高了代码的维护成本。

这一节中，我们先来抽象基础模板。首先，在 list.html 同级目录下创建 base.html，然后把通用代码从 list.html 中剪切粘贴过去。

base.html 的代码如下：

```
<!DOCTYPE HTML>
<html>
    <head>
        <meta charset="utf-8"/>
        <title>{% block title %}首页{% endblock %}- typeidea 博客系统</title>
    </head>
    <body>
    <div>顶部分类：
        {% for cate in navs %}
        <a href="/category/{{ cate.id}}/">{{ cate.name }}</a>
        {% endfor %}
    </div>
    <hr/>

    {% block main %}
    {% endblock %}

    <hr/>
    <div>底部分类：
        {% for cate in categories %}
        <a href="/category/{{ cate.id}}/">{{ cate.name }}</a>
        {% endfor %}
    </div>

    <hr/>
    <div>侧边栏展示：
        {% for sidebar in sidebars %}
            <h4>{{ sidebar.title }}</h4>
            {{ sidebar.content_html }}
        {% endfor %}
    </div>
    </body>
</html>
```

在上面的代码中，我们定义了几个 `block`，方便重写子模板。

- `block title`：页面标题。
- `block main`：页面主内容区。

这样的话，子模板中只需要分别实现这两个 `block` 即可。接着，来看下 list.html 和 detail.html 的代码。

list.html 的代码如下：

```
{% extends "./base.html" %}

{% block title %}
    {% if tag %}
    标签页：{{ tag.name }}
    {% elif category %}
    分类页：{{ category.name }}
    {% endif %}
```

```
{% endblock %}


{% block main %}
    <ul>
    {% for post in post_list %}
    <li>
        <a href="/post/{{ post.id }}.html">{{ post.title }}</a>
        <div>
            <span>作者:{{ post.owner.username }}</span>
            <span>分类:{{ post.category.name }}</span>
        </div>
        <p>{{ post.desc }}</p>
    </li>
    {% endfor %}
    </ul>
{% endblock %}
```

detail.html 的代码如下：

```
{% extends "./base.html" %}
{% block title %} {{ post.title }} {% endblock %}

{% block main %}
    {% if post %}
    <h1>{{ post.title }}</h1>
    <div>
        <span>分类:{{ post.category.name }}</span>
        <span>作者:{{ post.owner.username }}</span>
    </div>
    <hr/>
    <p>
        {{ post.content }}
    </p>
    {% endif %}
{% endblock %}
```

可以发现，list.html 和 detail.html 中的代码都比之前简洁很多。其实模板的继承跟类的继承一样，如果能够定义一个合适的基类，那么子类中只需针对自己的特性或者场景来实现，整个逻辑会变得非常简单，同时后期的维护成本也会很低。

你可能会有疑问，什么情况下需要抽象出子类，什么情况下不抽取子类。其实设计模式中有一个原则很重要，叫开–闭原则，意思是对扩展开放，对修改关闭。通俗点说就是，如果你发现每次实现新需求时，都需要去修改定义好的代码结构，那么你的逻辑是不合理的。合理的方式是，通过继承原有的类（即扩展）来实现新需求。如何识别哪些代码需要抽取到父类中呢？从经验上来说，把在各个地方都会用到但不经常发生变动的代码抽取到父类中。

7.4.2 解耦硬编码

接着，我们来处理硬编码的问题。什么样的代码算是硬编码呢？在代码评审时或者你在读别人代码时，如果发现在逻辑运算中存在无意义的数字（即 Magic Number），就可以给出这个建议：是否可以通过定义更加语义化的变量来取代毫无意义的数字，降低代码维护时的心智负担（也就是需要查询好多其他代码才能搞明白这个数字的含义）？

数字只是其中一种，我们在模板中遇到的问题是写了很多固定的 URL 的定义。比如，在 list.html 代码中配置的 URL：

```
<a href="/post/{{ post.id }}.html">{{ post.title }}</a>
```

文章详情页的 URL 定义是 `url(r'^post/(?P<post_id>\d+).html$', post_detail)`，上面的写法没问题，但是问题在于这两部分代码是紧耦合在一起的，就像前面说到的复制 + 粘贴的后果一样。假如需要变更 URL 地址，可以把定义改为 `url(r'^post/(?P<post_id>\d+)/$', post_detail)`，此时就需要去修改所有根据这个定义写死的代码，可能不仅仅是 list.html 中。

那么，怎么处理呢？前面也提到过 `reverse` 这个函数。Django 给我们提供了 URL 反向解析的函数，但是需要在定义 URL 时加上 `name` 参数。`reverse` 的作用就是通过 `name` 反向解析成 URL。

我们先来修改 urls.py 中的定义代码：

```
from django.conf.urls import url
from django.contrib import admin

from blog.views import post_list, post_detail
from config.views import links
from typeidea.custom_site import custom_site

urlpatterns = [
    url(r'^$', post_list, name='index'),
    url(r'^category/(?P<category_id>\d+)/$', post_list, name='category-list'),
    url(r'^tag/(?P<tag_id>\d+)/$', post_list, name='tag-list'),
    url(r'^post/(?P<post_id>\d+).html$', post_detail, name='post-detail'),
    url(r'^links/$', links, name='links'),
    url(r'^super_admin/', admin.site.urls, name='super-admin'),
    url(r'^admin/', custom_site.urls, name='admin'),
]
```

在上面的 URL 定义中，我们都添加了 `name`，接着需要对模板代码中 URL 硬编码的部分进行修改。下面是对 list.html 文件的修改，你需要根据示例去修改其他页面的 URL：

```
<a href="{% url 'post-detail' post.id %}">{{ post.title }}</a>
<div>
    <span>作者:{{ post.owner.username }}</span>
    <span>分类:{{ post.category.name }}</span>
</div>
<p>{{ post.desc }}</p>
```

需要注意的是，如果你自己定义的 URL 中有多个参数，那么在模板中使用时也可以传递多个参数：`{% url 'name' arg1 arg2 %}`。如果是定义的关键字参数，可以这么写：`{% url 'name' arg1=arg1 arg2=arg2 %}`。

7.4.3 总结

在开发中，解耦是非常重要的概念，如果有两部分代码是相互耦合的，那意味着每次这部分代码的调整都需要考虑其耦合方。不过需要提醒的是，也不能一味追求解耦，有时候适当的耦合是必要的。这里可以考虑一下组件的概念以及设计模式中常说的“高内聚，低耦合”。

7.5 升级至 class-based view

在前面几节中，我们完成了 View 层和 Model 层数据的传递，也把数据展示到页面上了。虽然整个流程有一些粗糙，但是数据没问题了。接下来，需要做的就是使用 class-based view（类视图）进行重构。

单纯从技术上来说，function view（函数视图）和 class-based view 并没有高低之分，有的仅仅是对场景的适用性。

7.5.1 函数与类

首先，需要对比的一个概念是函数和类。

什么情况下需要使用函数，什么情况下需要封装出一个类呢？简单来说，只要代码的逻辑被重复使用，同时有需要共享的数据，就可以考虑封装出一个类。这样就可以享用类提供的好处了——继承和复用。

而如果这种情况下依然使用函数的话，就需要定义多个子函数，通过函数级别的复用来达到目的。但问题在于不够结构化，无法通过继承一个结构（类），然后修改其中某个配置，或者重写某个方法达到复用的目的。

7.5.2 理解 class-based view

上面简单说明了函数和类的区别，接着看看 Django 给我们提供的 class-based view 都有哪些，以及它们的作用分别是什么。

先看一下 Django 文档中 class-based view 的具体解释：

> View 就是一个能够接受请求并且返回响应的可调用对象，它不仅仅是一个函数。同时 Django 提供了一些类作为 View 的示例。这样就允许我们结构化 View 并且通过继承和混入（mixin）的方式来复用代码。

接着，来看一下 Django 提供了多少种 class-based view。我们尝试总结一下需要这种 class-based view 的场景，以及相对于 function view 的优缺点。

Django 提供了下面几个 class-based view。

- **View**：基础的 View，它实现了基于 HTTP 方法的分发（dispatch）逻辑，比如 GET 请求会调用对应的 get 方法，POST 请求会调用对应的 post 方法。但它自己没有实现具体的 get 或者 post 方法。
- **TemplateView**：继承自 View，可以直接用来返回指定的模板。它实现了 get 方法，可以传递变量到模板中来进行数据展示。
- **DetailView**：继承自 View，实现了 get 方法，并且可以绑定某一个模板，用来获取单个实例的数据。
- **ListView**：继承自 View，实现了 get 方法，可以通过绑定模板来批量获取数据。

上面的简单解释看起来比较抽象，下面还是通过代码实际体验一番。

在 function view 的情况下，view 函数是这么写的：

```
from django.http import HttpResponse

def my_view(request):
    if request.method == 'GET':
        # <view logic>
        return HttpResponse('result')
```

在 class-based view 的情况下，可以这么写：

```
from django.http import HttpResponse
from django.views import View

class MyView(View):
    def get(self, request):
        # <view logic>
        return HttpResponse('result')
```

这有一个明显的好处就是，解耦了 HTTP GET 请求、HTTP POST 请求以及其他请求。前面提到过**开–闭原则**，在这种情况下，如果需要增加处理 POST 请求的逻辑，我们不需要去修改原有函数，只需要新增函数 def post(self, request)即可，完全不用触及已有的逻辑。

这点想必你能够体会到。其他的 View 也类似，从本质上来讲，我们的 View 无论是函数形式还是类形式，都是用来处理 HTTP 请求的。因此，对于同一个 URL 需要处理多种请求的情况，class-based view 显然更加合适，因为可以避免写很多分支语句。这是其中的一个优势。

那么，定义好的 class-based view 怎么使用呢？如果使用了 class-based view，那么 URL 的定义如下：

```
# urls.py
from django.conf.urls import url
from myapp.views import MyView

urlpatterns = [
    url('about/', MyView.as_view()),
]
```

通过 as_view 函数来接受请求以及返回响应。你可能会好奇这是怎么实现的。其原理其实很简单，就是把 function view 里面的分支语句抽出来放到独立的函数 as_view 中，通过动态获取当前请求 HTTP Method 对应的方法（如 GET 请求对应 get 方法）来处理对应请求。

具体代码会比较复杂，这里用伪代码简单模拟一下其中的逻辑，如果有兴趣的话，可以深入研究：

```
# 伪代码，只做参考

class View:
    @classmethod
    def as_view(cls, **initkwargs):
        def view(request, *args, **kwargs):
            self = cls(**initkwargs)
            handler = getattr(self, request.method.lower())
            if handler:
                return handler(request)
            else:
                raise Exception("Method Not Allow!")

        return view
```

大概就这么一个逻辑，里面涉及闭包和 getattr 的用法。如果你目前不熟悉的话，建议抽空补上这部分知识。

上面是对 View 的解释，其他的 View 类似，只是增加了额外的功能。比如，TemplateView 增加了指定模板的功能，它既可以用来返回某个模板，也可以直接写到 URL 上：

```
# urls.py

from django.conf.urls import url
from django.views.generic import TemplateView

urlpatterns = [
    url('about/', TemplateView.as_view(template_name="about.html")),
]
```

这只是简单用法，用来返回静态页面，你还可以通过继承 TemplateView，然后实现它的 get_context_data 方法来将要展示的数据传递到模板中。

接着，再来说 DetailView。上面我们说它也继承自 View，但其实是间接继承自 View 的。另外，它也间接继承自 TemplateView 所继承的另外一个父类 TemplateResponseMixin（当然，这个类只做了解即可，它是提供了 TemplateView 功能的主要父类）。

我们可以简单理解为 DetailView 也拥有 TemplateView 的能力。除此之外，多余的能力就是上面说到的，可以通过绑定一个模板来指定数据源。下面通过简单的示例来有一个感性的认识，该代码基于我们已经定义好的模板。

首先，定义 PostDetailView，用它来替换之前在 blog/views.py 中定义的 post_detail 方法：

```
from django.views.generic import DetailView

class PostDetailView(DetailView):
    model = Post
    template_name = 'blog/detail.html'
```

如果只是简单地展示 Post 的内容，上面的定义已经足够。接着就是模板了，我们把 blog/detail.html 的代码改为：

```
{% if post %}
<h1>{{ post.title }}</h1>
<div>
    <span>分类:{{ post.category.name }}</span>
    <span>作者:{{ post.owner.username }}</span>
</div>
<hr/>
<p>
    {{ post.content }}
</p>
{% endif %}
```

这里去掉了公共部分的数据，因为在 DetailView 里面只需要处理与当前 Model 相关的数据。这个 Model 就是我们指定的 model = Post 属性，那么应该依据什么来拿到具体数据呢（也就是 filter 部分的过滤逻辑）？

下面需要看看 URL 的定义，因为最终需要获取哪条数据还要通过 URL 来知晓：

```
from django.conf.urls import url

from blog.views import PostDetailView

urlpatterns = [
    url(r'^post/(?P<pk>\d+).html$', PostDetailView.as_view(), name='post-detail'),
]
```

在上面的 URL 定义中，指定了要匹配的参数 pk 来作为过滤 Post 数据的参数，从而产生这样的请求：Post.objects.filter(pk=pk)，以拿到指定文章的实例。

对于上面的整个示例，可能你看起来会有一些疑惑，比如为什么 URL 中配置了 (?P<pk>\d+) 这样的规则，就可以拿到对应的文章实例了？我们只是继承了 DetailView，配置了 model = Post 以及 template_name = 'blog/detail.html'，就能渲染数据了？

其实关键点在于，对于单个数据的请求，Django 帮我们封装好了数据获取的逻辑，我们只需要配置一下就可以得到最终结果。其实，起作用的代码并不比你写 function view 的代码少，只是大部分代码 Django 都已经编写好了，我们只需要配置。

> 只需要配置，我认为这是一个很高的境界，这意味着你可以构建一个足够通用的基础结构，个性化的业务需求只要通过配置就可以满足。

对于 DetailView，我们不得不像官方文档那样，罗列出一些属性和方法，因为它做了很多封装。如果你只是了解上面的用法，不知道它提供了哪些接口，可能无法更高效地完成自己的需求。

DetailView 提供了如下属性和接口。

- **model 属性**：指定当前 View 要使用的 Model。
- **queryset 属性**：跟 Model 一样，二选一。设定基础的数据集，Model 的设定没有过滤的功能，可以通过 queryset = Post.objects.filter(status=Post.STATUS_NORMAL) 进行过滤。
- **template_name 属性**：模板名称。
- **get_queryset 接口**：同前面介绍过的所有 get_queryset 方法一样，用来获取数据。如果设定了 queryset，则会直接返回 queryset。
- **get_object 接口**：根据 URL 参数，从 queryset 上获取到对应的实例。
- **get_context_data 接口**：获取渲染到模板中的所有上下文，如果有新增数据需要传递到模板中，可以重写该方法来完成。

这些基本上就是常用的属性和方法了。通过上面的描述，可以简单理解其作用，并在合适的时候使用。

说完 DetailView，再来看 ListView。它跟 DetailView 类似，只不过后者只获取一条数据，而 ListView 获取多条数据。而且因为是列表数据，如果数据量过大，就没法一次都返回，因此它还需要完成分页功能。

下面通过一个简单的示例体验一下。在我们的项目中，首页本身就是一个从新到旧排序的文章列表。在不考虑其他数据的情况下，可以使用 ListView 来处理。

首先，还是来编写 View 代码：

```
from django.views.generic import ListView

from .models import Post


class PostListView(ListView):
    queryset = Post.latest_posts()
    paginate_by = 1
    context_object_name = 'post_list'  # 如果不设置此项，在模板中需要使用 object_list 变量
    template_name = 'blog/list.html'
```

这样列表页的代码就写好了，并且自带分页功能。为了演示，这里把每页的数量设置为 1，也就是 paginate_by = 1，这个你可以自行调整。

然后编写 list.html 的代码，其代码跟我们已经写好的类似，只需要替换掉 block main 中的代码即可：

```
{% block main %}
<ul>
{% for post in post_list %}
<li>
    <a href="{% url 'post-detail' post.id %}">{{ post.title }}</a>
```

```
    <div>
        <span>作者:{{ post.owner.username }}</span>
        <span>分类:{{ post.category.name }}</span>
    </div>
    <p>{{ post.desc }}</p>
</li>
{% endfor %}
{% if page_obj %}

{% if page_obj.has_previous %}
    <a href="?page={{ page_obj.previous_page_number }}">上一页</a>
    {% endif %}
    Page {{ page_obj.number }} of {{ paginator.num_pages }}.
{% if page_obj.has_next %}
    <a href="?page={{ page_obj.next_page_number }}">下一页</a>
    {% endif %}

{% endif %}
</ul>
{% endblock %}
```

这样的话，一个带分页的模板就弄好了。之前我们在 function view 的逻辑中并没有处理分页的情况，你可以对比一下，如果使用 paginator 组件编写分页逻辑，会多出多少行代码。这其实是 class-based view 的好处。我们可以直接利用 Django 已经封装好的逻辑，通过简单配置来使用。

好了，接着根据已经掌握的内容来改造一下我们编写完的代码。

7.5.3　改造代码

前面我们知道了 function view 和 class-based view 的差别，说白了还是要归结到函数和类的差别。如果只是单纯地来讲 class-based view 的用法以及它所提供的方法和属性配置，那没有太大意义，因为文档上都能够查到。

如果不能从本质上理解这个东西产生的原因，就无法更好地在适当的时候使用合适的技术。

好了，有了上面的示例代码，我们来把已存在的 function view 的代码重构为 class-based view 的代码。首先是 views.py 中的代码，主要的 View 有两个，分别为 `post_list` 和 `post_detail`。其中 `post_list` 处理了多个 URL 的逻辑，在改造为 class-based view 之后，我们可以通过继承的方式来复用代码，因此可以拆开。

首先，处理一下首页的代码：

```
from django.views.generic import ListView, DetailView


class IndexView(ListView):
    queryset = Post.latest_posts()
    paginate_by = 5
    context_object_name = 'post_list'
    template_name = 'blog/list.html'
```

对于首页来说，这些代码还不够，需要增加通用数据，比如分类导航、侧边栏和底部导航。但是这些数据是基础数据，因此最好独立成一个类来写，然后通过组合的方式复用。我们在 IndexView 上面增加 CommonViewMixin 类来处理通用的数据：

```
from django.views.generic import ListView, DetailView

from config.models import SideBar
from .models import Post, Category, Tag


class CommonViewMixin:
    def get_context_data(self, **kwargs):
        context = super().get_context_data(**kwargs)
        context.update({
            'sidebars': SideBar.get_all(),
        })
        context.update(Category.get_navs())
        return context


class IndexView(CommonViewMixin, ListView):
    # 省略代码
```


这里面的代码都不陌生，都是我们之前写的基础函数，只不过把它们都封装到 CommonViewMixin 中了。这样，我们就有了进行通用数据处理和首页处理的类。接着，来写分类列表页和标签列表页的处理逻辑。

首先，需要分析一下，相对首页来说，这两个页面的差别有哪些?

主要有以下两个。

- QuerySet 中的数据需要根据当前选择的分类或者标签进行过滤。
- 渲染到模板中的数据需要加上当前选择的分类的数据。

好了，理解了这些差异，就知道该如何做了。有两个方法需要重写：一个是 get_context_data 方法，用来获取上下文数据并最终将其传入模板；另外一个是 get_queryset 方法，用来获取指定 Model 或 QuerySet 的数据。

我们继续在 blog/views.py 中添加代码：

```
# 添加到文件第二行，注意代码规范要求的顺序
from django.shortcuts import get_object_or_404


class CategoryView(IndexView):
    def get_context_data(self, **kwargs):
        context = super().get_context_data(**kwargs)
        category_id = self.kwargs.get('category_id')
        category = get_object_or_404(Category, pk=category_id)
        context.update({
            'category': category,
        })
```

```
        return context

    def get_queryset(self):
        """ 重写 queryset，根据分类过滤 """
        queryset = super().get_queryset()
        category_id = self.kwargs.get('category_id')
        return queryset.filter(category_id=category_id)


class TagView(IndexView):
    def get_context_data(self, **kwargs):
        context = super().get_context_data(**kwargs)
        tag_id = self.kwargs.get('tag_id')
        tag = get_object_or_404(Tag, pk=tag_id)
        context.update({
            'tag': tag,
        })
        return context

    def get_queryset(self):
        """ 重写 queryset，根据标签过滤 """
        queryset = super().get_queryset()
        tag_id = self.kwargs.get('tag_id')
        return queryset.filter(tag__id=tag_id)
```

其中有几个地方需要单独说一下。

- get_object_or_404 是一个快捷方式，用来获取一个对象的实例。如果获取到，就返回实例对象；如果不存在，直接抛出 404 错误。
- 在 tag_id = self.kwargs.get('tag_id')里面，self.kwargs 中的数据其实是从我们的 URL 定义中拿到的，你可以对比一下。

到目前为止，首页、分类列表页、标签列表页的 View 都已经编写好了，我们继续完成博文详情页的代码。根据上面的示例代码，很容易编写。在 blog/views.py 中继续增加代码：

```
class PostDetailView(CommonViewMixin, DetailView):
    queryset = Post.latest_posts()
    template_name = 'blog/detail.html'
    context_object_name = 'post'
    pk_url_kwarg = 'post_id'
```

对比一下示例代码，你会发现，我们只是多了 CommonViewMixin 组合类而已。

这样 View 层的代码就编写完了，读者可能会有疑问，为什么代码看起来比之前多了很多？确实如此，但是你也会发现，条理更清晰了。比方说，之前 post_list 中的条件判断没有了。另外，对于目前的代码结构，如果需要新增其他类型的页面，也很容易处理。

接着，我们来编写 URL 的代码。只需要把之前的 func_view 改为<基于类的 View>.as_view：

```
from django.conf.urls import url
from django.contrib import admin

from blog.views import (
```

```
    IndexView, CategoryView, TagView,
    PostDetailView,
)
from config.views import links
from .custom_site import custom_site

urlpatterns = [
    url(r'^$', IndexView.as_view(), name='index'),
    url(r'^category/(?P<category_id>\d+)/$', CategoryView.as_view(),
        name='category-list'),
    url(r'^tag/(?P<tag_id>\d+)/$', TagView.as_view(), name='tag-list'),
    url(r'^post/(?P<post_id>\d+).html$', PostDetailView.as_view(),
        name='post-detail'),
    url(r'^links/$', links, name='links'),
    url(r'^super_admin/', admin.site.urls, name='super-admin'),
    url(r'^admin/', custom_site.urls, name='admin'),
]
```

模板的代码并不需要修改。不过我们需要在 list.html 中增加分页逻辑，这是之前 function view 中没有处理的逻辑。

list.html 的完整代码如下：

```
{% extends "./base.html" %}

{% block title %}
    {% if tag %}
    标签列表页: {{ tag.name }}
    {% elif category %}
    分类列表页: {{ category.name }}
    {% else %}
    首页
    {% endif %}
{% endblock %}


{% block main %}
    <ul>
    {% for post in post_list %}
    <li>
        <a href="{% url 'post-detail' post.id %}">{{ post.title }}</a>
        <div>
            <span>作者:{{ post.owner.username }}</span>
            <span>分类:{{ post.category.name }}</span>
        </div>
        <p>{{ post.desc }}</p>
    </li>
    {% endfor %}
    </ul>
    {% if page_obj %}

    {% if page_obj.has_previous %}
        <a href="?page={{ page_obj.previous_page_number }}">上一页</a>
        {% endif %}
        Page {{ page_obj.number }} of {{ paginator.num_pages }}.
```

```
    {% if page_obj.has_next %}
        <a href="?page={{ page_obj.next_page_number }}">下一页</a>
        {% endif %}

    {% endif %}

{% endblock %}
```

7.5.4　总结

好了，到此为止，function view 就改造为 class-based view 了。你可以通过实践上述代码和流程来体验其中差别。接下来，我们来总结一下 Django 处理请求的逻辑。

7.5.5　参考资料

- ListView 获取 URL 参数：https://docs.djangoproject.com/en/1.11/topics/class-based-views/generic-display/#dynamic-filtering。
- ListView 详细介绍：https://docs.djangoproject.com/en/1.11/ref/class-based-views/generic-display/#django.views.generic.list.ListView。
- View 源码：https://github.com/django/django/blob/1.11.6/django/views/generic/base.py#L28。

7.6　Django 的 View 是如何处理请求的

在前面几节中，我们分别编写了 function view 和 class-based view：既知道了如何定义 URL，把请求转发到对应的 View 上，也知道了如何在 View 中获取请求数据，然后操作 Model 层拿到数据，最后渲染模板并返回。

这一节中，我们来简单总结这两种方式处理请求的差别。

当 Django 接受一个请求之后（严格来说是 HTTP 请求，只不过 HTTP 请求会被 Django 转化为 request 对象），请求会先经过所有 middleware 的 `process_request` 方法，然后解析 URL，接着根据配置的 URL 和 View 的映射，把 request 对象传递到 View 中。关于 middleware 的流程，可以参考 3.4 节的流程图。

这里的 View 有两类，就是我们前面讲到的 function view 和 class-based view。

function view 的处理逻辑比较好理解，就是简单的函数，流程就是函数的执行流程，只是第一个参数是 request 对象。关于 class-based view，我们需要详细解释一下。

7.6.1　class-based view 的处理流程

class-based view 对外暴露的接口其实是 `as_view`，这在上一节中已经说过。现在我们需要梳理一下 `as_view` 做了哪些事，以及在请求到达之后，它的处理流程是什么样的。

1. as_view 的逻辑

as_view 其实只做了一件事，那就是返回一个闭包。这个闭包会在 Django 解析完请求之后调用，而闭包中的逻辑是这样的。

- 给 class（也就是我们定义的 View 类）赋值——request、args 和 kwargs。
- 根据 HTTP 方法分发请求。比如 HTTP GET 请求会调用 class.get 方法，POST 请求会调用 class.post 方法。

2. 请求到达之后的完整逻辑

我们知道 as_view 做了什么事，也知道了 as_view 返回的闭包是如何处理后续请求的。假设现在有一个 GET 请求，我们来具体看一下 ListView 的流程，其他的 View 大同小异。

(1) 请求到达之后，首先会调用 dispatch 进行分发。

(2) 接着会调用 get 方法。

① 在 GET 请求中，首先会调用 get_queryset 方法，拿到数据源。

② 接着调用 get_context_data 方法，拿到需要渲染到模板中的数据。

1) 在 get_context_data 中，首先会调用 get_paginate_by 拿到每页数据。

2) 接着调用 get_context_object_name 拿到要渲染到模板中的这个 queryset 名称。

3) 然后调用 paginate_queryset 进行分页处理。

4) 最后拿到的数据转为 dict 并返回。

③ 调用 render_to_response 渲染数据到页面中。

1) 在 render_to_response 中调用 get_tempalte_names 拿到模板名。

2) 然后把 request、context、template_name 等传递到模板中。

到此为止，关于 View 的编写已经完成，其他代码还需你自行完成，这也可以理解为本章的作业。遇到问题，可以到我的博客（the5fire.com）留言，或者发 E-mail 进行沟通。

7.6.2 总结

理解 View 的处理逻辑，有助于我们在编写 View 层代码时更合理地组织代码。

7.7 本章总结

到目前为止，我们完成了主体的业务流程，数据已经能够完整地展示到页面上了，只是还有点丑陋，毕竟我们还没做任何页面上的设计。下一章中，我们就来介绍前端框架 Bootstrap 的用法，以及如何用它来美化页面。

本章中，你需要掌握的是如何把 Django 的 Model、View 和 Template 连起来。

第 8 章

引入前端样式框架 Bootstrap

本章中，我们开始引入前端框架 Bootstrap 来美化界面。在前面的章节中，我们通过编写后端代码来处理数据。数据之于网站，就相当于灵魂之于人类。而网站的前端就相当于人的形体、外貌。其中 HTML 是骨架，而 CSS 是皮肤，JavaScript 就是肢体动作，可以用来展示数据，处理跟用户的交互行为。

上面的说法稍稍有点感性，对于技术人员来说，比较好理解的说法是 JavaScript 是编程语言，跟 Python 没有太大的区别，只是执行环境不同，处理的目标不同。从语言本质上来说，这两种语言都是动态语言，有很多通用的地方，两者也在相互借鉴发展。

而 HTML 和 CSS 的逻辑性就稍稍弱了一些，相对来说更像是配置。写一段代码后你会发现，里面没有逻辑处理的部分，基本上就是编写结构，配置结构要展示的样式，这些都是固定内容。所以我个人觉得，相对于编写 JavaScript 来说，HTML 和 CSS 更多靠经验。很多东西如果你用过或者知道，就可以实现，反之，很难写出来。

有了上面的一些认识，我们看看网上关于 HTML 和 CSS 的定义。

HTML

超文本标记语言（英语：HyperText Markup Language，简称：HTML）是一种用于创建网页的标准标记语言。HTML 是一种基础技术，常与 CSS、JavaScript 一起被众多网站用于设计令人赏心悦目的网页、网页应用程序以及移动应用程序的用户界面。网页浏览器可以读取 HTML 文件，并将其渲染成可视化网页。HTML 描述了一个网站的结构及其对应的呈现，这使之成为一种标记语言而非编程语言。

参考：https://zh.wikipedia.org/wiki/HTML

CSS

层叠样式表（Cascading Style Sheet，常缩写为 CSS），是一种样式表语言，用来描述 HTML 或 XML（包括 SVG、XHTML 之类的 XML 分支语言）文档的呈现。CSS 描述了在屏幕、纸质、音频等其他媒体上的元素应该如何被渲染。

参考：https://developer.mozilla.org/zh-CN/docs/Web/CSS

对于 Web 开发程序员来说，能够编写简单的页面是十分必要的。在这一章中，我们就通过 Bootstrap 这个 CSS 框架来认识前端的这些东西，也美化一下我们的界面。

即便在各种前端框架繁荣发展的今天，Bootstrap 的易用性和前人大量的实践分享都是我们选择它的原因。

不过需要说明的是，对于公司中开发对外发布的系统时，前端的样式基本上都是自己设计并开发的，不会用现成的 CSS 框架。

8.1 Bootstrap 的基本用法

在正式修改项目代码之前，我们先根据之前设计的页面样式（虽然有点简陋）做一个静态页面。这也是正式开发中常见的流程，由前端组/部门来做静态页面，完成之后交给后端，后端来套页面。

8.1.1 介绍

我们先来了解 Bootstrap 是什么。Bootstrap 发展到现在，其实已经不能够用 CSS 框架来概括了，因为它提供了很多除页面布局之外的功能，封装了很多常用的交互组件。因此，这个框架中除了有 CSS 之外，还有 JavaScript 代码。这些功能在日常开发中会经常用到。

Bootstrap 之所以能够流行起来，最大的原因还是它的易用性好。虽然不如专门的设计师设计之后再经过前端工程师做处理的页面更符合自己的业务需求，但对于没有设计师和前端工程师资源的人来说，已经比自己画的页面好看很多了。尤其是对于很多不太能熟练应用前端技术的 Web 后端开发人员来说，Bootstrap 能够让你通过简单的配置得到一个看起来比较美观的页面。不得不说，这极大地提高了后端开发人员的开发能力。

我们先看看这个框架能够提供什么功能，从大的分类上来说包含以下几个。

- **页面脚手架**：比如样式重置、浏览器兼容、栅格系统和简单布局。
- **基础的 CSS 样式**：比如代码高亮、排版、表单、表格和一些小的样式效果。
- **组件**：提供了很多常用组件，如 tab、pill、导航、弹窗、顶部栏和 card 等。
- **JavaScript 插件**：主要是一些动态功能，比如下拉菜单、模态窗口和进度条等。

8.1.2 容器和栅格系统

容器和栅格系统需要单独拿出来说，这是我们需要用到的基础部分。

- **容器**：就是在定义元素时增加 `container` 的 `class`，比如`<div class="container"></div>`，这样就可以放置通过 Bootstrap 定义好的其他块。容器有两种，一种是固定居中的容器，用来做两侧有留白的页面，这是网站开发中很常见的样式，我们的博客样式也是如此。另外一种是无固定宽度，也就是跟随屏幕宽度布局，这通过设置 `class` 属性为

container-fluid 来实现。这种容器的宽度始终占屏幕的 100%。

- **栅格系统**：简单理解就是把页面划分为 12 列，这样就可以通过我们需要展示的内容占多少列来确定其宽度。比方说，我们定义一个左右分隔的布局：左侧是内容区，占比比较大，我们定义为 9 列；右侧占比较小，定义为 3 列。

下面还是通过一个简单的示例来直观地体验一下。

新建 demo.html 静态文件，编写如下代码：

```
<!DOCTYPE html>
<html>
  <head>
    <title>Django 企业开发实战-Bootstrap demo</title>
    <meta name="viewport" content="width=device-width, initial-scale=1.0">
    <link href="https://cdn.bootcss.com/bootstrap/4.0.0/css/bootstrap.min.css"
        rel="stylesheet" media="screen">
  </head>
  <body>
      <div class="container" style="border: 1px solid red;">
          <h1>Hello, world!</h1>
      </div>
      <div class="container" style="border: 1px solid red;">
        <div class="row">
            <div class="col-9" style="border: 1px solid blue;">
                <div style="height: 500px;">内容区</div>
            </div>
            <div class="col-3" style="border: 1px solid blue;">
                <div style="height: 500px;">边栏区</div>
            </div>
        </div>
      </div>
      <footer class="container" style="border: 1px solid red;">
          底部 footer 区域
      </footer>
  </body>
</html>
```

这是一个很简陋的页面，直接使用国内的 Bootstrap 镜像源，用 Bootstrap 的 container 和栅格系统做出来的样式。当然，这个样式对于能熟练使用 CSS 的人来说，用原生 CSS 也能很好实现。但对于不熟悉 CSS 的后端开发人员来说，通过 Bootstrap 同样可以很快完成这个布局，并且能够兼容大部分浏览器。

如果你对 HTML 和 CSS 不怎么熟悉的话，建议去网上找一下基础入门教程。虽然有些公司的后端开发岗位不怎么要求前端，但是对于程序员来说，需要有能力来解决技术问题，尤其是跟自己主业相关的问题。长远来看，提高自己解决问题的能力是有益的。

实现完上述代码之后，看看效果，接着把所有的 container 修改为 container-fluid 看看，或者也可以看看 Bootstrap 的官网文档或者中文翻译文档，根据自己的想法来增删元素。相对于编写 Python 或者 JavaScript 代码，使用 Bootstrap 设计布局更像是在搭积木。

8.1.3 简单的页面布局

有了一个大概的了解之后，还是通过实践来感受一下具体的用法。这里我们来完成静态博客页面的前端代码编写。先来看一下代码，然后解释其中的部分内容：

```
<!DOCTYPE HTML>
<html lang="en">
  <head>
    <title>Typeidea blog - by the5fire</title>
    <meta charset="utf-8">
    <meta name="viewport" content="width=device-width, initial-scale=1,
        shrink-to-fit=no">
    <link rel="stylesheet" href="https://cdn.bootcss.com/bootstrap/4.0.0/css/
        bootstrap.css">
    <style>
    .post {
        margin-bottom: 5px;
    }
    </style>
  </head>
  <body>
    <div class="container head">
        <nav class="navbar navbar-expand-lg navbar-light bg-light">
          <a class="navbar-brand" href="#">首页</a>
          <div class="collapse navbar-collapse" id="navbarSupportedContent">
            <ul class="navbar-nav mr-auto">
              <li class="nav-item">
                <a class="nav-link" href="#">Python</a>
              </li>
              <li class="nav-item">
                <a class="nav-link" href="#">Django 实战</a>
              </li>
              <li class="nav-item">
                <a class="nav-link" href="#">Tornado</a>
              </li>
            </ul>
            <form class="form-inline my-2 my-lg-0">
              <input class="form-control mr-sm-2" type="search" placeholder="Search"
                  aria-label="Search">
              <button class="btn btn-outline-success" type="submit">搜索</button>
            </form>
          </div>
        </nav>
        <div class="jumbotron">
            <h1 class="display-4">Typeidea</h1>
            <p class="lead">基于 Django 的多人博客系统</p>
        </div>
    </div>
    <div class="container main">
        <div class="row">
            <div class="col-9 post-list">
                <div class="card post">
                    <div class="card-body">
```

```
                    <h5 class="card-title"><a href="#">这里是标题</a></h5>
                    <span class="card-link">作者:<a href="#">胡阳</a></span>
                    <span class="card-link">分类:<a href="#">Python</a></span>
                    <span class="card-link">标签:
                        <a href="#">Python</a>
                        <a href="#">Django</a>
                        <a href="#">经验</a>
                    </span>
                    <p class="card-text">Some quick example text to build on the
                        card title and make up the bulk of the card's content.
                        <a href="#">完整内容</a></p>
                </div>
            </div>
            <div class="card post">
                <div class="card-body">
                    <h5 class="card-title"><a href="#">这里是标题</a></h5>
                    <span class="card-link">作者:<a href="#">胡阳</a></span>
                    <span class="card-link">分类:<a href="#">Python</a></span>
                    <span class="card-link">标签:
                        <a href="#">Python</a>
                        <a href="#">Django</a>
                        <a href="#">经验</a>
                    </span>
                    <p class="card-text">Some quick example text to build on the
                        card title and make up the bulk of the card's content.
                        <a href="#">完整内容</a></p>
                </div>
            </div>
            <div class="card post">
                <div class="card-body">
                    <h5 class="card-title"><a href="#">这里是标题</a></h5>
                    <span class="card-link">作者:<a href="#">the5fire</a></span>
                    <span class="card-link">分类:<a href="#">Python</a></span>
                    <span class="card-link">标签:
                        <a href="#">Python</a>
                        <a href="#">Django</a>
                        <a href="#">经验</a>
                    </span>
                    <p class="card-text">Some quick example text to build on the
                        card title and make up the bulk of the card's content.
                        <a href="#">完整内容</a></p>
                </div>
            </div>
            <a href="?page={{ page_obj.previous_page_number }}">上一页</a>
            Page 1 of 1.
            <a href="?page={{ page_obj.next_page_number }}">下一页</a>
        </div>
        <div class="col-3">
            <div class="card sidebar">
                <div class="card-body">
                <h4 class="card-title">关于博主</h4>
                <p>
                网名: the5fire, 多年 Python 工程师
                </p>
```

```
                </div>
            </div>
        </div>
    </div>

    <footer class="footer">
        <div class="container">
            <hr/>
            <nav class="nav category">
                <a href="#" class="nav-link">读书</a>
                <a href="#" class="nav-link">产品</a>
                <a href="#" class="nav-link">工作经历</a>
            </nav>
        </div>
        <div class="container power">
            <span class="text-muted">Power by Typeidea@the5fire</span>
        </div>
    </footer>
  </body>
</html>
```

如果按照本书敲到电脑中的代码没有错误的话，应该能得到如图 8-1 所示的效果。

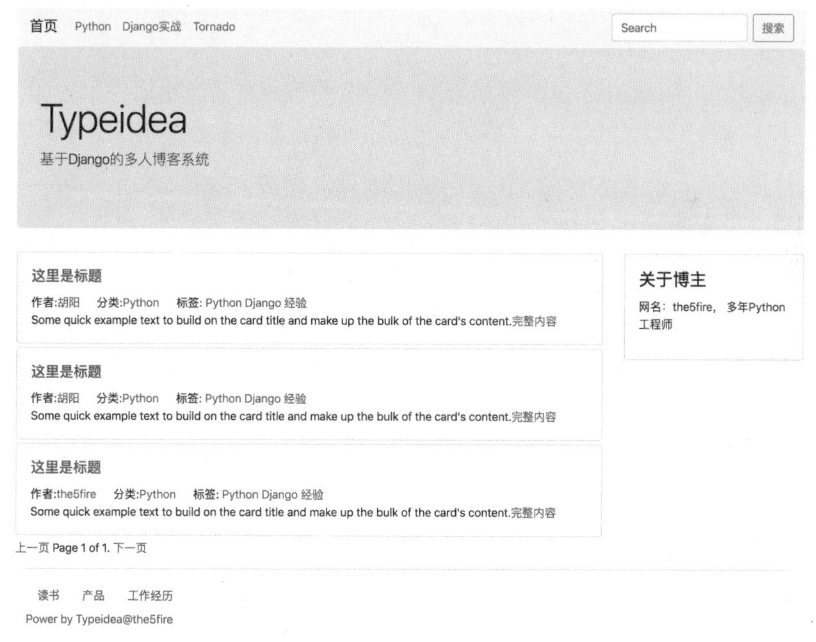

图 8-1 Bootstrap搭建的静态原型

代码看着可能有点多，但是想想上面的话，这其实就是用多种“积木”搭完的“城堡”。我们来挨个了解一下用到的“积木”。

- ❑ **`container`**：提供容器，所有的其他元素需要在此容器中，这在前面介绍过。

- **navbar**：导航栏组件，用来配置导航信息，里面包含很多组件，比如 `navbar-brand`、`navbar-nav` 和 `dropdown` 等。但是这不重要，对于初学者来说，你只需要知道根据文档定义的格式填上自己的内容，就可以展示对应的样式。这就是“搭积木”逻辑，动手做，观察结果，再次动手操作。
- **jumbotron**：直译为超大屏幕，使用大块的内容来展示重要的信息，比如说博客标题和介绍。
- **row 和 col-?**：其实就是栅格系统的具体用法，用来排版行和列。对应的列还有 `col-sm-?` 以及 `col-md-?` 等。命名都很直观，我们用到的 `col-?`就是自动根据页面来分隔的，而 `col-sm-?` 的意思为 small column，`col-md-?` 的意思为 middle column，其他类似。不同的命名方式对应不同的页面最大或者最小宽度。
- **card**：卡片组件，以卡片的方式来组织内容的展示。在图 8-1 中，你看到的文章列表部分和侧边栏部分使用的就是卡片组件。

好了，到此为止，你应该对 Bootstrap 有个简单的认识。如果这是你初次接触前端样式，那么你还需要花点时间看看 Bootstrap 文档，也看看相关的例子。

8.1.4　总结

如上面所说，有了 Bootstrap 这类前端框架，前端页面的布局就跟搭积木很相似了。但如果你想要使用积木快速搭出漂亮的结果，就需要花点时间来熟悉你有哪些积木，有哪些形状的积木。

因此，还是那句话，别着急看完本书，赶进度本身没意义，你需要做的是每一步都能攻克一个知识点，这样才能不断地往上走。

另外，当你掌握了基础的前端知识之后，就会发现原来每天看到的页面是这么来的。

8.1.5　参考资料

- Bootstrap 中文文档，v3 版：http://v3.bootcss.com/。
- Bootstrap 官方文档：https://getbootstrap.com/。
- Bootstrap 国内 CDN 镜像：http://www.bootcdn.cn/bootstrap/。

8.2　基于 Bootstrap 美化页面

上一节简单介绍了 Bootstrap 的用法，并且快速搭建出一个静态页面。书中关于前端知识的介绍比较少，但是对于一本写 Django 实战的书，确实没有太多篇幅拿出来给前端，尤其是前端的知识也不是一两章就能够讲完的。因此，对于更完整和系统的前端知识，你需要自己花些时间来学习、反复实践、琢磨和总结。

尽管使用 Bootstrap 可以很快做出一个页面，但是我们需要意识到的一点是，CSS、HTML

和 Bootstrap 的关系就像是 Python 和 Django 的关系一样。你不能说我精通 Django，但是我 Python 掌握得一般。如果你 Python 掌握得不够好，那么 Django 中的很多原理你是无法理解的。我们不能只停留在事物的表面，除了知其然还要知其所以然。

简单使用 Bootstrap 和 Django 都没有问题，如果想要深入，那么前提是必须要掌握好 CSS、HTML 以及 Python 这样的基础知识。

上一节中，我们完成了简单的静态页面的布局，这一节就来把静态页面套到 Django 程序的模板中。这是我们经常干的事。

8.2.1 增加 themes 目录

在正式套静态页面之前，先调整模板的目录结构，其目的是便于后面建立多个样式。

为了以后更方便地来更换样式，我们在 typeidea（settings 同级）下增加 themes/default 目录，把现在的模板 templates 移动到这个目录下，然后将 settings 中的配置修改为该目录即可。

如果打算编写新的样式，比如说 simple，就只需要在 themes 下新增 simple 目录，然后把对应的模板重新实现一遍就行。最后，把 settings 中的 `THEME` 配置为新的模板目录即可。

我们首先来新建目录，其结构如下：

```
├── themes
│   └── default
│       └── templates
│           ├── blog
│           │   ├── base.html
│           │   ├── detail.html
│           │   └── list.html
│           └── config
│               ├── blocks
│               │   ├── sidebar_comments.html
│               │   └── sidebar_posts.html
│               └── links.html
```

然后需要修改 settings 中的模板目录配置。

把 settings 中下面的代码：

```
TEMPLATES = [
    {
        'BACKEND': 'django.template.backends.django.DjangoTemplates',
        'DIRS': [],
        'APP_DIRS': True,
        'OPTIONS': {
            'context_processors': [
                'django.template.context_processors.debug',
                'django.template.context_processors.request',
```

```
                'django.contrib.auth.context_processors.auth',
                'django.contrib.messages.context_processors.messages',
            ],
        },
    },
]
```

修改为：

```
THEME = 'default'

TEMPLATES = [
    {
        'BACKEND': 'django.template.backends.django.DjangoTemplates',
        'DIRS': [os.path.join(BASE_DIR, 'themes', THEME, 'templates')],
        'APP_DIRS': True,
        'OPTIONS': {
            'context_processors': [
                'django.template.context_processors.debug',
                'django.template.context_processors.request',
                'django.contrib.auth.context_processors.auth',
                'django.contrib.messages.context_processors.messages',
            ],
        },
    },
]
```

我们在上面的 `DIRS` 中新增了 Django 模板的查找目录，也就是 Django 会首先去这个目录下查找对应模板。在找不到模板的情况下，会去各个 App 下查找，因为我们上面设置了 `'APP_DIRS': True`。

这样模板结构的调整就完成了。如果接下来需要构建新的主题，只需要修改 `THEME = 'default'` 即可。

8.2.2　修改模板

上面新建了 themes 模板，用来做多主题切换，同时我们设定 default 主题作为默认样式。在完成上面的改动，确保自己的项目能成功运行起来之后，再来完成这一部分内容。

新增一个主题目录 bootstrap，它就是我们使用的前端样式框架，因此我们以此命名。与此同时，我们把之前 default 下的模板全部复制到这个目录下，完成后的目录结构如下：

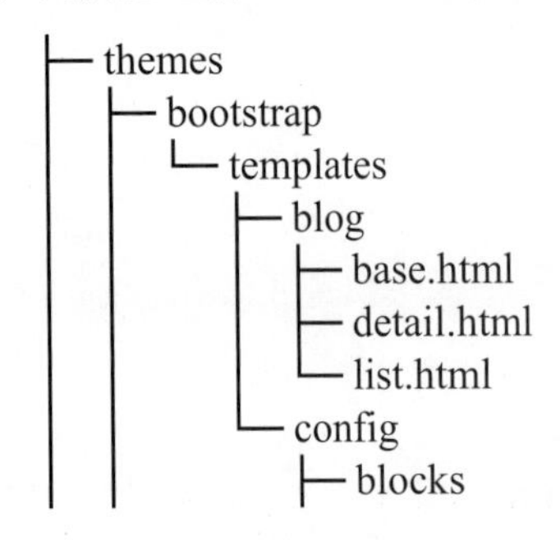

```
│   │           │   ├── sidebar_comments.html
│   │           │   └── sidebar_posts.html
│   │           └── links.html
│   └── default
│       └── templates
│           ├── blog
│           │   ├── base.html
│           │   ├── detail.html
│           │   └── list.html
│           └── config
│               ├── blocks
│               │   ├── sidebar_comments.html
│               │   └── sidebar_posts.html
│               └── links.html
```

模板名称一样，只是我们需要把上节中的静态页面套进去。因为之前做了抽象，提取了 base.html，所以在拆静态页面时，需要先把大的框架拆出来，也就是 base.html 的部分。

在套页面之前，先来了解 Django 模板的特点。之前也有提到过，Django 模板提供的功能比较简单，只支持简单的变量渲染和条件语句。额外的功能都是通过 `tag` 或者 `filter` 来实现的。

这对于套页面来说是个好事。就像 Django 自己号称的那样，前端同学也可以参考 Django 模板的语法编写出 Django 能渲染的页面来。

不过对于我们的业务特点来说，不需要自定义 `tag` 或者 `filter`，就可以完成模板页面的开发。

套页面时我们需要做的就是把那些重复的东西改为 `for...in` 这样的循环语句，把写死的展示内容（比如“这里是标题”等）改为实际的变量渲染。

有了指导思想，接着来改造 bootstrap 主题下的 base.html。如果你觉得下面的代码太多了，那么我建议你根据上一节写的静态页面以及上一章编写的模板内容自己体验一下如何套页面：

```
<!DOCTYPE HTML>
<html lang="en">
  <head>
    <meta charset="utf-8">
    <title>{% block title %}首页{% endblock %}- typeidea 博客系统</title>
    <meta name="viewport" content="width=device-width, initial-scale=1,
        shrink-to-fit=no">
    <link rel="stylesheet" href="https://cdn.bootcss.com/bootstrap/4.0.0/css/
        bootstrap.css">
    <style>
    .post {
        margin-bottom: 5px;  // 配置每个 post 卡片下面的间隔
    }
    </style>
  </head>
  <body>
    <div class="container head">
        <nav class="navbar navbar-expand-lg navbar-light bg-light">
```

```
        <a class="navbar-brand" href="/">首页</a>
        <div class="collapse navbar-collapse" id="navbarSupportedContent">
          <ul class="navbar-nav mr-auto">
          {% for cate in navs %}
            <li class="nav-item">
                <a class="nav-link" href="{% url 'category-list' cate.id %}">
                    {{ cate.name }}</a>
            </li>
          {% endfor %}
          </ul>
          <form class="form-inline my-2 my-lg-0" method='GET'>
            <input class="form-control mr-sm-2" type="search" placeholder="Search"
                aria-label="Search">
            <button class="btn btn-outline-success" type="submit">搜索</button>
          </form>
        </div>
    </nav>
    <div class="jumbotron">
        <h1 class="display-4">Typeidea</h1>
        <p class="lead">基于 Django 的多人博客系统</p>
    </div>
</div>
<div class="container main">
    <div class="row">
        <div class="col-9 post-list">
        {% block main %}
        {% endblock %}
        </div>
        <div class="col-3">
            {% block sidebar %}
                {% for sidebar in sidebars %}
                <div class="card sidebar">
                    <div class="card-body">
                        <h4 class="card-title">{{ sidebar.title }}</h4>
                        <p>
                        {{ sidebar.content_html }}
                        </p>
                    </div>
                </div>
                {% endfor %}
            {% endblock %}
        </div>
    </div>
</div>

<footer class="footer">
    {% block footer %}
    <div class="container">
        <hr/>
        <nav class="nav category">
        {% for cate in categories %}
        <a href="{% url 'category-list' cate.id %}" class="nav-link">
            {{ cate.name }}</a>
        {% endfor %}
        </nav>
```

```
        </div>
        <div class="container power">
            <span class="text-muted">Power by Typeidea@the5fire</span>
        </div>
        {% endblock %}
    </footer>
  </body>
</html>
```

接着编写 list.html 页面，这个页面的代码就简单多了：

```
{% extends "./base.html" %}

{% block title %}
    {% if tag %}
    标签页：{{ tag.name }}
    {% elif category %}
    分类页：{{ category.name }}
    {% else %}
    首页
    {% endif %}
{% endblock %}


{% block main %}
    {% for post in post_list %}
    <div class="card post">
        <div class="card-body">
            <h5 class="card-title"><a href="{% url 'post-detail' post.id %}">
                {{ post.title }}</a></h5>
            <span class="card-link">作者:<a href="#">{{ post.owner.username }}
                </a></span>
            <span class="card-link">分类:<a href="{% url 'category-list'
                post.category.id %}">
                {{ post.category.name }}</a></span>
            <span class="card-link">标签:
                {% for tag in post.tag.all %}
                <a href="{% url 'tag-list' tag.id %}">{{ tag.name }}</a>
                {% endfor %}
            </span>
            <p class="card-text">{{ post.desc }}<a href="{% url 'post-detail'
                post.id %}">完整内容</a></p>
        </div>
    </div>
    {% endfor %}

    {% if page_obj %}
    {% if page_obj.has_previous %}
        <a href="?page={{ page_obj.previous_page_number }}">上一页</a>
    {% endif %}
        Page {{ page_obj.number }} of {{ paginator.num_pages }}.
    {% if page_obj.has_next %}
        <a href="?page={{ page_obj.next_page_number }}">下一页</a>
    {% endif %}
    {% endif %}

{% endblock %}
```

至于最终的 detail.html 页面，我们只需要稍作修改即可，把分类的部分加上链接，也可以照着分类的样式增加标签或者创建时间等展示字段。

敲完上述内容之后，把 settings 中的 `theme = 'default'` 修改为 `theme = 'bootstrap'`，再运行项目看看。如果你是手动敲代码，应该会遇到各种模板错误的提示，比如标签未闭合或者某个字段未定义之类的。不过不要担心，出现这些异常在开发中是正常情况，仔细阅读错误提示，然后解决它。

最终，你可能会发现很多错误都是低级错误，比如说少写了一个 `endblock` 标签，某个变量的单词写错了等。

在能正常运行之后，建议你根据自己的喜好进行样式调整，不断地熟悉这些代码。

到此为止，我们又新增了一个 bootstrap 主题模板。如果你对其他前端样式框架感兴趣，可以尝试进行修改。等最终项目全部完成后，可以把主题提供给别人参考。

8.2.3　总结

写到这里，你应该能够意识到，在编写本章的代码时，我们并没有修改后端的业务代码，基本上都是纯前端页面的修改，通过已知的后端提供的变量来进行渲染。

因此，你可以思考这样一个问题，如果现在需要做单页应用或者做手机客户端的应用，后端需要提供什么内容？

从本质上来说，无论是返回 JSON 还是 HTML，基本上没有什么差别，只是输出格式不同而已。因此，你万不可觉得写 API 接口是潮流，就绕过了对 HTML 的学习。

8.3　配置线上静态资源

在前面的章节中，我们只用到了一个 CSS，并且是通过 CDN 引用的。那么问题来了，如果需要部署到独立的网络环境中，比如不能访问外网，应该怎么处理。或者为了避免免费 CDN 的故障给我们带来的损失，应该怎么处理。这一节就来做这件事。

8.3.1　内联 CSS 和外联 CSS

不知道你有没有注意到，在前面两节中有这样一段代码在 CSS 资源文件的下方：

```
<style>
.post {
    margin-bottom: 5px;
}
</style>
```

这种 CSS 的写法叫作内联 CSS。一般情况下，CSS 样式直接写到 HTML 中没什么问题，样式展示上没影响，跟通过 `link` 标签加载网络资源一样。但在日常开发中，我们会把 CSS 独立成一个资源文件，而不是直接内联在 HTML 中。为什么呢？这么做有以下两个好处。

- **便于独立开发，跟页面解耦**：页面渲染上只需要管理资源地址即可。
- **便于版本管理**：不同版本的资源可以通过版本号或者 MD5 来区分。

你可以想一下，如果使用内联样式，怎么解决上面提到的两个问题。

但是外链的方式也不都是优点，也有对应的缺点，这个缺点对应着内联到 HTML 中的优点。

我们知道，一次网络请求中，最为耗时的部分就是建立连接，这个耗时占了一个资源（网页或者静态资源）加载的大部分时间。所以我们在进行访问优化时，尽量会减少一个页面中的资源请求数。对于前端开发来说，最常见的莫过于雪碧图（也称 sprite，或者精灵图）了，这是一种典型的通过冗余资源来减少网络请求的例子。

所以，在页面访问优化的方案中，有一种就是把关键的 CSS 样式内联到 HTML 的头部来优化首屏的展示时间。

不仅仅对于 CSS 是如此，对于 JavaScript 来说也是如此。只是 JavaScript 文件一般会放到页面底部加载，不影响页面渲染，所以通常情况下都是独立出来的。

所以说，不能单纯下结论说哪种方式是好的或者坏的，需要根据场景来定。你可以看看经常访问的网站的 HTML 源码，看看它们是怎么组织 CSS 资源的。

8.3.2 Django 中的静态资源

我们要把外部网络上的 CSS 资源放到本地，就需要通过 Django 来提供静态资源服务。那么，怎么在 Django 中处理静态资源呢？

在开发模式下，Django 提供了静态文件访问的功能，即通过在 `INSTALLED_APPS` 中增加 `'django.contrib.staticfiles'` 这个 App，这是初始化 Django 项目时默认带上的。

它的作用是帮我们在开发环境中提供静态资源的服务功能，但是仅限于在 `DEBUG=True` 的情况下。因为当我们部署到线上时，会把 `DEBUG` 设置为 `False` 来保证性能和安全。因此，线上静态资源的服务就需要通过其他程序来处理，比如 Nginx 和 CDN 等。

在 settings 文件中，关于静态资源的配置有这么几项：

```
THEME = 'bootstrap'

STATIC_ROOT = '/tmp/static'

STATIC_URL = '/static/'

STATICFILES_DIRS = [
    os.path.join(BASE_DIR, 'themes', THEME, "static"),
]
```

`THEME` 是我们自己定义的配置，跟 Django 没关系。关于 Django 的部分，我们分别解释一下。

- **STATIC_ROOT**：用来配置部署之后的静态资源路径。Django 提供了 collectionstatic 命令来收集所有的静态资源到 STATIC_ROOT 配置的目录中，这样就可以通过 Nginx 这样的软件来配置静态资源路径了。
- **STATIC_URL**：用来配置页面上静态资源的起始路径，比如博客列表页中 CSS 资源拆分之后的地址就是/static/css/base.css。
- **STATICFILES_DIRS**：用来指定静态资源所在的目录。我们访问上面的 CSS 地址时，Django 会去这些目录下查找。同时对于上面提到的 collectionstatic 命令来说，也会去这些目录下查找。

了解各配置项的用处之后，再来解释我们的配置。通过 THEME 配置，指定主题文件的整体目录，包括模板和静态资源。这在前面提到过，主要是为了便于多主题扩展。目前来说，STATIC_ROOT 的配置没实际作用，上线后才会用到。STATICFILES_DIRS 中配置了我们主题中静态资源的目录。

8.3.3　在模板中使用静态资源

在模板中使用静态资源有几种方式。首先，需要意识到的一点是，静态资源也是通过 HTTP 或者 HTTPS 协议访问到的。常见的静态资源配置有这么几种。

- http(s)://www.the5fire.com/static/css/base.css：HTTP 或者 HTTPS 的方式。
- //www.the5fire.com/static/css/base.css：相对协议的方式，根据当前页面是哪种方式来定。
- /static/css/base.css：相对路径，相对于页面的域名。

在 Django 的模板中，我们可以使用 {% static 'css/base.css' %} 这样的方式来配置静态资源。使用 static 标签而不是直接写死为 /static/css/base.css 的目的就是避免把 static 硬编码到页面中，因为这里的 static 是依据上面的 STATIC_URL = '/static/' 得来的。

需要注意的是，代码 {% static 'css/base.css' %} 中的 static 标签并不是 Django 模板内置的模板标签，需要在模板顶部加载该标签：{% load static %}。

我们来把 Bootstrap 的 CSS 文件改到本地。

首先，下载 bootstrap.css 到本地的 themes/bootstrap/static/css/目录下（当然，你也可以选择下载 bootstrap.min.css，这是压缩后的 CSS 文件）。接着，修改 blog/base.html 的代码，在文件最上面增加：

```
{% load static %}
```

这是加载静态文件相关的 tag。然后就可以使用 static 关键字来加载静态资源了：

```
<link rel="stylesheet" href="{% static 'css/bootstrap.css' %}">
```

把之前引用的外网的静态资源地址改为这样即可。然后尝试运行一下代码，看看结果。

这种方式跟我们之前讲到的`{% url 'post-detail' post.id %}`方式一样，也是避免硬编码静态文件地址到页面中的一种方式。

8.3.4 总结

到这里，我们就了解了开发环境中静态资源的配置，虽然只是说了 CSS 文件的配置，但是 JavaScript 文件也是一样的，都是静态资源，依次类推即可。

这是开发时的静态资源配置，等最终上线时我们再来具体阐述如何部署线上的静态资源。

8.3.5 参考资料

- 配置静态文件：https://docs.djangoproject.com/en/1.11/howto/static-files/#configuring-static-files。

8.4 本章总结

在这一章中，我们简单介绍了前端的几个概念以及 Bootstrap 提供了哪些功能，最终通过套用 Bootstrap 框架实现静态页面，完成页面美化工作。

重要的还有一点，那就是主题的配置。熟悉配置`THEME`的逻辑，有助于你理解 Django 处理模板的逻辑。

第9章 完成整个博客系统

上一章中，我们完成了页面样式的配置，让之前简陋的页面变得漂亮了些。最重要的是增加了主题的概念，这样你可以自由切换主题，或者根据自己的喜好新增主题。

同时，我们也通过修改settings中默认的Django模板配置和静态资源配置的方式，把静态资源放置到对应的主题文件下，方便我们更好地组织与前端展示相关的代码。

整理一下目前已经完成的系统，从界面上看，已经完成了以下页面：

- 首页
- 分类列表页
- 标签列表页
- 博文详情页

这离我们的需求还有些距离，还差几个页面：

- 搜索结果页
- 作者列表页
- 侧边栏的热门文章
- 文章访问统计
- 友情链接页面
- 评论模块

在这一节中，我们来完善剩下的页面。有了前面的基础结构，增加新的页面十分简单。Let's do it!

9.1 增加搜索和作者过滤

按照惯例，在看到新的需求时（我们可以把这个假想为产品经理新抛过来的需求），首先要明确需求的本质是什么，以及这个需求跟之前实现的功能有何关联。

这一节中，我们需要做的是两个需求：根据关键词搜索文章和展示指定作者的文章列表。这两个需求跟之前已经完成的首页、分类列表页和标签列表页属于同一类页面，它们做的事情都是根据某种条件过滤文章。

基于之前已经写好的 class-based view，很容易就可以完成这一需求。

9.1.1 增加搜索功能

我们先来看搜索功能，根据关键字搜索对应文章。我们在最早的需求分析中已经提到了，搜索需求是一个模糊的需求，那么更明确的需求应该根据哪些数据来搜索，是标题、内容，还是分类？

这里可以根据 `title` 和 `desc` 搜索，这样的话需要怎么做呢？

其实现很简单，依然需要继承 `IndexView`。根据我们的分析，只需控制好数据源就行了。而在 `IndexView` 中，控制数据源的部分由 `get_queryset` 方法实现。因此，我们在 blog/views.py 中新增如下代码：

```
from django.db.models import Q  # 这一句放到文件的第一行


class SearchView(IndexView):
    def get_context_data(self):
        context = super().get_context_data()
        context.update({
            'keyword': self.request.GET.get('keyword', '')
        })
        return context

    def get_queryset(self):
        queryset = super().get_queryset()
        keyword = self.request.GET.get('keyword')
        if not keyword:
            return queryset
        return queryset.filter(Q(title__icontains=keyword) | Q(desc__icontains=
            keyword))
```

其主要逻辑是重写数据源，但是对于搜索来说，我们还需要将用户输入的关键词展示在输入框中。

在上面的代码中，我们引入了新的内容 `Q`，这是 Django 提供的条件表达式（conditional-expression），用来完成复杂的操作。这在前面的 Model 部分也介绍过，这里不做过多解释。我们只需要知道，通过 `Q` 表达式实现了类似这样的 SQL 语句：`SELECT * FROM post WHERE title ILIKE '%<keyword>%' or desc ILIKE '%<keyword>%'`。

可以看到，上面的代码跟之前写的没有太大区别，只需要控制数据源，控制 `context` 的内容就能完成类似需求。

接着配置 urls.py，在 `url` 中引入 `SearchView`，然后将

```
url(r'^search/$', SearchView.as_view(), name='search'),
```

增加到 `urlpatterns` 配置中。

接下来，需要做的就是修改搜索部分的模板。在上一章中，我们只关注样式，并未关注搜索功能部分。现在修改搜索部分的模板，只需要把 nav 中 form 部分的代码修改为：

```
<form class="form-inline" action='/search/' method='GET'>
    <input class="form-control" type="search" name="keyword" placeholder=
        "Search" aria-label="Search" value="{{ keyword }}">
    <button class="btn btn-outline-success" type="submit">搜索</button>
</form>
```

form 的作用是提交数据到服务端。action 用来指定提交数据到哪个 URL 上，这既可以是相对路径，也可以是绝对路径。method 用来指定以哪种方法发数据，是 GET 还是 POST。这里可以对比一下之前介绍的 class-based view 的处理逻辑。

在提交数据时，form 中 input 标签的内容会被发送到服务端。类型为 submit 的标签是用来完成数据提交的按钮，它可以是 input 标签或者是 button 标签。

9.1.2　增加作者页面

有了上面的逻辑，作者页面的处理就更加容易了。你其实可以不看这部分而自行完成需求。这里直接列出代码：

```
class AuthorView(IndexView):
    def get_queryset(self):
        queryset = super().get_queryset()
        author_id = self.kwargs.get('owner_id')
        return queryset.filter(owner_id=author_id)
```

我们在 blog/views.py 中增加上面的代码即可。相对于搜索来说，只需控制数据源。如果需要调整展示的逻辑，可以通过重写 get_context_data 来完成。

接下来，还要修改 urls.py，引入新增加的 AuthorView，然后在 urlpatterns 中增加新的规则：

```
url(r'^author/(?P<owner_id>\d+)/$', AuthorView.as_view(), name='author'),
```

这么配置完成后，重新启动程序，看看最终结果。

9.1.3　总结

到此，我们就完成了搜索页面和作者页面。不过上一章还有些遗留内容，那就是模板中需要渲染为作者链接的部分，前面并未做处理，你可以自行处理。

9.2　增加友链页面

上一节的篇幅很短，这主要是因为基于已经完成的代码，只需要直接复用已有的代码就可以实现大部分功能。在日常开发中也是如此，如果之前的基础结构设计合理，后续开发会非常容易。反之，开发每一个新功能都会很“痛苦”。

这一节中，我们需要做一个独立的功能，跟文章没关系，是用来展示友情链接的。在博客世界中，各博主相互交换友链是一种很常见的方式。通过这种方式，我们可以结识很多朋友。你可以把这个理解为现在相互加 QQ 或者微信。友链的另外一个作用是可以帮各位博主把自己的博客都串联起来，而避免成为“网络孤岛”。

前面已经把 Model 写好了，后台录入内容的部分是可以用的，这里只需要把数据拿出来展示即可。处理逻辑跟之前一样，我们只需要继承 `ListView` 即可，但要基于同一套模板，因此共用的数据还是需要的，所以也要同时继承 `CommonViewMixin`。

config/views.py 中的代码如下：

```
from django.views.generic import ListView

from blog.views import CommonViewMixin
from .models import Link


class LinkListView(CommonViewMixin, ListView):
    queryset = Link.objects.filter(status=Link.STATUS_NORMAL)
    template_name = 'config/links.html'
    context_object_name = 'link_list'
```

接着修改 urls.py：

```
urlpatterns = [
    # 省略其他代码
    url(r'^links/$', LinkListView.as_view(), name='links'),
]
```

然后新增模板 config/links.html，根据你选的主题来修改对应的模板文件：

```
{% extends "blog/base.html" %}
{% block title %}友情链接{% endblock %}

{% block main %}
<table class="table">
<thead>
<tr>
    <th scope="col">#</th>
    <th scope="col">名称</th>
    <th scope="col">网址</th>
</tr>
</thead>
<tbody>
    {% for link in link_list %}
        <tr>
            <th scope="row">{{ forloop.counter }}</th>
            <td>{{ link.title }}</td>
            <td><a href="{{ link.href }}">{{ link.href }}</a></td>
        </tr>
    {% endfor %}
</tbody>
</table>
{% endblock %}
```

模板同样继承自 blog/base.html，这可以保证整体风格一致。在友情链接模板中，我们通过表格的样式来展示友链。

写完这些代码之后，友情链接的展示页面就出来了。此外，还需要做的是提供一个友情链接申请页面，这个我们放到后面的评论中来做。

9.3　增加评论模块

评论是网站重要的功能之一，这一节中我们就来添加该功能。

如果把博客（网站）比作一个装在盒子里的系统，我们之前完成的 admin 后台就是用来给系统输入数据的，这些数据是内部数据。而最近这几章在做的事情其实是输出（展示）内部数据。评论则是提供给用户的输入接口，让用户能够把数据输入到系统中。

9.3.1　评论提交的方式

从我的经验来说，网站评论的实现方式有以下几种：

- JavaScript 异步提交数据
- 当页提交
- 单独页面提交

后面两个其实是一类，只是在不同的页面完成数据提交而已，差别在于是否有独立的 URL 和 View。

第一种是比较流行的方式，基于前端的交互完成评论的提交。这样就可以在不刷新页面的情况下提交数据并展示数据，避免了无效的页面请求。如果是大型网站，建议采用这种方式。

这几种方法在后端实现上没有本质的区别。就像前面我说到网站的输出格式既可以是 HTML，也可以是 JSON，只是展示形式不同，这里也一样，只是接收到的数据格式不同。

这里我们使用最后一种：**单独页面提交**。

9.3.2　评论模块通用化改造

在开发评论功能之前，我们需要做一件事，那就是增加评论的范围。上一节中我们说到，可以通过评论来完成友链的申请，这意味着可以在友情链接页面下增加评论内容的展示和提交。

而我们的模型设计是针对 Post 对象的，因此需要稍作调整。具体调整逻辑有两种，我们可以对比一下差异，然后选择一个。

第一种方式是把 `Comment` 中的 `target` 改为 `CharField`，里面存放着被评论内容的网址。就像很多其他社交化评论所做的那样，只需要有一个能够唯一标识当前页面地址的标记即可。但这种方式存在的问题是，在 admin 后台无法处理权限，因为是多用户系统，理论上只有文章的作者才能删除当前文章下的评论。

第二种方式是使用 GenericForeignKey，这种方式值得一说。我们在前面知道 Model 中 ForeignKey 的作用——关联两个模型（表），通过名字可以猜测 GenericForeignKey 意味着**更通用的外键**，什么意思呢？通常来说，外键只能针对一个表（模型），但有时我们有针对多个表的需求。比方说，现在有一个 Comment 模型，它能关联 Post，同时也能关联 Link（这里其实也是伪需求，但是不妨碍理解 GenericForeignKey 的用法）。

怎么做到关联多种模型呢？在解释之前，我们先来思考这个问题，在 Django 中，通过外键关联 Model 是怎么关联上的呢？答案是外键字段，比方说 Post 模型中的 category 字段。这个字段是存储在 Post 上的，存储的内容是 Category 模型的主键（primary key，简称 pk），这样在使用时，就可以通过这个主键找到跟当前 Post 关联的 category 了。

所以，这是通过一个字段来存储指定模型的主键，那么这个模型能不能通过另外一种方式来指定呢？因为在使用 ForeignKey 时，所指定的模型就已经固定了。

答案是可以通过增加一个字段 content_type 来存储对应的模型类型，这里拿 Comment 来举例。在 Comment 模型中，我们定义了 object_id 来存储对应模型（表）的主键值，定义了 content_type 来存储当前记录对应的是哪个模型（表）。这样，就可以动态存放数据，存放多种数据了。

用一个图来表示的话，详见图 9-1。

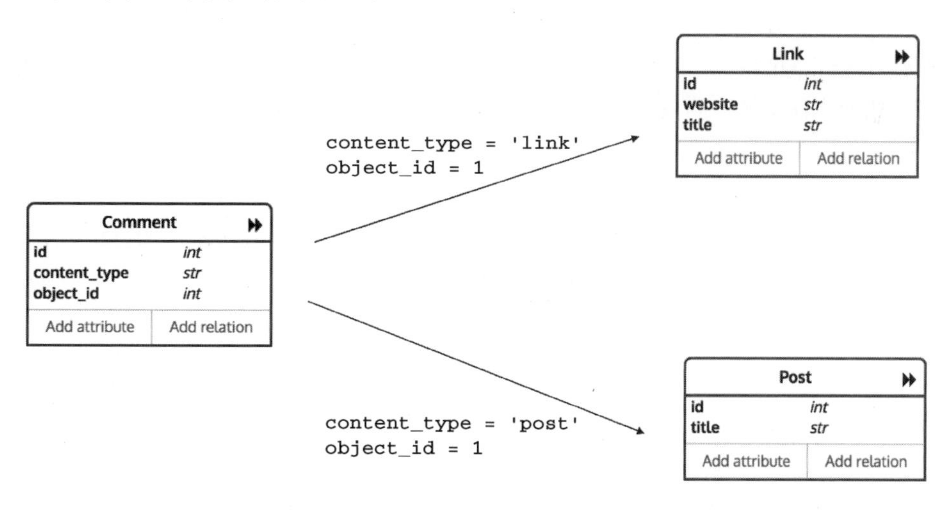

图 9-1 通用外键关系图

从图 9-1 中可以一目了然地看到，如何通过多增加一个字段来实现**通用外键**。

但是这又新增了一个问题，那就是 content_type 里面存放的字符串是由谁来定义并且写入的？总不能每新增一条数据，都要自己写入 'link' 或者 'post' 这样的字符串吧。因此，在 Django

中提供了一个这样的 Model —— ContentType，用它来实现。如果你注意过 settings/base.py 中 INSTALLED_APPS 里面的内容，就会发现存在一个这样的 App ——'django.contrib.contenttypes'，它的作用就是维护 Model 和我们要用到的 content_type 之间的关系。

比方说，在 ContentType 表里，Post 模型对应 1，Link 模型对应 2，那么在 Comment 中，如果要写入一条 post id 为 1 的记录，那就是 content_type = 1，object_id = 1。

到这里，不知道你是否能明白上面的内容。简单来说，就是为了实现**通用外键**，需要多维护一个字段和一张表（模型）。既然 Django 为我们提供了 GenericForeignKey 这样的字段，那么肯定是把麻烦的操作都已经封装好了。不过在实际使用中，唯一的问题是，我们需要操作两个模型（表），这多少会对性能有些影响，因此我们往往会想办法自己来实现对应的逻辑。这其实也是基于通用性和特殊性之间的考虑，通用性能够得到更易用的逻辑，但是性能上会有损耗，而特殊性的处理逻辑在性能上会有一些优势，却降低了易用性。

具体的实现也比较清晰，因为实际的业务开发往往是很有针对性的，比如像上面，Comment 既可以关联 Post，也可以关联 Link。因此，我们可以不使用 Django 提供的方法，毕竟它要做更通用的处理，会带来复杂度，我们只需要在代码中建立 Model 和对应的 content_type 的映射即可。

第二种方式说了这么多，主要是为了解释**通用外键**这个字段类型，理解它能够帮助你更好地设计某些业务下的模型关系。

那么，选择哪一种呢？上面说的关于 Comment 和 Link 的部分其实是伪需求，因为只需要对友链页面可以评论即可，不需要对每一条友链都进行评论。因此，我们可以采用第一种方法。如果确实需要处理评论部分的权限，我们可以在业务层来处理。简单来说，就是通过 target 中存储的 path 来处理来获取文章 id，然后判断用户。

9.3.3 实现评论

理解了上面的两种方案以及选择之后，我们来修改模型。只需要修改 target 的字段类型：

```
target = models.CharField(max_length=100, verbose_name="评论目标")
```

这样里面就可以存放任意字符了，也能兼容更多的场景。

前面我们讲过 migrate 的作用，这里需要再次使用它：

```
> python manage.py makemigrations
> python manage.py migrate
```

完成字段修改之后，就可以开发评论功能了。

首先，我们需要在文章页面下方添加一个评论的 form，这样用户才能添加评论。那么，这个 form 怎么处理呢？有两种方式，第一种是我们写原生的 HTML 代码，但这样无法利用 Django 的优势。第二种是使用 Django 的 form，并且用它来渲染成 HTML。

显然，我们应该使用第二种。下面来梳理一下这种方式的数据流程和所需组件。

图 9-2 表示了大体流程，我们再用文字说明具体要做的工作：

- ❑ 展示评论内容和评论框；
- ❑ 用户提交评论后，可以保存评论并且展示结果页。

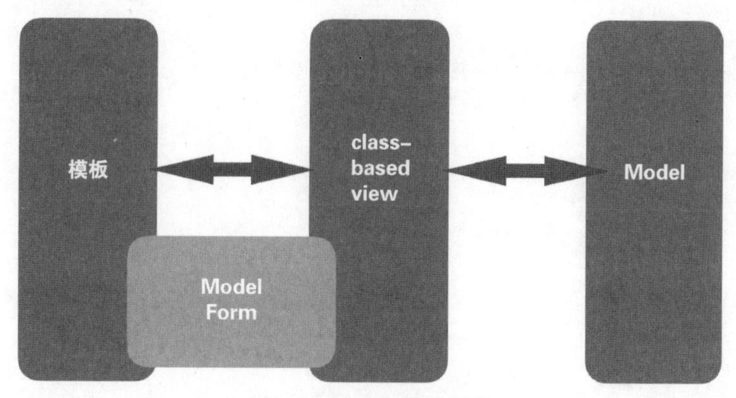

图 9-2 提交评论数据流

展示评论显然需要在博文详情页来做，也就是 `PostDetailView` 中。不过在此之前，需要先完成 Form 层的逻辑，毕竟 View 需要操作 Form，然后在模板中渲染 Form。

我们在 `comment` 这个 App 下新建一个文件 forms.py，它用来放置 Form 相关的代码。在其中增加评论的 Form：

```
# 文件：comment/forms.py
from django import forms

from .models import Comment


class CommentForm(forms.ModelForm):
    nickname = forms.CharField(
        label='昵称',
        max_length=50,
        widget=forms.widgets.Input(
            attrs={'class': 'form-control', 'style': "width: 60%;"}
        )
    )
    email = forms.CharField(
        label='Email',
        max_length=50,
        widget=forms.widgets.EmailInput(
            attrs={'class': 'form-control', 'style': "width: 60%;"}
        )
    )
    website = forms.CharField(
        label='网站',
```

```
        max_length=100,
        widget=forms.widgets.URLInput(
            attrs={'class': 'form-control', 'style': "width: 60%;"}
        )
    )

    content = forms.CharField(
        label="内容",
        max_length=500,
        widget=forms.widgets.Textarea(
            attrs={'rows': 6, 'cols': 60, 'class': 'form-control'}
        )
    )

    def clean_content(self):
        content = self.cleaned_data.get('content')
        if len(content) < 10:
            raise forms.ValidationError('内容长度怎么能这么短呢!! ')
        return content

    class Meta:
        model = Comment
        fields = ['nickname', 'email', 'website', 'content']
```

如果不考虑样式，只需要配置 `model` 和 `fields` 就行。但是为了样式，我们还要重新定义各字段的组件。自定义部分的内容不难理解，都是样式方面的。另外，我们要在代码中使用 `clean_content` 方法（用来处理对应字段数据的方法）来控制评论的长度，如果内容太少，则直接抛出异常。

Form 定义完成之后，我们需要在 Model 层提供接口，用来返回某篇文章下的所有有效评论。下面在 `Comment` 类中增加类方法：

```
class Comment(models.Model):
    # 省略其他代码

    @classmethod
    def get_by_target(cls, target):
        return cls.objects.filter(target=target, status=cls.STATUS_NORMAL)
```

这些都完成之后，素材就准备好了，接下来需要通过 View 层把 `CommentForm` 和评论的数据传递到模板层。我们需要在 `PostDetailView` 中重写 `get_context_data` 方法：

```
from comment.forms import CommentForm  # 根据 PEP 8 规范放置到合理位置
from comment.models import Comment


class PostDetailView(CommonViewMixin, DetailView):
    queryset = Post.latest_posts()
    template_name = 'blog/detail.html'
    context_object_name = 'post'
    pk_url_kwarg = 'post_id'
```

```
    def get_context_data(self, **kwargs):
        context = super().get_context_data(**kwargs)
        context.update({
            'comment_form': CommentForm,
            'comment_list': Comment.get_by_target(self.request.path),
        })
        return context
```

这样就可以在 blog/detail.html 模板中拿到 `comment_form` 和 `comment_list` 变量了，我们需要做的就是把它们渲染出来。

对于 Form 来说，渲染起来很简单，可以直接使用。列表的展示需要多写点代码。

我们在模板的最后一行 `{% endblock %}` 之前，添加如下代码：

```
<hr/>
<div class="comment">
    <form class="form-group" action="/comment/" method="POST">
        {% csrf_token %}
        <input name="target" type="hidden" value="{{ request.path }}"/>
        {{ comment_form }}
        <input type="submit" value="写好了!"/>
    </form>

    <!-- 评论列表 -->
    <ul class="list-group">
        {% for comment in comment_list %}
        <li class="list-group-item">
            <div class="nickname">
                <a href="{{ comment.website }}">{{ comment.nickname }}</a>
                    <span>{{ comment.created_time }}</span>
            </div>
            <div class="comment-content">
                {{ comment.content }}
            </div>
        </li>
        {% endfor %}
    </ul>
</div>
```

启动项目，然后就能看到评论功能了。不过还不能提交评论。上面 `form` 标签中 `action` 定义为 `/comment/`，这是一个新的 URL。因此我们需要在 comment/views.py 中对应创建一个新的 View。

完整代码如下：

```
from django.shortcuts import redirect
from django.views.generic import TemplateView

from .forms import CommentForm


class CommentView(TemplateView):
    http_method_names = ['post']
    template_name = 'comment/result.html'
```

```
    def post(self, request, *args, **kwargs):
        comment_form = CommentForm(request.POST)
        target = request.POST.get('target')

        if comment_form.is_valid():
            instance = comment_form.save(commit=False)
            instance.target = target
            instance.save()
            succeed = True
            return redirect(target)
        else:
            succeed = False

        context = {
            'succeed': succeed,
            'form': comment_form,
            'target': target,
        }
        return self.render_to_response(context)
```

这里直接使用 `TemplateView` 来完成，这个 View 只提供了 POST 方法。其逻辑是通过 `CommentForm` 来处理接收的数据，然后验证并保存。最后渲染评论结果页，如果中间有校验失败的部分，也会展示到评论结果页。

接下来，我们需要在选定的主题模板中增加 comment/result.html 文件，然后填入如下代码：

```
<!doctype html>
<html>
    <head>
        <title>评论结果页</title>
        <style>
        body {TEXT-ALIGN: center;}
        .result {
            text-align: center;
            width: 40%;
            margin: auto;
        }
        .errorlist {color: red;}
        ul li {
            list-style-type: None;
        }
        </style>
    </head>
    <body>
        <div class="result">
            {% if succeed %}
                评论成功!
                <a href="{{ target }}">返回</a>
            {% else %}
                <ul class="errorlist">
                {% for field, message in form.errors.items %}
                    <li>{{ message }}</li>
```

```
                {% endfor %}
                </ul>
                <a href="javascript:window.history.back();">返回</a>
            {% endif %}
        </div>
    </body>
</html>
```

完成之后需要实现最后一步，那就是配置 URL。在 `urlpatterns` 中增加新的规则：

```
urlpatterns = [
    # 省略其他代码
    url(r'^comment/$', CommentView.as_view(), name='comment'),
]
```

配置完成后，可以启动项目，添加一下评论。然后可以考虑改改其中的代码，比如希望评论完成后并不是实时展示的，而需要网站管理员审核通过之后才能展示。

9.3.4 抽象出评论模块组件和 Mixin

上面的实现满足了基本功能，但是结构上不太合理，因为我们还需要在 blog/views.py 中来操作 `comment` 的数据。这意味着，如果要在友链页面上增加评论，也得去修改 View 层的代码。还记得之前说的“开–闭原则”吗？我们需要把评论弄成一个即插即用的组件。

要完成这个需求，就要用到 Django 的 template tag（自定义标签）这部分接口了。可以先说下我们期待的使用方式：在任何需要添加评论的地方，我们只需要使用 `{% comment_block request.path %}` 即可。之所以叫 `comment_block`，是因为 `comment` 是 Django 内置的 `tag`，用来做大块代码的注释。

在开始写代码之前，还是先来看一下 Django 中的 `tag`。

在前面的模板代码中已经多次用到了，比如说 `for` 循环和 `if` 判断等，这些都是内置的，我们需要自定义 `tag`。

这里就直接使用实际需求来代替演示吧，因为使用起来并不复杂。

第一步需要做的是在 comment App 下新建 templatetags 目录，同时在该目录下新增 __init__.py 和 comment_block.py 这两个文件。

第二步就是在 comment_block.py 文件中编写自定义标签的代码：

```
from django import template

from comment.forms import CommentForm
from comment.models import Comment

register = template.Library()


@register.inclusion_tag('comment/block.html')
```

```
def comment_block(target):
    return {
        'target': target,
        'comment_form': CommentForm(),
        'comment_list': Comment.get_by_target(target),
    }
```

其实现并不复杂，其他类型的方法使用也不复杂。唯一需要注意的是目录结构，这跟静态文件的目录和模板目录一样，Django 会进行自动查找，因此需要放到正确的位置。

上面的代码编写完成之后，就可以把 PostDetailView 中新增的那个 get_context_data 去掉了，同时也可以去掉评论相关的引用了。

接着编写模板，也就是上面用到的 comment/block.html，这个模板里面的代码直接从 blog/detail.html 中剪切粘贴过来即可。**唯一需要处理的是 target 部分**，因为是自定义标签，默认是没有 request 对象的。所以上面手动将 target 渲染到了页面中。comment/block.html 中的完整代码如下：

```
<hr/>
<div class="comment">
    <form class="form-group" action="/comment/" method="POST">
        {% csrf_token %}
        <input name="target" type="hidden" value="{{ target }}"/>
        {{ comment_form }}
        <input type="submit" value="写好了!"/>
    </form>

    <!-- 评论列表 -->
    <ul class="list-group">
        {% for comment in comment_list %}
        <li class="list-group-item">
            <div class="nickname">
                <a href="{{ comment.website }}">{{ comment.nickname }}</a>
                    <span>{{ comment.created_time }}</span>
            </div>
            <div class="comment-content">
                {{ comment.content }}
            </div>
        </li>
        {% endfor %}
    </ul>
</div>
```

编写完 tag 和模板之后，我们的工作就完成了，现在在文章页面中可增加评论。

因为是自定义的 tag，所以需要在模板的最上面（但是需要在 extends 下面）增加 {% load comment_block %}，用来加载我们自定义的标签文件。

然后在需要展示评论的地方增加 {% comment_block request.path %}即可。

这里我们也可以在友链页面增加评论，它使用的是同样的逻辑。

9.3.5 修改最新评论模板

之前我们写过最新评论的模板，是基于外键关联 `Post` 的方式，现在修改为通用的方法。针对某个 URL，我们需要修改 config/blocks/sidebar_comments.html 的代码为：

```
<ul>
{% for comment in comments %}
<li><a href="{{ comment.target }}">{{ comment.target.title }}</a> |
    {{ comment.nickname }} : {{ comment.content }}
{% endfor %}
</ul>
```

9.3.6 总结

到目前为止，我们完成了评论模块的改造，不过只采用了其中一种实现方式。你可以尝试其他实现方式，在实际工作中有些东西是可以通过技术来定，但很多东西还需要考虑场景和效果。

9.3.7 参考资料

- Django CSRF 配置：https://docs.djangoproject.com/en/1.11/ref/csrf/。
- Django Form 初始化：https://docs.djangoproject.com/en/1.11/ref/forms/api/#dynamic-initial-values。
- Django 模板：https://docs.djangoproject.com/en/1.11/ref/templates/builtins/#include。

9.4 配置 Markdown 编写文章的支持

如果你是一步一步跟着本书走的话，现在应该得到一个功能基本完整的博客系统了，其中包含一开始说到的大部分功能。

但是体验上还有些差距，比如说我编写文章，没有任何格式可以使用：既没有可视化的编辑器，也没有 Markdown 这样的格式可供选择。这显然不够友好。在这一节中，我们就来增加对 Markdown 的处理。

9.4.1 Markdown 第三方库

Markdown 的处理主要依赖于 Python 第三方库。相关库有很多，这里我们选择 mistune 这个库，其他库用起来类似。

Markdown 的格式就不过多介绍了，它现在已经算是比较流行的文档格式了，无论是写文档，还是开源项目都会用到。mistune 这个库的使用非常简单，只需要传入写好的 Markdown 格式文本，就会返回格式化好的 HTML 代码：

```
import mistune
html = mistune.markdown(your_text_string)
```

当然，在使用之前需要先安装该库：

```
pip install mistune
```

9.4.2 评论内容支持

我们先来对评论内容增加 Markdown 的处理，那么在什么位置处理合适呢？要找到合适的位置，必须了解数据的传递流程。用户提交评论到评论展示的流程如下：

用户填写评论，提交表单→CommentForm 处理表单→验证通过→保存数据到 instance→instance.save 方法把数据保存到数据库→用户刷新页面→通过 comment_block 模板自定义标签获取并展示数据

从这个流程中看，我们发现几个点可以用来对内容的格式进行处理。

- 在 form 层保存数据之前，我们对数据进行转换，让保存到数据库中的数据（content）是 Markdown 处理之后的。
- 给 Comment 模型新增属性 content_markdown，这个属性的作用是将原 content 内容进行 Markdown 处理，然后在模板中不使用 comment.content 而使用 comment.content_markdown。

显然，对于博客这种读大于写的系统来说，我更倾向于在写数据时进行转换，因为这种业务下大部分只有一次写操作。

所以我们在 comment/forms.py 中修改 clean_content 方法，在 return content 之前增加一句 content = mistune.markdown(content)。当然，别忘了在文件最上面加上语句 import mistune。

修改完成之后，建议你启动项目，然后添加评论试试。此时你会遇到新的问题，那就是我们的 HTML 代码直接展示在页面上了，没有被浏览器渲染。这其实是 Django 的安全措施。我们需要手动关闭 Django 模板的自动转码功能。

在 comment/block.html 代码中的 {{ comment.content }} 位置上下增加 autoescape off 的处理，如下：

```
{% autoescape off %}
{{ comment.content }}
{% endautoescape %}
```

此外，侧边栏评论展示模板 config/blocks/sidebar_comments.html 也需要关闭自动转码。

9.4.3 文章正文使用 Markdown

接着，再来处理文章的内容，其逻辑跟上面一致，我们同样可以在 adminform 中来处理。但是有一个问题，评论的内容目前没有设置可修改功能。但是文章正文我们可能随时都会修改，如果直接把 content 转为 HTML 格式然后存储，不便于下次修改。因此，我们需要新增一个字

段 content_html，用来存储 Markdown 处理之后的内容。而对应地，在模板中我们也需要使用 content_html 来替代之前的 content。

我们在 Post 模型中新增如下字段：

```
content_html = models.TextField(verbose_name="正文 html 代码", blank=True, editable=False)
```

这里之所以配置 editable=False，是因为这个字段不需要人为处理。编写完代码后，需要进行迁移操作，接着需要重写 save 方法，因为在 form 中处理这种类型的转换已经不合适了：

```
class Post(models.Model):
    # 省略其他代码

    def save(self, *args, **kwargs):
        self.content_html = mistune.markdown(self.content)
        super().save(*args, **kwargs)
```

最后，调整模板中展示的部分。修改 blog/detail.html 中的部分代码为：

```
{% autoescape off %}
{{ post.content_html }}
{% endautoescape %}
```

再次运行，然后在后台新增 Markdown 格式的内容。如果不知道 Markdown 格式，那么可以搜索一下，找篇文章看看。

9.4.4 配置代码高亮

在上面的代码中，我们已经完成了对 Markdown 文本的处理，但是对于程序员来说，写的内容大部分都会包含代码。默认情况下，Markdown 只是帮我们把代码放到了 <code> 标签中，没做特殊处理，因此需要借助另外的工具。

做代码高亮需要依赖前端的库，这里有几种选择，一个是 Google 出的 code-prettify，另外一个是 highlight.js。当然，还有其他选择，不过这里我们选择 highlight.js 来做，code-prettify 用起来也大同小异。

在此之前，我们需要先来修改 blog/base.html 模板，在 </head> 上面增加一个新的 block 块，用来在子模板中实现特定逻辑。你可以理解为开放一个新的 block 给子模板填充数据用：

```
{% block extra_head %}
{% endblock %}
```

然后在 blog/detail.html 的{% block main %}上面新增如下代码：

```
{% block extra_head %}
<link rel="stylesheet"
href="https://cdn.bootcss.com/highlight.js/9.12.0/styles/googlecode.min.css">
<script src="https://cdn.bootcss.com/highlight.js/9.12.0/highlight.min.js">
    </script>
<script>hljs.initHighlightingOnLoad();</script>
{% endblock %}
```

我们既可以直接使用网上开放的CDN来使用highlight突出显示代码,也可以像Bootstrap那样,把内容下载到本地,通过我们自己的静态文件服务来处理。你可以到highlight官网https://highlightjs.org/download/ 进行定制下载。

通常情况下,<script> 标签应该放到页面底部,这是为了防止浏览器在加载 JavaScript 时页面内容停止渲染,造成用户等待时间过长。但是碍于文章中的编码需要依赖这些样式,所以需要等待 highlight 的资源加载完成。CSS 也是一样的逻辑,所以在前端性能优化时,需要根据场景来决定资源的放置位置。

说回我们的代码高亮工作,引入上面资源后就基本完成了。其工作原理是,通过 Markdown 贴的代码,会被渲染到 <pre><code></code></pre> 标签中,而 highlight.js 或者其他前端代码高亮的库,会提取 <code> 块中的代码,然后进行分析,进而通过不同的标签进行包装,最后通过 CSS 展示为不同的颜色。

举个例子来说,比如我们在 Markdown 中写下:

````
## 背景
刚开始学习《Django 企业实战开发》,这是第一篇学习记录

## 内容

```
import Django

print('Hello Django')
```
````

我们 Markdown 处理完之后会变为:

```
<h2>背景</h2>
<p>刚开始学习《Django 企业实战开发教程》,这是第一篇学习记录</p>
<h2>内容</h2>
<pre><code>import Django

print('Hello Django')
</code></pre>
```

为了便于阅读,渲染之后的 HTML 代码中的 \n 处理为换行。

接下来,highlight.js 处理之后,代码的部分就会变为:

```
<pre><code class="hljs coffeescript hljs "><span class="hljs-keyword"><span class=
    "hljs-reserved">import</span></span> Django

<span class="hljs-built_in"><span class="hljs-built_in">print</span></span>(<span
    class="hljs-string"><span class="hljs-string">'Hello Django'</span></span>)
</code></pre>
```

根据最后的标签,可以看到它的分析逻辑。

9.4.5 总结

到此为止，我们就完成了 Markdown 内容以及代码高亮的处理。没有太多复杂的逻辑，其核心是理解数据的保存流程，在合适的位置使用 Markdown 的库进行格式化处理。

接下来，我们来处理文章访问统计。

9.4.6 参考资料

- Google 代码高亮前端库的用法：https://github.com/google/code-prettify/blob/master/docs/getting_started.md。
- highlight.js 的用法：https://highlightjs.org/。

9.5 增加访问统计

在这一节中，我们来处理访问统计的业务。这是一个企业项目必须具备的功能，新的产品经过多个组的协作、几个月的开发，最终上线了。那上线之后的效果怎么样？有没有用户访问？访问量多大？用户的访问习惯是什么？这些都是我们需要关心的问题。

因此，我总是反复向一些初学者唠叨——一定要把开发完成的东西放出来，让大家能看到，接受用户反馈。从商业产品的角度来说，产品发布上线只是一个起点，后面还有很多事情要做。因此，需要理解的是，对于一个产品的生命周期，开发只是其中一部分。

统计也是一个很大的话题，有很多维度的统计，这里只说文章访问量的统计。我们开发博客，然后将其部署上去。想要知道哪篇文章访问量最高，应该怎么做？

通常来说，有以下几种方式：

- 基于当次访问后端实时处理；
- 基于当次访问后端延迟处理——Celery（分布式任务队列）；
- 前端通过 JavaScript 埋点或者 `img` 标签来统计；
- 基于 Nginx 日志分析来统计。

下面挨个来说。第一种方式中，当用户访问文章正文时，会经过我们编写的 `PostDetailView`，因此可以在这里“做手脚”。当用户请求文章时，对当前文章的 PV 和 UV 进行 +1 操作，对应到代码就是：

```
from django.db.models import Q, F


class PostDetailView(CommonViewMixin, DetailView):
    # 省略其他代码
    def get(self, request, *args, **kwargs):
```

```
        response = super().get(request, *args, **kwargs)
        Post.objects.filter(pk=self.object.id).update(pv=F('pv') + 1, uv=F('uv') + 1)

        # 调试用
        from django.db import connection
        print(connection.queries)
        return response
```

这样就完成了用户访问一次就 +1 的操作。有人可能会问，为什么你不使用这样的代码：

```
self.object.pv = self.object.pv + 1
self.object.uv = self.object.uv + 1
self.object.save()
```

因为在竞争条件下，这种方式会出现很大的误差，整个 +1 操作不够原子性。因此，采用 `F` 这样的表达式来实现数据库层面的 +1。你可以把上面的代码运行一次，看看 `print` 出来的 SQL 语句。

这种方式存在一个比较大的问题，那就是每次访问都会造成一次写入操作。写入一些数据库的成本远高于读一次数据，因此写入的耗时会影响页面的响应速度。

于是就引出第二种方式了，通过异步化的方式来处理访问统计。所谓异步化，就是当前需要执行某种操作，但是我自己不执行，让别人帮忙执行，这样我的时间就可以省出来了。异步化的方式有多种选择，Celery 就是其中之一，不过这并不是本书需要涉及的内容。Celery 集成到 Django 项目中是非常容易的事情，只需要跟着文档一步一步走就行。

第三种方式和第四种方式是大规模系统很常用的统计方法，毕竟每天大量的访问量，不可能在业务代码里面来处理统计逻辑。因此就需要有一个独立的系统来完成一系列统计业务。

第三种方式类似于百度统计这样的系统。通过在你的页面配置 JavaScript 代码，就可以帮你统计页面的访问量，但是带来的问题是统计数据跟业务相分离。拿我们的博客系统来说，在博客系统中拿不到访问数据，需要调用统计系统的接口才能拿到数据，这也是正常逻辑。在实际环境下会更复杂，业务系统需要拿统计系统的数据做展示，统计系统需要拿业务系统的数据做分析。

第四种方式跟第三种方式很类似，只是这种情况下统计系统可以拿到业务系统的前端 Nginx 的访问日志（这里的前端是指系统架构上的前端，不是指 HTML 这些）。其他的流程跟第三种方式没什么差别。只是第三种可以做得更加独立。

了解了这么多统计方式之后，我们来实现最简单的一种——基于当次访问后端实时处理，也是对于小型系统成本最低的一种。

9.5.1　文章访问统计分析

在实现之前，我们还得再说一下第一种方式实现的问题，除了性能问题外，还有被刷的问题。如果有人连续刷页面，不应该累计 PV，因为这种情况是无效访问。另外，对于 UV 来说，我们需要根据日期来处理，一个用户每天访问某一篇文章，始终应该只能增加一个 UV。不然 UV 的统计就没意义了。

那么，问题又来了，怎么区分用户呢？怎么知道用户 A 已经访问过某篇文章了呢？你可以思考一下这个问题。面试中很常见的一个问题就是，Web 系统是如何针对不同用户提供服务的。当然，这个问题只是引子。

对于我们的需求，有下面几种方法来做。

- 根据用户的 IP 和浏览器类型等一些信息生成 MD5 来标记这个用户。
- 系统生成唯一的用户 id，并将其放置到用户 cookie 中。
- 让用户登录。

第一种方式有一个很大的问题，那就是用户会重合，同一个 IP 下可能有非常多用户。

第二种方式也是基于浏览器的，可以生成唯一的 id 来标识每个用户。但问题是如果用户换浏览器，那就会产生一个新用户。

第三种方式最合理，但是实施难度最大。对于内容型网站来说，没人会登录之后才来看文章。

因此，我们采用第二种方式，通过生成用户 id 来标记一个用户。接着就是来做具体控制了。我们需要在用户访问时记录用户的访问数据，这些数据应该放到缓存中，因为都是临时数据，并且特定时间就会过期。

方案定了，就需要考虑具体实现了，有几个点需要考虑：

- 如何生成唯一的用户 id；
- 在哪一步给用户配置 id；
- 使用什么缓存。

我们一个一个来解决。针对第一个问题，可以使用 Python 内置的 `uuid` 这个库来生成唯一 id：

```
import uuid
uid = uuid.uuid4().hex
```

对于第二个问题，在一个 Web 系统中，显示是在请求的越早阶段鉴定/标记用户越好。因此，对于 Django 系统，我们放到 middleware 中来做。

对于第三个问题，我们可以直接使用 Django 提供的缓存接口。Django 缓存在后端支持多种配置，比如 memcache、MySQL、文件系统、内存。当然，还有很多第三方插件来对 Redis 做支持。

9.5.2 实现文章访问统计

上面分析得已经很清楚了，接下来只需要完成代码即可。首先需要新建一个 middleware，在 blog App 下新建如下结构：

```
blog
├─ middleware
   ├─ __init__.py
   └─ user_id.py
```

然后在 user_id.py 中增加如下代码：

```
import uuid


USER_KEY = 'uid'
TEN_YEARS = 60 * 60 * 24 * 365 * 10


class UserIDMiddleware:
    def __init__(self, get_response):
        self.get_response = get_response

    def __call__(self, request):
        uid = self.generate_uid(request)
        request.uid = uid
        response = self.get_response(request)
        response.set_cookie(USER_KEY, uid, max_age=TEN_YEARS, httponly=True)
        return response

    def generate_uid(self, request):
        try:
            uid = request.COOKIES[USER_KEY]
        except KeyError:
            uid = uuid.uuid4().hex
        return uid
```

大概说一下上面的逻辑，Django 的 middleware 在项目启动时会被初始化，等接受请求之后，会根据 settings 中的 `MIDDLEWARE` 配置顺序挨个调用，传递 `request` 作为参数。

上面的逻辑在接受请求之后，先生成 `uid`，然后把 `uid` 赋值给 `request` 对象。因为 `request` 是一个类的实例，可以动态赋值。因此，我们动态给其添加 `uid` 属性，这样在后面的 View 中就可以拿到 `uid` 并使用了。最后返回 `response` 时，我们设置 cookie，并且设置为 `httponly`（即只在服务端能访问）。这样用户再次请求时，就会带上同样的 `uid` 信息了。

接着，需要把我们开发的 middleware 配置到 settings/base.py 中。根据 middleware 的路径，在配置 `MIDDLEWARE` 的第一行增加如下代码：

```
MIDDLEWARE = [
    'blog.middleware.user_id.UserIDMiddleware',
    # 省略其他代码
]
```

这样进来的所有请求会先经过 middleware，在后面的流程中 `request` 对象上就多了一个 `uid` 属性。

接着，我们再来完善 View 层的逻辑，在 `PostDetailView` 中新增一个方法来专门处理 PV 和 UV 统计。我们可以直接使用 Django 的 `cache` 接口，使用其默认配置：

```
from datetime import date  # 文件第一行

from django.core.cache import cache
# 省略其他代码


class PostDetailView(CommonViewMixin, DetailView):
    # 省略其他代码
    def get(self, request, *args, **kwargs):
        response = super().get(request, *args, **kwargs)
        self.handle_visited()
        return response

    def handle_visited(self):
        increase_pv = False
        increase_uv = False
        uid = self.request.uid
        pv_key = 'pv:%s:%s' % (uid, self.request.path)
        uv_key = 'uv:%s:%s:%s' % (uid, str(date.today()), self.request.path)
        if not cache.get(pv_key):
            increase_pv = True
            cache.set(pv_key, 1, 1*60)  # 1 分钟有效

        if not cache.get(uv_key):
            increase_uv = True
            cache.set(uv_key, 1, 24*60*60)  # 24 小时有效

        if increase_pv and increase_uv:
            Post.objects.filter(pk=self.object.id).update(pv=F('pv') + 1,
                uv=F('uv') + 1)
        elif increase_pv:
            Post.objects.filter(pk=self.object.id).update(pv=F('pv') + 1)
        elif increase_uv:
            Post.objects.filter(pk=self.object.id).update(uv=F('uv') + 1)
```

上面的逻辑很直观，用于判断是否有缓存，如果没有，则进行 +1 操作，最后的几个条件语句是避免执行两次更新操作。

Django 的缓存在未配置的情况下，使用的是内存缓存。如果是单进程，这没有问题；如果是多进程，就会出现问题。因为内存缓存是进程间独立的。

因此，可以暂时这么使用。或者，你可以尝试进行其他配置（对于小型系统，直接用文件系统或者数据库表缓存即可；对于大型系统，推荐使用 memcached 或者 Redis）。后面我会专门来讲缓存部分。

9.5.3 更加合理的方案

上述的统计方案针对小型项目和个人项目来说问题不大，在访问量不高的情况下，读数据的请求中同时写数据不会有太大的影响。但是我们需要意识到的是，对于所有的数据库来说，写操作都是一件成本很高的事情。因此，在实际项目中会尽量避免用户在请求数据过程中进行写操作。

所以合理的方案应该是：独立的统计服务，通过前面给出的第三种方式或者第四种方式来统计。这也是我们日常业务中在用的方案。

9.5.4 总结

有了上面的统计，接下来要做的就是根据统计进行排序，可以选择 PV 或者 UV。第 7 章已经封装好了一个 `hot_posts` 方法，因此我们只需要在后台新建一个侧边栏，然后在类型中选择热门文章即可。

统计方式有很多种，不同的业务场景、不同的团队规模所使用的都不同，我们需要理解的是其中的统计逻辑。

9.5.5 参考资料

- Django 缓存相关文档：https://docs.djangoproject.com/en/1.11/topics/cache/。

9.6 配置 RSS 和 sitemap

在前面的章节中，我们已经完成了博客所有的功能，这一节就来提供一个 RSS 和 sitemap 输出的接口。RSS（Really Simple Syndication，简易信息聚合）用来提供订阅接口，让网站用户可以通过 RSS 阅读器订阅我们的网站，在有更新时，RSS 阅读器会自动获取最新内容，网站用户可以在 RSS 阅读器中看到最新的内容，从而避免每次都需要打开网站才能看到是否有更新。

sitemap（站点地图）用来描述网站的内容组织结构，其主要用途是提供给搜索引擎，让它能更好地索引/收录我们的网站。

这两个组件在 Django 中都是现成的，这在 3.1 节中已经介绍过，我们可以直接使用。

9.6.1 实现 RSS 输出

这里我们直接使用 Django 的 RSS 模块 `django.contrib.syndication.views.Feed` 来实现 RSS 输出。下面还是直接来看代码，在 blog 目录下新增 rss.py 文件：

```
from django.contrib.syndication.views import Feed
from django.urls import reverse
from django.utils.feedgenerator import Rss201rev2Feed
```

```
from .models import Post


class LatestPostFeed(Feed):
    feed_type = Rss201rev2Feed
    title = "Typeidea Blog System"
    link = "/rss/"
    description = "typeidea is a blog system power by django"

    def items(self):
        return Post.objects.filter(status=Post.STATUS_NORMAL)[:5]

    def item_title(self, item):
        return item.title

    def item_description(self, item):
        return item.desc

    def item_link(self, item):
        return reverse('post-detail', args=[item.pk])
```

其中 `feed_type` 可以不写，默认使用 `Rss201rev2Feed`，这里写出来是标明这个地方可以被赋值为其他类型。我们可以进行定制。

上面的代码并没有输出正文部分，我们可以通过自定义 `feed_type` 来实现：

```
from django.contrib.syndication.views import Feed
from django.urls import reverse
from django.utils.feedgenerator import Rss201rev2Feed


from .models import Post


class ExtendedRSSFeed(Rss201rev2Feed):
    def add_item_elements(self, handler, item):
        super(ExtendedRSSFeed, self).add_item_elements(handler, item)
        handler.addQuickElement('content:html', item['content_html'])


class LatestPostFeed(Feed):
    feed_type = ExtendedRSSFeed
    title = "Typeidea Blog System"
    link = "/rss/"
    description = "typeidea is a blog system power by django"

    def items(self):
        return Post.objects.filter(status=Post.STATUS_NORMAL)[:5]

    def item_title(self, item):
        return item.title

    def item_description(self, item):
```

```
        return item.desc

    def item_link(self, item):
        return reverse('post-detail', args=[item.pk])

    def item_extra_kwargs(self, item):
        return {'content_html': self.item_content_html(item)}

    def item_content_html(self, item):
        return item.content_html
```

9.6.2 实现 sitemap

sitemap 的实现跟 Feed 类似，都是输出文章列表，但是格式和内容均不相同。在 blog 目录下新增 sitemap.py，其内容如下：

```
from django.contrib.sitemaps import Sitemap
from django.urls import reverse

from .models import Post


class PostSitemap(Sitemap):
    changefreq = "always"
    priority = 1.0
    protocol = 'https'

    def items(self):
        return Post.objects.filter(status=Post.STATUS_NORMAL)

    def lastmod(self, obj):
        return obj.created_time

    def location(self, obj):
        return reverse('post-detail', args=[obj.pk])
```

这段代码中我们实现了 3 个方法：`items` 返回所有正常状态的文章，`lastmod` 返回每篇文章的创建时间（或者最近更新时间），`location` 返回每篇文章的 URL。

编写好 sitemap 数据处理的代码后，再来编写对应的模板，新增文件 themes/bootstrap/templates/sitemap.xml，其内容可以直接从 Django 文档贴过来。`<news:news>` 部分根据我们的 Model 进行调整。其内容如下：

```
<?xml version="1.0" encoding="UTF-8"?>
<urlset
  xmlns="https://www.sitemaps.org/schemas/sitemap/0.9"
  xmlns:news="http://www.google.com/schemas/sitemap-news/0.9">
{% spaceless %}
{% for url in urlset %}
  <url>
```

```
    <loc>{{ url.location }}</loc>
    {% if url.lastmod %}<lastmod>{{ url.lastmod|date:"Y-m-d" }}</lastmod>{% endif %}
    {% if url.changefreq %}<changefreq>{{ url.changefreq }}</changefreq>{% endif %}
    {% if url.priority %}<priority>{{ url.priority }}</priority>{% endif %}
    <news:news>
      {% if url.item.created_time %}<news:publication_date>{{ url.item.created_time|date:
          "Y-m-d" }}</news:publication_date>{% endif %}
      {% if url.item.tags %}<news:keywords>{{ url.item.tags }}</news:keywords>
          {% endif %}
    </news:news>
   </url>
{% endfor %}
{% endspaceless %}
</urlset>
```

这里大概解释一下代码，上面的 `{% spaceless %}` 标签的作用是去除多余的空行，因为在 Django 模板中使用 `for` 循环会产生很多空行，我们在前面的模板中并未使用它，你可以查看网页源码观察到这一结果。配置好 `spaceless` 之后，可以方便地去掉多余的空行。

后面的 `for` 循环就是遍历上面 `PostSitemap` 输出的结果，只是做了包装而已。

这里用到的 `url.item.tags` 需做下支持，因为我们的 `Post` 模型有 `tag` 这样一个多对多的关联，所以可以在模型中增加一个属性来输出配置好的 `tags`。接着修改 blog/models.py 中 `Post` 的部分：

```
from django.utils.functional import cached_property  # 在合适的位置引入


class Post(models.Model):
    # 省略其他代码

    @cached_property
    def tags(self):
        return ','.join(self.tag.values_list('name', flat=True))

    # 省略其他代码
```

这里面用到了 Django 提供的一个工具 `cached_property`，它的作用是帮我们把返回的数据绑到实例上，不用每次访问时都去执行 `tags` 函数中的代码。关于这点，你可以对比 Python 内置的 `property`。

配置好这些后，RSS 和 sitemap 就配置完成了，接下来配置 urls.py 让其生效。

9.6.3 配置 RSS 和 sitemap 的 urls.py

这里还是直接看代码：

```
from django.contrib.sitemaps import views as sitemap_views
```

```
from blog.rss import LatestPostFeed
from blog.sitemap import PostSitemap


urlpattern = [
    # 省略其他代码
    url(r'^rss|feed/', LatestPostFeed(), name='rss'),
    url(r'^sitemap\.xml$', sitemap_views.sitemap, {'sitemaps': {'posts':
        PostSitemap}}),
]
```

这样配置完成后，可以启动项目，访问 http://127.0.0.1:8000/rss/ 以及 http://127.0.0.1:8000/sitemap.xml 来查看效果。

对于网页特别多的系统来说，sitemap 还需要进一步拆分。毕竟如果存在上万或者上百万的文章，生成单一的 sitemap.xml 也是一个挑战，况且 sitemap 单个文件也有条数和文件大小的限制。

因此，可以使用 sitemap index 的方式（即 sitemap 中的 `loc` 部分不是网页地址，而是另外一个 sitemap 地址）来拆分 sitemap。

9.6.4　总结

如果前面的章节你都能够理解并掌握，其实会发现，在基于 Django 开发的过程中，我们除了理解需要做什么之外，还需要知道 Django 给我们提供了哪些能力，比方说 RSS 和 sitemap 这两个功能。如果完全自己开发或许也不难，但是有现成的并且扩展性很好的基础组件，岂不是更好。

9.6.5　参考资料

- Google sitemap 帮助：https://support.google.com/webmasters/answer/75712?hl=zh-Hans。

9.7　本章总结

截至目前，我们已经完成了博客系统的基础功能开发，如果你一直是随着本书的内容编写代码，应该能得到如图 9-3 和图 9-4 所示的界面。

图 9-3 首页示例效果

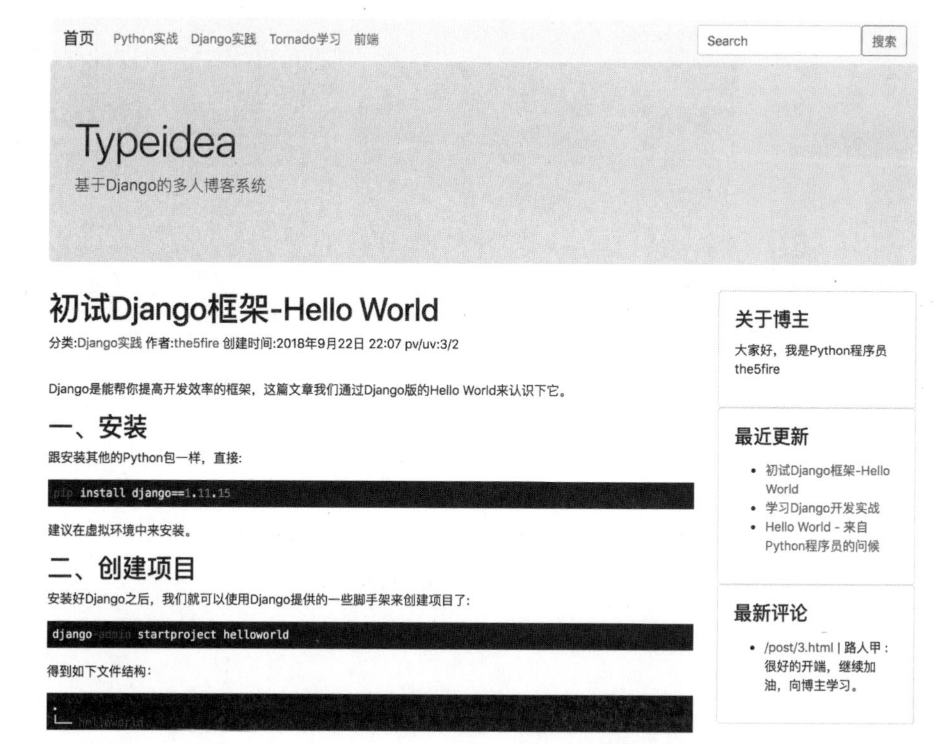

图 9-4 文章页示例效果

通过本章，我们能够直观地感受到，当基于一个成熟的框架构建好一套流程之后，新增功能时会非常方便。这得益于 Django 的优势——内置了很多对网站开发有用的功能。如果能够很好地掌握这些内置模块，就能够极大地提高开发速度。

当然，另外一个优势在于 Django 成熟的生态，有足够丰富的第三方插件。大部分我们想做的都已经有人做了，并且封装好了一个插件，我们需要做的就是找到合适的插件。在下一部分中，我们就来学习第三方插件的用法。

第三部分

第三方插件的使用

对于一个成熟的框架来说，它有很多完善的第三方插件，它们能够“开箱即用”，帮我们节省很多开发时间。在这一部分中，我们将使用几个第三方插件来增强系统。

第 10 章 使用第三方插件增强管理后台

在这一章中，我们将使用 xadmin、django-autocomplete-light 和 django-ckeditor 来增强管理后台。

admin 其实一直是 Django 的杀手锏。试想一下，你需要做一个内容管理系统，还需要带基础的权限控制，使用微型框架可能需要花一两天时间，并且可能没太多的时间考虑可扩展性和可维护性。而 Django 在你建立好 Model 之后，提供了开箱即用的 admin 管理后台，它虽然不是那么美观，但是基础功能完备。因此，在内容系统开发的选型上，Django 一直是首选，即便是需要通过修改 admin 来完成某种需求，这种修改也是在 Django 的约束下，可维护性也要好于纯为业务而定制的后台。

但是 admin 毕竟只提供了基础功能，界面不够美观，同时在数据量大的情况下还会有很多问题，比如外键加载大量数据时。此外，还有一些高频需求，比如需要左侧增加菜单需求，需要在 admin list 上增加自定义的功能组件，单行数据中某个字段需要修改，而不希望通过提交所有列表表单来完成。

xadmin 是一个很好的替代品，能够完成上面的需求，并且提供了非常实用的插件功能，不过最重要的一点是，xadmin 的引入成本并不高，很容易上手。对于已有的 admin 配置，只需要做简单改动即可。要说唯一的缺点的话，那就是文档不够全面，不过好在源码量并不大，一开始读会比较艰难，不过等熟悉各个模块的位置和作用后，就会发现读源码的效率比查文档来得高，Django 也是如此。

另外，需要补充一点，也是我在组织本书时很纠结的一点：要不要把 xadmin 放到本书中来。现阶段 xadmin 已经开始转向纯前端框架了。这意味着最新版的 xadmin（3.0，目前在一个新的分支，主分支还是基于 Django 的）已经不算是 Django 的一个扩展了。但是考虑到目前 xadmin 的实用性，我还是决定加入这一部分内容，毕竟我所在的公司目前大部分的后台项目都是基于 xadmin 改造的。

因此，下面的内容都是基于 xadmin 目前的 Django 版本来介绍的。你在使用时需要注意版本问题，后面我也会介绍到。

好了，我们一起来认识并使用 xadmin 增强我们的后台吧。

10.1　xadmin 介绍和使用

xadmin 是国人创建的一个开源项目，作者差沙（https://github.com/sshwsfc）。这个框架（Django 插件）的口号是 Drop-in replacement of Django admin comes with lots of goodies, fully extensible with plugin support, pretty UI based on Twitter Bootstrap。

翻译一下就是，可以完全无痛地替换 Django 自带的 admin，同时增加很多有用的功能，以及扩展性良好的插件机制和基于 Bootstrap 的美观界面。

从我在公司内部的使用经验来说，xadmin 的确做到了这些。

10.1.1　特性

开头说到 xadmin 的最大缺陷就是文档不够齐全，所以这里尝试整理 xadmin 提供的功能列表，便于你了解其用法：

- 无痛替换 Django 自带的 admin，下面马上会看到；
- Bootstrap 的前端效果和组件；
- 灵活的插件机制；
- 更好用的过滤功能；
- 多种类型的数据导出功能；
- 可自定义书签。

我们可以先一览最后的界面，如图 10-1 和图 10-2 所示。

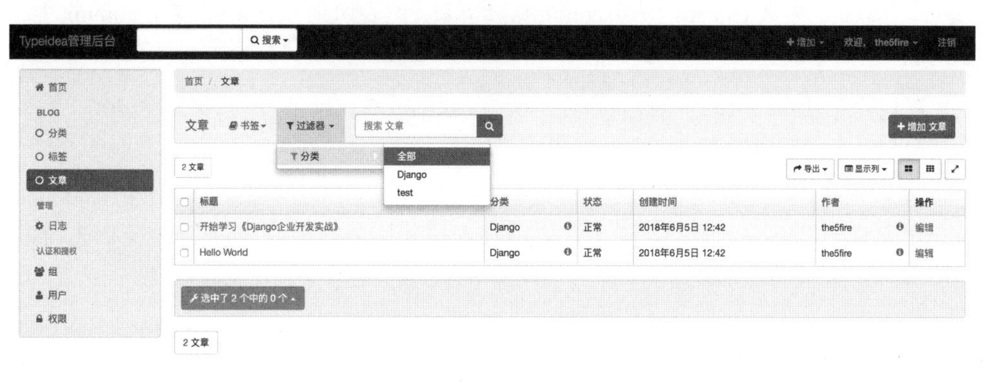

图 10-1　xadmin 后台列表页示例

图 10-2　xadmin 后台编辑页示例

10.1.2　安装最新的 xadmin 代码

在发布版本管理上，我认为 xadmin 做得也不够好，因此需要从 GitHub 上安装最新的版本，这要求你的机器上已经装好了 Git 软件。在 4.4 节中，我们介绍过 Git 的用法。如果到本章你还没有尝试使用 Git，建议尽快熟悉这个工具，这是目前实际开发工作中必备的软件之一。

我们通过下面的命令从 GitHub 安装：

```
pip install git+https://github.com/sshwsfc/xadmin@697a658
```

上面命令的意思是，先从 GitHub 上把 xadmin 克隆下来，然后切到 `697a658` 这个 commit 上，再进行安装。这里的 `697a658` 是当前时间（2018-04-16）xadmin 项目的 Master 分支最新的 commit。

这种方式会先克隆代码到本地，然后进行安装，效率可能比较低。因此我克隆（fork）了 xadmin 的代码并创建了一个发布版本（release），可以通过：

```
pip install https://github.com/the5fire/django-xadmin/archive/0.6.1.tar.gz
```

这样的方式安装。需要注意的是，如果你之前在虚拟环境中安装过 xadmin，应该先通过 `pip uninstall xadmin` 将其卸载掉，因为虽然是新的代码但是版本号并没有改变。

10.1.3　admin 替换为 xadmin

安装完之后，我们开始配置 xadmin。跟我们编写的其他 Django App 一样，首先需要配置 `INSTALLED_APPS`，把下面几个都加入其中：

```
INSTALLED_APPS = [
    # 省略其他代码
    'xadmin',
    'crispy_forms',
    # 省略其他代码
]
```

加入之后，需要先进行迁移（migrate）操作，给 xadmin 自带的一些 Model 创建对应的数据库表。还是之前的命令：

```
./manage.py makemigrations
./manage.py migrate
```

然后开始配置 xadmin。如果只是简单的 admin 配置，只需要两三步就可以完成 xadmin 的改造。但是因为我们之前做了一些定制，所以需要多花费一点时间。

第一步：我们只需要把各个 App 中的 admin.py 改名为 adminx.py。这跟 Django 的 admin 一样，xadmin 也是通过 App 下的固定名称 adminx 来自动加载该模块的。

第二步：修改我们定义的 `ModelAdmin` 的继承对象为 `object` 或者去掉继承。另外，因为 xadmin 不支持多个 site 的配置，所以之前的自定义 site 就无法使用了。

第一步比较简单，直接修改文件名即可。第二步首先要去修改 typeidea/base_admin.py 中的代码，把之前的：

```
class BaseOwnerAdmin(admin.ModelAdmin):
```

修改为：

```
class BaseOwnerAdmin(object):
```

然后再来修改各个 App 中 adminx.py 的代码。

下面我们以 blog App 下 adminx.py 中的 `PostAdmin` 为例来介绍，原有的定义如下：

```
class CategoryOwnerFilter(admin.SimpleListFilter):
    """ 自定义过滤器只展示当前用户分类 """

    title = '分类过滤器'
    parameter_name = 'owner_category'

    def lookups(self, request, model_admin):
        return Category.objects.filter(owner=request.user).values_list('id', 'name')

    def queryset(self, request, queryset):
        category_id = self.value()
        if category_id:
            return queryset.filter(category_id=self.value())
        return queryset


@admin.register(Post, site=custom_site)
class PostAdmin(BaseOwnerAdmin):
    list_filter = [CategoryOwnerFilter, ]
```

```
    fieldsets = (
        ('基础配置', {
            'description': '基础配置描述',
            'fields': (
                ('title', 'category'),
                'status',
            ),
        }),
        ('内容', {
            'fields': (
                'desc',
                'content',
            ),
        }),
        ('额外信息', {
            'classes': ('wide',),
            'fields': ('tag', ),
        })
    )

    class Media:
        css = {
            'all': ("https://cdn.bootcss.com/bootstrap/4.0.0-beta.2/css/bootstrap.
                min.css", ),
        }
        js = ('https://cdn.bootcss.com/bootstrap/4.0.0-beta.2/js/bootstrap.bundle.
            js', )
```

不需要修改的内容上面没展示出来，这里列出的是需要修改的部分。下面来进行修改。

10.1.4　`fieldset` 修改为 `FieldSet`

xadmin 的 Form 和页面是基于 `crispy_forms` 来实现的，因此布局方面也是使用 `crispy_forms`。其中，`FieldSet` 就是 xadmin 从 `crispy_forms` 继承的。

xadmin 的使用方法跟 Django admin 的配置类似，上面的配置只需要修改为：

```
from xadmin.layout import Row, Fieldset  # 注意放到合适的位置


# 省略其他代码
class PostAdmin(BaseOwnerAdmin):
    # 省略其他代码
    form_layout = (
        Fieldset(
            '基础信息',
            Row("title", "category"),
            'status',
            'tag',
        ),
        Fieldset(
            '内容信息',
```

```
            'desc',
            'content',
        )
    )
```

整体的配置逻辑跟之前没太大不同，只是使用了第三方组件而已。接着，我们来修改静态资源的配置。

10.1.5 静态资源 Media 配置

之前 Django 中的逻辑是定义一个 `Media` 类，在其属性中配置 JavaScript 或者 CSS 即可。而 xadmin 使用的是 `django.forms.widgets.Media` 这个对象。

这里需要理解的是，这两种方式没有本质差别，Django admin 中 `Media` 的定义最终也会转为 `forms.widgets.Media` 对象，最终渲染静态资源到页面上。所以修改后的写法是兼容 admin 和 xadmin 的：

```
class PostAdmin(BaseOwnerAdmin):

    # 省略其他代码

    @property
    def media(self):
        # xadmin 基于 Bootstrap，引入会导致页面样式冲突，这里只做演示
        media = super().media
        media.add_js(['https://cdn.bootcss.com/bootstrap/4.0.0-beta.2/js/bootstrap.
            bundle.js'])
        media.add_css({
            'all': ("https://cdn.bootcss.com/bootstrap/4.0.0-beta.2/css/bootstrap.
                min.css", ),
        })
        return media
```


10.1.6 自定义过滤器

关于自定义过滤器，Django admin 提供了基类供继承，而 xadmin 的做法是通过对字段名的检测来动态创建对应的过滤器，不过也有基类供我们继承使用。下面来修改之前定义的 `CategoryOwnerFilter`：

```
from xadmin.filters import manager
from xadmin.filters import RelatedFieldListFilter


class CategoryOwnerFilter(RelatedFieldListFilter):

    @classmethod
    def test(cls, field, request, params, model, admin_view, field_path):
        return field.name == 'category'

    def __init__(self, field, request, params, model, model_admin, field_path):
```

```
        super().__init__(field, request, params, model, model_admin, field_path)
        # 重新获取 lookup_choices，根据 owner 过滤
        self.lookup_choices = Category.objects.filter(owner=request.user).
            values_list('id', 'name')

manager.register(CategoryOwnerFilter, take_priority=True)


# 省略其他代码
class PostAdmin(BaseOwnerAdmin):
    # 省略其他代码
    list_filter = ['category']  # 注意这里不是定义的 filter 类，而是字段名
    # 省略其他代码
```

其中，test 方法的作用是确认字段是否需要被当前的过滤器处理。在 __init__ 方法中，我们执行完父类的 __init__ 之后，又重新定义了 self.lookup_choices 的值，这个值在默认情况下（也就是在父类中）查询所有的数据。

最后，我们需要把定义的这个过滤器注册到过滤器管理器中，并且设置优先权，这样才会在页面加载时使用我们定义的这个过滤器。这个过滤器对应的就是图 10-1 中“过滤器”中“分类”部分的数据。

上面的配置完成后，还需要对 reverse 部分进行调整。因为之前定义了 cus_admin，所以还是通过代码：

```
reverse('cus_admin:blog_post_change', args=(obj.id,))
```

来获取修改 post 对象的 URL，使用 xadmin 之后需要改为：

```
reverse('xadmin:blog_post_change', args=(obj.id,))
```

或者直接使用 xadmin 提供的一个更友好的方法：

```
self.model_admin_url('change', obj.id)
```

来获取对应对象的编辑页面的 URL。

最后，只需要改一下注册的装饰器，把 blog/adminx.py 中的：

```
@admin.register
```

修改为：

```
@xadmin.sites.register
```

并且去掉 site=custom_site 参数。

完成了这些差异部分的改造，后台配置的部分就算完成了。你需要“照猫画虎”完成其他 App 的 adminx 配置。

接下来就是最后一步，配置 URL。这一步想必你已经熟悉了。配置跟之前没有差别，只是需要引入 xadmin：

```
import xadmin

urlpatterns = [
    # 省略其他代码
    url(r'^admin/', xadmin.site.urls, name='xadmin'),
]
```

其中我们去掉了自定义站点 custom_site 的配置。

完成上面这一系列改动之后，重新启动程序，登录管理后台，看看有什么变化。

10.1.7　数据处理上的差异

如果你完成上面的步骤后，自己尝试查看数据，修改数据，会发现之前关于用户只能看到自己文章的控制功能不生效了，并且也无法自动给数据配置当前作者。

原因在于下面这两个接口的差异：

- get_queryset(self, request) → get_list_queryset(self)
- save_model(self, request, obj, form, change) → save_models(self)

箭头左边是 Django admin 的方法，也就是我们之前重写并抽取到基类 BaseOwnerAdmin 中的方法。在 xadmin 中，执行同样逻辑的方法名有了变化。去掉了形参的定义，因为在 xadmin 中需要参数传递的数据都可以通过 self 对象获取到，比方说 self.request 以及 self.new_obj，这也是开发时需要注意的地方。另外，如果是修改的数据，可以通过 self.org_obj 获取到修改之前的数据对象。

因此，在 base_admin.py 中我们需要修改代码为：

```
class BaseOwnerAdmin:
    """
    1. 用来自动补充文章、分类、标签、侧边栏、友链这些模型的 owner 字段
    2. 用来针对 queryset 过滤当前用户的数据
    """
    exclude = ('owner', )

    def get_list_queryset(self):
        request = self.request
        qs = super().get_list_queryset()
        return qs.filter(owner=request.user)

    def save_models(self):
        self.new_obj.owner = self.request.user
        return super().save_models()
```

10.1.8　处理 inline

这部分跟 Django admin 自带的逻辑不太一致，也是需要通过 form_layout 来控制要展示的内容。不过修改起来并不复杂，只需要把 fields 改为 form_layout 即可：

```
from xadmin.layout import Row, Fieldset, Container


class PostInline:
    form_layout = (
        Container(
            Row("title", "desc"),
        )
    )
    extra = 1  # 控制额外多几个
    model = Post
```

不过之前说过，这里的 `PostInline` 只是单纯地用来演示 inline 的用法。

10.1.9 site title 和 site footer 的处理

在 Django admin 中，可以通过自定义 site 来定义系统名称和 footer 需要展示的内容。那么，在 xadmin 中，这需要怎么处理呢？这也很简单，只需要在 settings/base.py 中配置：

```
XADMIN_TITLE = 'Typeidea 管理后台'
XADMIN_FOOTER_TITLE = 'power by the5fire.com'
```

整体内容介绍起来比较烦琐，如果熟悉这些配置后，在实际项目开发中就能够快速完成一个美观、功能强大的后台。重点是不需要写很多代码。

但是缺点是想要熟悉 xadmin 提供的功能，得花点时间，很多情况下需要阅读源码。

10.1.10 去掉 Django admin 自带的 log 配置

之前我们介绍过 admin 自带 log 的功能，xadmin 也自带了 log 功能，并且会默认配置好展示逻辑。因此，我们需要去掉 adminx.py 中关于 `LogEntryAdmin` 的代码。

10.1.11 总结

好了，xadmin 的改造就到此，你可以基于上面的代码进行进一步尝试，看看如何配置出符合自己需求的页面。

单纯地将 admin.py 修改为 adminx.py 看起来有点烦琐，但是如果熟悉了 xadmin 之后，一开始就编写 adminx.py 代码就会很方便。

10.2 使用 django-autocomplete-light 优化性能

在之前的章节中也提到过这一点，无论是 Django 自带的 admin 还是 xadmin，它们对于外键或者多对多字段的处理都比较粗暴，会一股脑地都加载到页面上，生成一个 `select` 标签。这在关联大量数据时，会有很大的问题。

试想一下，当你的外键或者多对多字段有几万条数据时，要一次加载到页面上，那应该耗时多久？其实，想知道耗时多久很简单，编程最大的乐趣也在于可以很方便地去实践。我们可以尝试一下。

10.2.1 创造 1 万个分类

我们先创建 1 万个分类，然后看看文章添加页面的打开速度。创建分类的方式也很简单。我们通过命令 `python manage.py shell` 进入 Python shell 的交互模式，接着执行如下代码：

```
>>> from blog.models import Category
>>> from django.contrib.auth.models import User
>>> user = User.objects.all().first()
>>> Category.objects.bulk_create([
...     Category(name='cate%s' % i, owner=user)
...     for i in range(10000)
... ])
>>>
```

这样执行完就好了。然后你可以尝试运行项目，打开新增文章页面，看看打开速度有没有变化。我建议你自行调整导入数据的数量，比如说改成 10 万，看看随着数据量的增加，会产生什么样的结果。

图 10-3 是创建 3 万个分类后页面加载的结果。

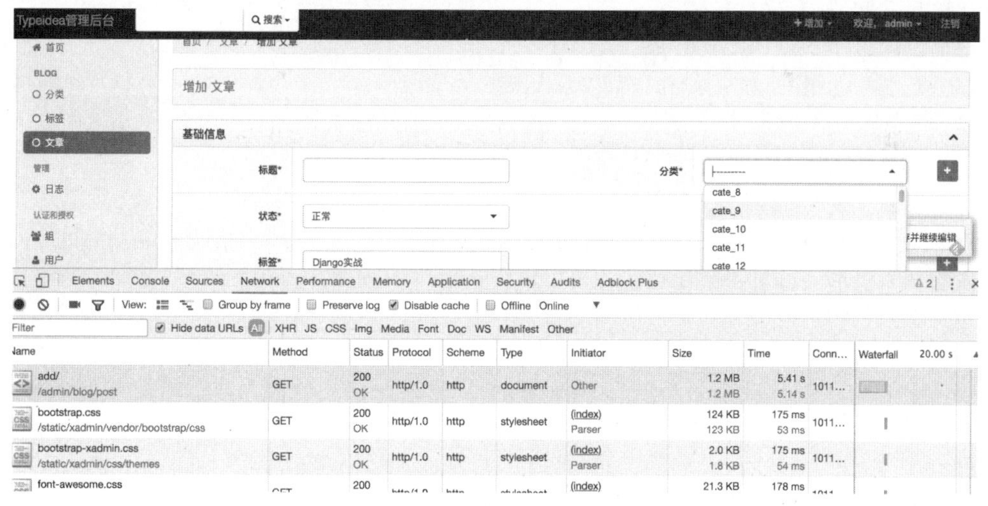

图 10-3 配置太多分类导致页面加载速度变慢

当然，这是极端情况，仅用来说明问题。

可以考虑一下怎么解决这个问题。

10.2.2 django-autocomplete-light 介绍

从名字上就能看出来，这是一个轻量级的自动补全插件。这是一个很常见的功能/需求，比如你在百度、Google或者一些购物网站搜索内容时，你的内容还没输入完时搜索引擎会自动给出建议。就是这样的一个功能。只不过从实现来说比较简单。

这个第三方插件能够用来解决上面说的问题，本质上可以理解为懒加载，也就是外键关联数据并不会随着页面加载而加载，而是等你输入时再根据你的输入进行搜索。

它也可以用来做博客搜索词的自动补全。不过需要说明的是，在Django 2.0中，内置了一个类似的方法来解决这个问题，这个方法等升级到Django 2.0之后再来使用。

django-autocomplete-light插件的原理也很简单，首先封装好一个接口，用来查询你要处理的数据，比如上面用到的分类。然后提供一个前端组件，其中包含HTML、CSS和JavaScript，等用户输入数据时，实时接口查询，拿到数据，展示到页面上，供用户选择。

10.2.3 引入插件

理解原理之后，我们来引入它。其配置方法也很简单，按照官网的步骤，花上十几分钟的时间就可以搞定。

首先，我们需要安装它：`pip install django-autocomplete-light==3.2.10`。

然后，配置`INSTALLED_APPS`，增加：

```
INSTALLED_APPS = [
    # 省略其他代码
    'dal',
    'dal_select2',
]
```

接着配置后端查询逻辑。我们在typeidea/typeidea目录下新建一个模块autocomplete.py，它用来配置所有需要自动补全的接口，你可以把这个模块理解为自动补全的View层。该模块的内容如下：

```
from dal import autocomplete

from blog.models import Category, Tag


class CategoryAutocomplete(autocomplete.Select2QuerySetView):
    def get_queryset(self):
        if not self.request.user.is_authenticated():
            return Category.objects.none()

        qs = Category.objects.filter(owner=self.request.user)

        if self.q:
```

```
            qs = qs.filter(name__istartswith=self.q)
        return qs


class TagAutocomplete(autocomplete.Select2QuerySetView):
    def get_queryset(self):
        if not self.request.user.is_authenticated():
            return Tag.objects.none()

        qs = Tag.objects.filter(owner=self.request.user)

        if self.q:
            qs = qs.filter(name__istartswith=self.q)
        return qs
```

经过前面代码的编写，想必你对于代码中频繁出现的 get_queryset 方法已经很熟悉了。在 Django 的各个模块中，每一层都有类似的方法，其作用就是处理数据源。这里也一样。

下面大概解释一下其中的逻辑。在 get_queryset 中，首先判断用户是否登录，如果是未登录用户，直接返回空的 queryset。因为最后结果还会被其他模块处理，所以不能直接返回 None 值。

接着，获取该用户创建的所有分类或者标签，这也是我们之前遗留的一个 bug（细心的读者应该已经发现了），这里很容易解决。

最后，判断是否存在 self.q，这里的 q 就是 url 参数上传递过来的值。再使用 name__istartswith 进行查询。

这就是整个逻辑，把每一步考虑清楚，实现起来并不复杂。这部分你可以在后期自己扩展，比如可以集成 django-haystack（一个基于 haystack 来做搜索的 Django 插件）进来。因为 get_queryset 函数的输入就是 self.q，输出就是 queryset，所以可以根据输入关键字来调用搜索接口，最终封装为 QuerySet 对象。

有了查询的方法，我们需要配置 url：

```
# urls.py 省略了其他配置

from .autocomplete import CategoryAutocomplete, TagAutocomplete


urlpatterns = [
    ......
    ......
    url(r'^category-autocomplete/$', CategoryAutocomplete.as_view(),
        name='category-autocomplete'),
    url(r'^tag-autocomplete/$', TagAutocomplete.as_view(), name='tag-autocomplete'),
]
```

到这接口就配置好了。我们可以启动项目，通过访问 http://127.0.0.1:8000/category-autocomplete/?q=dj 来查询以 dj 开头的分类。

接着，配置展示逻辑。django-autocomplete-light 提供 Form 层的组件来帮助我们更好地接入后端接口，其代码如下：

```
from dal import autocomplete
from django import forms

from .models import Category, Tag, Post


class PostAdminForm(forms.ModelForm):
    desc = forms.CharField(widget=forms.Textarea, label='摘要', required=False)
    category = forms.ModelChoiceField(
        queryset=Category.objects.all(),
        widget=autocomplete.ModelSelect2(url='category-autocomplete'),
        label='分类',
    )
    tag = forms.ModelMultipleChoiceField(
        queryset=Tag.objects.all(),
        widget=autocomplete.ModelSelect2Multiple(url='tag-autocomplete'),
        label='标签',
    )

    class Meta:
        model = Post
        fields = ('category', 'tag', 'title', 'desc', 'content', 'status')
```

其实最后的 `class Meta` 可以不配置，但是为了避免出现 JavaScript 资源冲突的问题，我们还是定义了 `Meta` 以及其中的 `fields`，需要把自动补全的字段放到前面。

其用法很简单，跟我们前面用到的自定义字段指定 `widget` 差不多。

10.2.4　总结

再次尝试打开新增文章页面，看看效果。对于插件来说，当我们知道其原理之后，自己也很容易实现，一切还是基于 Django 现成的逻辑。

10.2.5　参考资料

- django-autocomplete-light 新手指南：http://django-autocomplete-light.readthedocs.io/en/master/tutorial.html。

10.3　使用 django-ckeditor 开发富文本编辑器

对于内容型后台来说，录入内容是最高频的操作，因此需要有一个体验更好的编辑器来替代之前简陋的 Textarea。这类编辑器被称为富文本编辑器，也叫所见即所得编辑器。

网上有很多现成的工具来做富文本编辑器，比如百度出品的 ueditor，对应到 Django 中是 django-ueditor。

这里以 django-ckeditor 为例来介绍一下如何引入这种编辑器插件。

10.3.1　基础配置

关于功能，这里就不过多介绍了。对于编辑器，我们太熟悉了，比方说经常用来写代码的编辑器，其功能都差不多。原理部分倒是可以说一说，富文本编辑器基本上都是由前端逻辑来实现的。它通过某种方式实现一个新的编辑器界面来替换原有的编辑器，但是又能实时把编写的内容同步到我们的编辑器中（比方说 Textarea 中）。最后，提交数据依然由 Textarea 来完成。

开始配置吧，首先还是先安装：

```
pip install django-ckeditor==5.4.0
```

然后配置 INSTALLED_APPS：

```
'ckeditor',
```

接着配置 form 中的 content 字段：

```
from ckeditor.widgets import CKEditorWidget

content = forms.CharField(widget=CKEditorWidget(), label='正文', required=True)
```

这样基本上可以了，但是还需要在 settings 中增加一些配置来设置功能、皮肤等参数。

在 settings/base.py 中新增如下配置：

```
CKEDITOR_CONFIGS = {
    'default': {
        'toolbar': 'full',
        'height': 300,
        'width': 800,
        'tabSpaces': 4,
        'extraPlugins': 'codesnippet',  # 配置代码插件
    },
}
```


配置完成后，应该能得到如图 10-4 所示的结果。

图 10-4　django-ckeditor 展示示例

10.3.2　配置图片

如果只想要一个不带图片的富文本编辑器，那么到这步就配置完成了。上面的配置已经可以完成富文本编辑器的处理，其中包含样式和代码插入的功能。只不过需要注意的是，这个经过改造的 `content` 已经是处理完成的 HTML 代码，因此需要去掉 Markdown 的处理。这个可以后面来处理，因为我们要先配置一下图片上传。

这对于内容编辑器来说是一个重要的部分。想象一下之前的场景，使用 Markdown 的方式来编辑内容，在另外一个地方上传完图片得到图片的地址，然后通过 `![图片说明](http://图片地址.com)`来插入图片，这确实有点麻烦。如果能够在一个界面中完成文字输入和图片上传，那就完美了。

django-ckeditor 也提供了这个功能，不过我们需要稍微花点时间进行配置。

在配置之前，还得先回顾一下原理，不然你可能会有种稀里糊涂配置好了的感觉，但遇到问题或者需要自己实现时就会摸不到头脑了。

对于 Web 端来说，需要有一个添加文件的组件，也就是我们常用的 `type` 为 `file` 的 `input` 标签，之后可以通过提交 Form 或者 Ajax 的方式把数据发送到服务端接口上，因此服务端需要一个接口来接收数据。

接口拿到数据之后，把数据存储到本地或者网络磁盘上，比如亚马逊的 S3 或者国内的云存储上（如又拍云和七牛等）。存储完成之后，会得到一个地址，网络地址或者本地的路径。如果是本地存储，那么本地路径需要转换为网络可以访问的地址，比如把本地文件通过 Nginx 代理。

之后需要做的就是把文件地址（本地磁盘或者网络存储上）存储到对应位置，比如这一部分的文章正文里面。

大概了解之后，再来配置 django-ckeditor 上传图片的部分。

10.3.3　上传图片配置

首先，还需要配置 `INSTALLED_APPS`，在其中增加一行：

```
INSTALLED_APPS = [
    # 省略其他配置

    'ckeditor',
    'ckeditor_uploader',  # 增加这一行

    # 省略其他配置
]
```

然后需要把之前在 blog/adminforms.py 中编写的 `content` 的 widget 代码：

```
# 省略其他代码
content = forms.CharField(widget=CKEditorWidget(), label='正文', required=True)
```

修改为：

```
from ckeditor_uploader.widgets import CKEditorUploadingWidget


class PostAdminForm(forms.ModelForm):
    content = forms.CharField(widget=CKEditorUploadingWidget(), label='正文',
        required=True)
    # 省略其他代码
```

之前的 widget 是没有图片上传功能的。

接着需要配置上传的路径，也就是服务端接收到的文件应该存放在什么位置。我们可以在 settings/base.py 中增加配置：

```
MEDIA_URL = "/media/"
MEDIA_ROOT = os.path.join(BASE_DIR, "media")
CKEDITOR_UPLOAD_PATH = "article_images"
```

然后就要配置接收文件的接口了。django-ckeditor 提供了现成的功能，我们只需要修改 urls 即可：

```
# 省略其他代码
from django.conf import settings
from django.conf.urls import url, include
from django.conf.urls.static import static
# 省略其他代码


urlpatterns = [
    ……
    url(r'^ckeditor/', include('ckeditor_uploader.urls')),
    ……
] + static(settings.MEDIA_URL, document_root=settings.MEDIA_ROOT)
```

其中 ckeditor_uploader.urls 提供了两个接口：接收上传图片和浏览已上传图片。

后面增加的 static 用来配置图片资源访问，可以理解为使用 Django 内置的静态文件处理功能提供静态文件服务。在正式环境中，这个功能需要由 Nginx 来完成。

最后，需要安装 PIL 的库来处理图片：pip install pillow==5.1.0。

到这一步，图片上传的逻辑基本上就完成了。

10.3.4 自定义存储以及水印

前面没有介绍存储部分的逻辑，Django 提供的默认存储方式是文件存储，但是我们可以根据需求进行定制。定制自己的存储方式也很简单，只需要继承 django.core.files.storage.Storage，然后实现几个接口即可。主要的接口是 save 和 open。只要实现了这两个接口，就可以完成文件存储，无论是存储到本地文件系统还是网络上。

这里我们直接继承一个已经实现了所有功能的 FileStorage，然后重写其 save 方法，把要保存的图片进行水印处理，接着再保存。关于图片的处理，我们使用 Pillow 库来完成，这个库在上一步中已经安装过了。

我们在 urls.py 的同级目录下新增文件 storage.py，其代码如下：

```
from io import BytesIO

from django.core.files.storage import FileSystemStorage
from django.core.files.uploadedfile import InMemoryUploadedFile

from PIL import Image, ImageDraw, ImageFont


class WatermarkStorage(FileSystemStorage):
    def save(self, name, content, max_length=None):
        # 处理逻辑
        if 'image' in content.content_type:
            # 加水印
            image = self.watermark_with_text(content, 'the5fire.com', 'red')
            content = self.convert_image_to_file(image, name)

        return super().save(name, content, max_length=max_length)

    def convert_image_to_file(self, image, name):
        temp = BytesIO()
        image.save(temp, format='PNG')
        file_size = temp.tell()
        return InMemoryUploadedFile(temp, None, name, 'image/png', file_size, None)

    def watermark_with_text(self, file_obj, text, color, fontfamily=None):
        image = Image.open(file_obj).convert('RGBA')
        draw = ImageDraw.Draw(image)
        width, height = image.size
        margin = 10
        if fontfamily:
            font = ImageFont.truetype(fontfamily, int(height / 20))
        else:
            font = None
        textWidth, textHeight = draw.textsize(text, font)
        x = (width - textWidth - margin) / 2  # 计算横轴位置
        y = height - textHeight - margin  # 计算纵轴位置
        draw.text((x, y), text, color, font)
        return image
```

这就是自定义的 Storage，只不过它是基于文件系统的这个 Storage 来做的。其中，字体部分（fontfamily 参数）可以由自己指定本地的字体文件路径。

接着，详细说一下其中的逻辑。存储的逻辑上面也说到了，它基于 Django 提供的 Storage 重写 save 方法。这个 save 方法就是 Django 用来上传文件的逻辑，我们重写它，然后在其中做打水印的处理。

打水印时，我们用到Pillow库，也就是一开始引入的from PIL import Image, ImageDraw, ImageFont。从上面能看到，除了重写 save 方法外，还增加了两个方法 convert_image_to_file 和 watermark_with_text。

从命名上可以看到，convert_image_to_file 的作用就是把最终打上水印的图片对象 Image 转换为文件对象，也就是转换为我们引入的 BytesIO（它可以作为文件对象来使用）对象。而方法 watermark_with_text 的作用就是打水印，其逻辑就是打开我们传递的文件对象，将其转为 Image 对象，同时把格式转为 RGBA 模式。然后通过 Pillow 的 ImageDraw 往 Image 对象上“画”指定的文字。这里比较绕的逻辑就是需要计算好文字的大小以及需要放置的位置。

不过这并不是加水印的唯一方法，我们还可以通过另一种方式来完成：先新建一个同样尺寸的透明背景图，然后画上文字，最后合并图片。

写好自定义的 Storage 之后，修改一下 settings 配置，在 base.py 中增加如下代码：

```
DEFAULT_FILE_STORAGE = 'typeidea.storage.WatermarkStorage'
```

这里修改默认的存储引擎是我们自定义的。

上面的逻辑仅仅是把图片存储到程序所在的服务器磁盘上，如果需要把数据保存到第三方存储上，比如说现在的各种云存储，只需要按照上面的方法在 save 中做处理即可。需要额外做的工作就是，重写 open 方法以及下面参考文档中提到的几个必需方法。

10.3.5 Markdown 和 django-ckeditor 共存

一开始我们在 Form 中重写了 content 字段，使用了 django-ckeditor 的组件，但是之前为了配置 Markdown，在 Post 模型中重写了 save 方法，因此需要修改 save 中的逻辑。

如果只是简单处理的话，可以在 settings 中增加配置 USE_MARKDOWN_EDITOR = True，然后通过这个参数控制使用哪个编辑器。这种逻辑比较简单，但问题在于无法灵活切换。

因此，如果你需要在两个编辑器之间切换的话，就需要新增一个字段来标明使用 Markdown 还是富文本编辑器来完成。并且，我们也需要使用这个字段在后端展示对应的编辑器。

因此，需要在 Post 中新增字段：

```
is_md = models.BooleanField(default=False, verbose_name="markdown 语法")
```

其默认值可以根据自己喜好配置。如果打算默认使用 django-ckeditor，那就设置为 False。

同时还需要修改 save 的逻辑为：

```
def save(self, *args, **kwargs):
    if self.is_md:
        self.content_html = mistune.markdown(self.content)
    else:
        self.content_html = self.content
    super().save(*args, **kwargs)
```

因为要两种编辑器共存，所以需要先在 Form 层做些文章，也就是修改 blog/adminforms.py 中的代码：

```
from ckeditor_uploader.widgets import CKEditorUploadingWidget
from dal import autocomplete
from django import forms

from .models import Category, Tag, Post


class PostAdminForm(forms.ModelForm):
    desc = forms.CharField(widget=forms.Textarea, label='摘要', required=False)
    category = forms.ModelChoiceField(
        queryset=Category.objects.all(),
        widget=autocomplete.ModelSelect2(url='category-autocomplete'),
        label='分类',
    )
    tag = forms.ModelMultipleChoiceField(
        queryset=Tag.objects.all(),
        widget=autocomplete.ModelSelect2Multiple(url='tag-autocomplete'),
        label='标签',
    )
    content_ck = forms.CharField(widget=CKEditorUploadingWidget(), label='正文',
        required=False)
    content_md = forms.CharField(widget=forms.Textarea(), label='正文',
        required=False)
    content = forms.CharField(widget=forms.HiddenInput(), required=False)

    class Meta:
        model = Post
        fields = (
            'category', 'tag', 'desc', 'title',
            'is_md', 'content', 'content_md', 'content_ck',
            'status'
        )

    def __init__(self, instance=None, initial=None, **kwargs):
        initial = initial or {}
        if instance:
            if instance.is_md:
                initial['content_md'] = instance.content
            else:
                initial['content_ck'] = instance.content

        super().__init__(instance=instance, initial=initial, **kwargs)

    def clean(self):
        is_md = self.cleaned_data.get('is_md')
        if is_md:
            content_field_name = 'content_md'
        else:
```

```
            content_field_name = 'content_ck'
        content = self.cleaned_data.get(content_field_name)
        if not content:
            self.add_error(content_field_name, '必填项！')
            return
        self.cleaned_data['content'] = content
        return super().clean()

    class Media:
        js = ('js/post_editor.js', )
```

从上面可以看到，我们定义了 3 个 content 字段，并且 required=False。默认的 content 是隐藏的，用来接收最终的编辑内容，而 content_ck 和 content_md 是为了在页面展示的。但如果两个都展示到页面上，也有点奇怪，因此我们通过自定义 JavaScript 文件（post_editor.js）来实现展示逻辑的控制。

在 __init__ 方法中，我们对 Form 做了初始化处理。其中，initial 就是 Form 中各字段初始化的值。如果是编辑一篇文章，那么 instance 是当前文章的实例。因此，基于这两个对象，我们可以完成对新增的两个 Form 层字段的处理。

在 clean 方法中，我们对用户提交的内容做了处理，判断是否使用了 Markdown 语法，然后设置获取对应编辑器的值，并将其赋值给 content。

JavaScript 部分也不复杂，我们需要新建文件 themes/bootstrap/static/js/post_editor.js，并编写如下代码：

```
(function($){
    var $content_md = $('#div_id_content_md');
    var $content_ck = $('#div_id_content_ck');
    var $is_md = $('input[name=is_md]');
    var switch_editor = function(is_md) {
        if (is_md) {
            $content_md.show();
            $content_ck.hide();
        } else {
            $content_md.hide();
            $content_ck.show();
        }
    }
    $is_md.on('click', function() {
        switch_editor($(this).is(':checked'));
    });
    switch_editor($is_md.is(':checked'));
})(jQuery);
```

如果你是第一次接触 JavaScript，不用觉得陌生或者害怕，JavaScript 代码读起来跟 Python 没太大差别。

这里使用 jQuery（xadmin 已经加载了 jQuery，因此可以直接使用）获取 3 个关键的页面元素对象：$content_md 、$content_ck 和 $id_md。$后面的选择器是固定规则生成的，你对比下我们定义的 form 字段就能看出来。

整体逻辑是，页面加载时，判断“Markdown 语法”复选框是否被选中：如果选中，则展示 Markdown 编辑器；如果没选中，则展示 django-ckeditor 编辑器。另外一部分就是“Markdown 语法”复选框点击事件的监听，点击后，根据是否选中进行编辑器切换。

另一部分还需要处理的是 blog/adminx.py 中的 layout 配置：

```
class PostAdmin(BaseOwnerAdmin):
    # 省略其他代码
    form_layout = (
        Fieldset(
            '基础信息',
            Row("title", "category"),
            'status',
            'tag',
        ),
        Fieldset(
            '内容信息',
            'desc',
            'is_md',
            'content_ck',
            'content_md',
            'content',
        )
    )
```

至此，富文本编辑器的配置就全部完成了。你可以重新运行项目，看看有没有什么问题，其中可能会在敲代码时出现失误，也可能出现环境问题。不管怎么样，解决它们，最终能看到一个完整的可视化编辑器后台以及一个能展示对应文章样式的前台。

10.3.6 总结

写完这个插件的用法，想必你已经对 Django 中插件的逻辑有了更多的了解。一个好的插件用起来非常容易，但是对于我们来说，单纯地使用还不够，还需要去理解其内在原理。因为再完善的插件也无法覆盖我们的所有需求，很多情况下都需要定制，而这些定制工作均基于你对插件机制的理解以及对 Django 的掌握。

10.3.7 参考资料

- Django 自定义存储：https://docs.djangoproject.com/en/1.11/howto/custom-file-storage/。
- Pillow 文档：https://pillow.readthedocs.io/en/4.3.x/。
- RGBA 转 JPEG 错误：https://github.com/python-pillow/Pillow/blob/master/docs/releasenotes/4.2.0.rst#removed-deprecated-items。

10.4 本章总结

在本章中，我们使用了3个Django插件：xadmin、django-autocomplete-light以及django-ckeditor。第一次配置完成后，会觉得复杂，但是当你把它们用到真实的项目开发中之后会发现，这些功能丰富的插件确实能提升开发效率。

除了上面介绍的3个插件外，Django生态中还有很多插件，比方说下一章要讲的django-rest-framework。若想了解更多插件，可以到https://djangopackages.org/网站上查看。我们可以大概了解一下有哪些插件，或者当你遇到Django本身无法满足的需求时，可以上去查找。

第 11 章 使用 django-rest-framework

相对于前面说到的 xadmin 插件，django-rest-framework 已经十分成熟、稳定，并且文档齐全，可以放心地引用到生产环境中。但是前面提到过一个问题，通用组件为了保证其通用性，势必会带来性能损耗，所以需要考量要不要引入到生产环境中，尤其是使用 django-rest-framework 的大部分场景是提供对外的服务。

介绍这个插件之前，我们需要了解什么是 RESTful API。REST 的全称是 Representational State Transfer，翻译成中文比较绕口，是具象状态传输或者表现层状态转化。这是一种设计风格，而不是标准。

RESTful API 是指符合 REST 风格的 Web 接口。

维基百科上这么定义：

> 匹配 REST 设计风格的 Web API 称为 RESTful API，它从以下三个方面的资源进行定义。
>
> - **直观简短的资源地址**：URI，比如 http://example.com/resources/。
> - **传输的资源**：Web 服务接受与返回的互联网媒体类型，比如 JSON、XML 和 YAML 等。
> - **对资源的操作**：Web 服务在该资源上所支持的一系列请求方法（比如 POST、GET、PUT 或 DELETE）。

具体来说，就是把所有被请求的实体当作资源，通过 HTTP 自带的方法（`GET`、`HEAD`、`POST`、`PUT`、`DELETE`）来进行对应的增、删、改、查等操作。比如，`GET` 请求就是获取资源，`GET /user/` 可以获取用户列表，而 `GET /user/1/` 可以理解为获取 `user id` 为 1 的用户资源。`POST` 请求表示新增数据，比如 `POST /user/` 再加上 `body` 中传输的数据，用来创建一个用户。`PUT` 请求用来更新数据，比如 `PUT /user/1/` 再加上 `body` 中的数据，用来更新 `user id` 为 1 的数据。同理可知，`DELETE` 请求用来删除数据，其用法同 `PUT`。

了解基本概念之后，我们需要了解传输数据的格式。前面说过，可以通过 HTTP POST 方法发送的 body 数据来创建新用户。那么，这个数据是什么样的数据。在 django-rest-framework 中，默认接受的数据格式是 JSON。但是你也可以通过 HTTP 请求 `header` 中的 `content-type` 来设置格式，django-rest-framework 会据此进行对应的解析。

简单来说，django-rest-framework 的作用（在软件结构中所处的位置）等同于 Django 中的 View+Form。我们既可以基于 Model 来直接生成接口，也可以自定义 `Serializers`（跟 Form 的用法很像）的字段来生成接口。

好了，我们还是通过实践来感受一下。

11.1 接口需求及 django-rest-framework 介绍

首先，还是需要说一下需求。我们需要配置一套 RESTful 接口，输出所有文章，其功能跟 Web 系统提供的类似，具体包含：

- 最新文章列表；
- 分类列表；
- 根据分类获取文章；
- 标签列表；
- 根据标签获取文章。

这些都是只读功能。这样的需求在实际的项目开发中很常见。当你开发了一套 Web 系统之后，可能需要再提供一套接口给 H5 端用，或者是客户端用，也可能是第三方系统使用。在已经开发好的系统上（尤其是 Django 系统）开发 RESTful 接口，是一件十分容易的事情。但还是要提醒一下，需要权衡业务对性能的要求。

11.1.1 快速上手

第一步还是安装，其命令是 `pip install djangorestframework==3.8.2`，然后把 `rest_framework` 放到 `INSTALLED_APPS` 中。

先来编写 `Serializer`，也就是用来序列化数据的地方。在 blog App 下新增 serializers.py 文件，并在其中编写如下代码：

```
from rest_framework import serializers

from .models import Post


class PostSerializer(serializers.ModelSerializer):
    class Meta:
        model = Post
        fields = ['title', 'category', 'desc', 'content_html', 'created_time']
```

我们相信读者在看到这段代码时会有一种似曾相识的感觉，没错！这跟 ModelForm 的写法是一致的。其实跟本章开头说的一样，django-rest-framework 中的 `Serializer` 跟 Django 的 Form

是等同的，它也提供了类似 forms.Form 和 forms.ModelForm 的类（serializers.Serializer 和 serializers.ModelSerializer）。这里我们只使用了 ModelSerializer。基于同样的逻辑，我们定义的 PostSerializer 中可以继续实现自定义字段、自定义检验逻辑、自定义数据处理逻辑等方法。

不过这里我们暂且简单配置，先有一个基本的体验。上面是 Serializer 的部分。当然，还有跟 Django 中 View 对应的 function view 和 class-based view。下面我们一一体会。

有了 Serializer 之后，新建 View 层的逻辑，在 blog App 下创建一个新文件 apis.py，其代码如下：

```
from rest_framework import generics
from rest_framework.decorators import api_view
from rest_framework.response import Response

from .models import Post
from .serializers import PostSerializer


@api_view()
def post_list(request):
    posts = Post.objects.filter(status=Post.STATUS_NORMAL)
    post_serializers = PostSerializer(posts, many=True)
    return Response(post_serializers.data)


class PostList(generics.ListCreateAPIView):
    queryset = Post.objects.filter(status=Post.STATUS_NORMAL)
    serializer_class = PostSerializer
```

在讲解 api_view 和 ListCreateAPIView 之前，先配置好 urls.py，看看具体效果。

在 urls.py 中增加如下代码：

```
from blog.apis import post_list, PostList  # 注意，根据 PEP 8 放到合理的位置


urlpatterns = [
    # 省略其他代码

    # url(r'^api/post/', post_list, name='post-list'),
    url(r'^api/post/', PostList.as_view(), name='post-list'),
]
```

读者需要通过分别注释两个 post_list 配置中的其中一个观察结果。首先，通过 python manage.py runserver 命令启动项目，然后访问 http://127.0.0.1:8000/api/post/?format=json 看看差别。这里 URL 后面需要加 format 的原因是，django-rest-framework 会通过访问类型（也就是 Content-Type）来渲染对应类型的结果，如果不加 format=json，用浏览器访问，会默认渲染为页面。读者可以自行尝试。

如果上面的代码你确实照着写了并且尝试运行，那么对比结果之后会发现，上面的代码跟之前编写 function view 和 class-based view 时很相似。

api_view 是 django-rest-framework 用来帮我们把一个 View 转换为 API View 的装饰器，提供可选参数 api_view(['GET', 'POST'])来限定请求的类型。

ListCreateAPIView 跟前面章节中的 ListView 很相似。我们只需要指定 queryset，配置好用来序列化的类 serializer = PostSerializer，就可以实现一个数据列表页。需要注意的是，django-rest-framework 中还提供了 ListAPIView 类。从命名上可以看出，ListCreateAPIView 是包含了 create 功能的，也就是说它能够接受 POST 请求。而 ListAPIView 类只是单纯地输出列表，仅支持 GET 请求。

不过此时需要考虑一个问题：根据需求以及上面两个模块的用法，我们还要新增详情页接口，此时需要怎么做？无论是 api_view 还是 ListCreateAPIView，都不能满足需求，我们需要新增一个函数或者新的类（详情页显然需要继承自类似于 DetailView 的 RetrieveAPIView）。

但是问题在于，每一个资源都需要有 CRUD 操作，这可以理解为基础的数据操作接口。因此，如果单独编写每个请求的函数或者类，维护起来会有些烦琐。好在 django-rest-framework 提供了更上层的抽象 ViewSet，用来把这些逻辑都封装起来，让我们在一个类中就能完成所有方法的维护。下面还是来看下具体实现。

我们把 apis.py 中的代码完全清空掉，增加如下代码：

```
from rest_framework import viewsets
from rest_framework.permissions import IsAdminUser

from .models import Post
from .serializers import PostSerializer


class PostViewSet(viewsets.ModelViewSet):
    serializer_class = PostSerializer
    queryset = Post.objects.filter(status=Post.STATUS_NORMAL)
    # permission_classes = [IsAdminUser]    # 写入时的权限校验
```

这样就完成了 CRUD 操作的定义，上面注释掉的 permission_classes 是用来做数据写入时（POST、PUT、DELETE 操作）的校验。不过我们没有写入的需求，因此可以把 viewsets.ModelViewSet 改用继承自 viewsets.ReadOnlyModelViewSet。从命名上可以知道，这个类是用来创建只读接口的。

注意 需要提醒的是，如果读者需要创建可读写的接口，除了上面权限部分的配置外，还需要在写入端（如浏览器或者 App）增加 CSRF_TOKEN 的获取。具体可以参考 Django 文档上 CSRF 中的 Ajax 部分。

定义好 viewset 之后，还需要配置 urls.py，因为是一套接口，所以 django-rest-framework

提供了 router 的组件来帮我们更好地生成 URL。我们在 urls.py 中增加如下代码：

```
from rest_framework.routers import DefaultRouter  # 放到合适位置

from blog.apis import PostViewSet  # 放到合适位置

router = DefaultRouter()
router.register(r'post', PostViewSet, base_name='api-post')

urlpatterns = [
    # 省略其他代码
    url(r'^api/', include(router.urls, namespace="api")),

]
```

这样改造完成后，就有了多个接口。其实根据只输出数据（只读）的需求，我们有了 list 和 detail 的接口。根据我们的定义，也就是：

```
/api/post/
/api/post/<post_id>/
```

如果需要进行 reverse 操作，那么可以通过 reverse('api:post-list')获取到文章列表的接口，通过 reverse('api:post-detail', args=[1])获取对应的文章详情接口。

如果是在运行状态下，可以在 ViewSet 的某个方法中，通过 reverse_action 方法来获取对应的 URL。比如，在 PostViewSet 的某个方法中，我们可以通过 self.reverse_action('list') 来获取对应的列表接口。**不过需要注意的是，如果 URL 中使用了 namespace 配置，这里的 reverse_action 就会有问题，因为目前所用的 django-rest-framework 版本都不支持 namespace 的 reverse。**

所以，如果打算通过 namespace 来区别 post-detail 和 post-list（因为这两个名称是已经定义过的），可以考虑使用另外一种方式，在 router 中调整：router.register(r'post', PostViewSet, base_name='api-post')，把 url(r'^api/', include(router.urls, namespace="api"))中的 namespace="api"去掉，通过 base_name 来区分不同的 URL 名称。

这样就可以使用 self.reverse_action('list')来得到对应列表页的地址，通过 self.reverse_action('detail', args=[<id>])来获取对应文章的详细接口地址。

11.1.2 配置 API docs

在需要提供接口给其他团队（客户端或者前端）的情况下，接口文档是整个项目开发流程中必备的产出之一。编写接口文档是一个相对烦琐且枯燥的工作，并且也需要很细心才行，但大部分情况下需要做的就是把定义好的接口格式抄写到文档中。

另外，对于接口开发来说，一个十分频繁的操作就是测试。我们需要不断测试接口是否可用，结果是否符合预期。因此，需要借助很多外部工具来完成测试，比如说我比较常用的是 postman，它是 Chrome 下的一个插件。

我们回想一下使用 Django 和第三方插件（比如 xadmin）的过程：首先创建项目，定义 Model，配置 admin，然后得到界面。那么，是否可以通过简单配置就能得到文档呢，甚至得到一套接口测试的工具？

答案是：可以。

那就是 django-rest-framework 提供的 docs 工具，这里不需要过多介绍，读者只需要配置好 urls.py，看一下界面就知道如何使用。

配置也很简单，在 urls.py 中增加两行代码：

```
from rest_framework.documentation import include_docs_urls


urlpatterns = [
    # 省略其他代码
    url(r'^api/docs/', include_docs_urls(title='typeidea apis')),
]
```

不过文档的配置依赖另外一个 Python 的包：coreapi。我们需要先行安装它：`pip install coreapi==2.3.3`。

接着运行项目，打开 http://127.0.0.1:8000/api/docs/，就能看到如图 11-1 所示的界面。

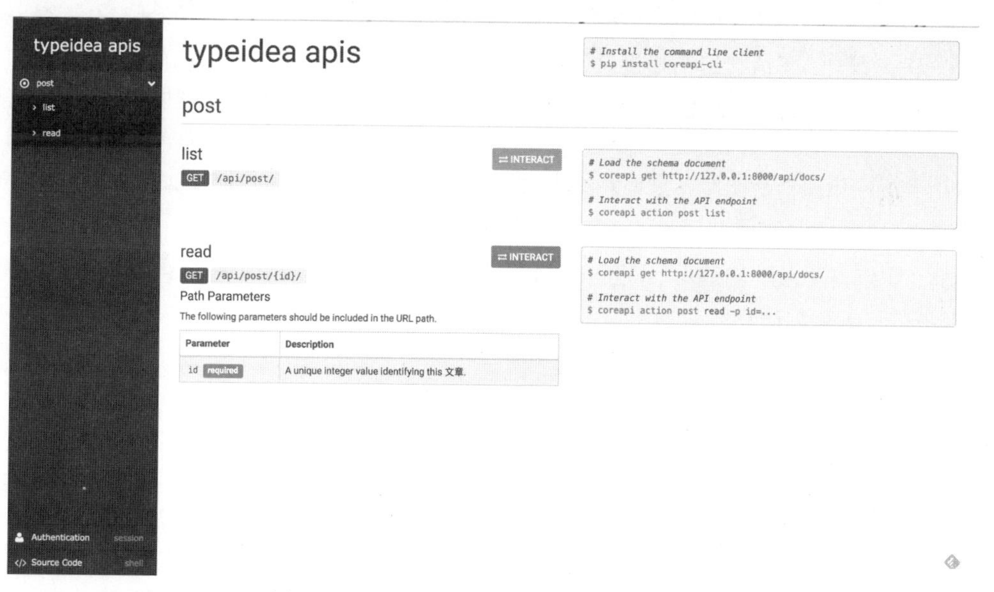

图 11-1 django-rest-framewor 生成文档示例

你可以去增加 `PostViewSet` 的 `docstring`，然后刷新界面。对于编写接口文档来说，这样的方式应该是最高效的。

11.1.3　总结

在这一节中，我们使用 django-rest-framework 快速进行了配置，理解了它的使用方式以及其中一些工具的用法。下一节中，我们来完成我们的需求。

11.1.4　参考资料

- django-rest-framework 官网：http://www.django-rest-framework.org/。
- 提供了 API 能力的 Django 第三方包：https://djangopackages.org/grids/g/api/。

11.2　生成我们的 RESTful 接口

上一节中，我们快速过了一遍开发接口时用到的模块以及它们之间的差别。在这一节中，我们以上一节中新的需求为目标来编写代码。

11.2.1　区分 `list` 和 `detail`

上一节中，我们使用 `ViewSet` 完成 `Post` 接口的配置，其实主要是输出了两个接口：/api/post/ 和 /api/post/<post_id>/。我们只是单纯地输出内容，并未对接口返回的数据格式进行太多关注。

这一节需要做的事情就是调整接口返回数据的格式，这里需要知道的是，文章列表页和文章详情页所需要的字段是不同的。假设我们是给 App 提供接口，App 端的文章列表页可能只需要文章的 `id`、`title`、`owner` 和 `created_time` 这些信息，其中 `id` 用来获取详情接口的数据，其他字段用来展示概要信息。列表页显然不需要返回正文。而详情页接口除了上面的内容外，还需要提供 `content` 字段的输出。

因此，我们需要做的就是为不同的接口定义不同的 `Serializer`。先来定义这些用来序列化的类。

在 serializers.py 中重新编写如下代码：

```
from rest_framework import serializers

from .models import Post


class PostSerializer(serializers.ModelSerializer):
    category = serializers.SlugRelatedField(
        read_only=True,
        slug_field='name'
    )
    tag = serializers.SlugRelatedField(
        many=True,
        read_only=True,
        slug_field='name'
    )
```

```
    owner = serializers.SlugRelatedField(
        read_only=True,
        slug_field='username'
    )
    created_time = serializers.DateTimeField(format="%Y-%m-%d %H:%M:%S")

    class Meta:
        model = Post
        fields = ['id', 'title', 'category', 'tag', 'owner', 'created_time']
```

这是文章列表接口需要的 Serializer，其中需要解释的是 SlugRelatedField 的用法。如果是外键数据，需要通过它来配置，定义外键是否可写，也就是 read_only 参数，以及如果是多对多的话，需要配置 many=True 选项。另外一个参数 slug_field 用来指定要展示的字段是什么。

接着，我们来定义详情接口需要的 Serializer 类：

```
class PostDetailSerializer(PostSerializer):
    class Meta:
        model = Post
        fields = ['id', 'title', 'category', 'tag', 'owner', 'content_html',
            'created_time']
```

这里只需要继承 PostSerializer，然后在 fields 中增加 content_html 即可。

那么，如何来分别设置列表接口和详情接口使用的 Serializer 呢？在 ViewSet 中，我们只提供了一个 serializer_class 的配置，所有数据都会通过这个配置进行序列化。其方法就是重写获取详情数据的接口，然后指定 serializer_class。

修改 apis.py 中的代码：

```
from .serializers import PostSerializer, PostDetailSerializer


class PostViewSet(viewsets.ReadOnlyModelViewSet):
    # 省略其他代码
    def retrieve(self, request, *args, **kwargs):
        self.serializer_class = PostDetailSerializer
        return super().retrieve(request, *args, **kwargs)
```

这里我们在 retrieve 方法中重新设置了 serializer_class 的值，这样就达到了不同接口使用不同 Serializer 的目的。

11.2.2 实现分页

上面的文章列表只是简单粗暴地把所有数据都返回了，并未进行分页。如果是少量数据还好，但是如果数据量过大，不分页就返回所有数据，那么无论是对客户端还是服务端来说，都会带来很大的性能损耗，并且从数据使用率上来说也很低效。

配置现有的分页非常简单。有几个地方可以配置分页，其一是在 settings 中增加如下配置：

```
REST_FRAMEWORK = {
    'DEFAULT_PAGINATION_CLASS': 'rest_framework.pagination.LimitOffsetPagination',
    'PAGE_SIZE': 2,
}
```

这里配置默认的分页为 `LimitOffsetPagination`。当然，还有其他选项，如：

- `rest_framework.pagination.PageNumberPagination`
- `rest_framework.pagination.CursorPagination`

我们常用的其实是 `PageNumberPagination` 这种方式，即当前是第几页，每页有多少数据。

`LimitOffsetPagination` 方式是基于偏移量和 `Limit` 的分页，即当前位置是第几条，还需获取几条。

另外，还有一种 Cursor 方式，它跟前两种不同，前两种都需要传递页码和页数，Cursor 方式是帮你做好分页，但是用户需要根据返回的下一页 URL 来获取下一页数据，不能自己输入分页参数。这种方式可以防止用户填写任意的页码和每页数据量来获取数据。不过需要注意的是，Cursor 分页方式默认会以 `created` 字段来排序，如果你的表中没有该字段，可以通过继承 `CursorPagination` 自定义 `ordering` 属性为 `id` 或者其他的字段。

在实际开发中，我们可以根据需求选择合适的分页方式。

11.2.3 实现 Category 接口

上面完成了文章的两个接口，接着来编写分类接口，其逻辑跟上面一样。这里我们先在 serializers.py 中增加如下代码：

```
from .models import Post, Category


class CategorySerializer(serializers.ModelSerializer):
    class Meta:
        model = Category
        fields = (
            'id', 'name', 'created_time',
        )
```

然后在 apis.py 中新增如下代码：

```
from .models import Post, Category
from .serializers import (
    PostSerializer, PostDetailSerializer,
    CategorySerializer,
)


class CategoryViewSet(viewsets.ReadOnlyModelViewSet):
    serializer_class = CategorySerializer
    queryset = Category.objects.filter(status=Category.STATUS_NORMAL)
```

最后，在 urls.py 中新增如下代码：

```
from blog.apis import PostViewSet, CategoryViewSet

router.register(r'category', CategoryViewSet, base_name='api-category')
```

整个代码跟之前没什么差别。配置好之后，我们就得到了分类的列表接口和详情接口。

但此时会有另外一个问题：如果需要获取某个分类下的文章列表，应该怎么做？

根据之前返回页面的逻辑，我们可以在 `PostViewSet` 中通过获取 URL 上 `Query` 中的 `category` 参数，重写类似 `get_queryset` 的方法来实现过滤，这个方法在 django-rest-framework 中叫作 `filter_queryset`。

此时修改 apis.py 中的 `PostViewSet`：

```
class PostViewSet(viewsets.ReadOnlyModelViewSet):
    """ 提供文章接口 """
    serializer_class = PostSerializer
    queryset = Post.objects.filter(status=Post.STATUS_NORMAL)

    def retrieve(self, request, *args, **kwargs):
        self.serializer_class = PostDetailSerializer
        return super().retrieve(request, *args, **kwargs)

    def filter_queryset(self, queryset):
        category_id = self.request.query_params.get('category')
        if category_id:
            queryset = queryset.filter(category_id=category_id)
        return queryset
```

这个逻辑跟之前展示某个分类下的文章列表页没有差别。不过我们还可以使用另外一种方式，以资源的角度来看。首先我们获取到的是分类的资源，接着需要获取属于这个分类下的所有文章资源，也就是分类详情的数据。从这个角度来看，需要怎么实现呢？

还是需要先定义详情页需要的 `Serializer`。在 serializers.py 中新增如下代码：

```
from rest_framework import serializers, pagination


# 省略其他代码

class CategoryDetailSerializer(CategorySerializer):
    posts = serializers.SerializerMethodField('paginated_posts')

    def paginated_posts(self, obj):
        posts = obj.post_set.filter(status=Post.STATUS_NORMAL)
        paginator = pagination.PageNumberPagination()
        page = paginator.paginate_queryset(posts, self.context['request'])
        serializer = PostSerializer(page, many=True, context={'request':
            self.context['request']})
        return {
            'count': posts.count(),
```

```
            'results': serializer.data,
            'previous': paginator.get_previous_link(),
            'next': paginator.get_next_link(),
        }

    class Meta:
        model = Category
        fields = (
            'id', 'name', 'created_time', 'posts'
        )
```

这里有一个新的模块需要学习——SerializerMethodField，它的作用是帮我们把 posts 字段获取的内容映射到 paginated_posts 方法上，也就是在最终返回的数据中，posts 对应的数据需要通过 paginated_posts 来获取。

在 paginated_posts 中，我们实现了对某个分类下文章列表的获取和分页，并且最终返回分页信息。

然后，我们在 apis.py 中修改 CategoryViewSet：

```
from .serializers import (
    PostSerializer, PostDetailSerializer,
    CategorySerializer, CategoryDetailSerializer
)


class CategoryViewSet(viewsets.ReadOnlyModelViewSet):
    serializer_class = CategorySerializer
    queryset = Category.objects.filter(status=Category.STATUS_NORMAL)

    def retrieve(self, request, *args, **kwargs):
        self.serializer_class = CategoryDetailSerializer
        return super().retrieve(request, *args, **kwargs)
```

这样修改完成之后，再次访问某个分类的详情接口，就能看到该分类下对应的文章列表了。

这两种方式在实际中都可以使用，但是各有优缺点。

第一种方式的优点是编码简单，缺点是文章资源的获取与其所属分类数据的获取是割裂的。第二种方式的优点是从数据获取的角度来看更合理，但是需要自己来做分页逻辑，并且对于客户端获取到数据之后的处理也会有些麻烦，因为数据嵌套比较多。

11.2.4　HyperlinkedModelSerializer 的使用

完成了上面的代码编写后，也就得到了文章和分类的列表接口和详情接口。此时如果需要对接客户端，已经没问题了，不过我们可以进一步提升接口返回数据的友好性。什么叫友好性呢？想象一下客户端数据展示的逻辑是：用户进入首页，此时展示文章列表，然后用户点击某篇文章，进入详情页。

在这个过程中，客户端会怎么处理呢？

它会先请求文章列表接口/api/post/，拿到列表数据：

```
{
    count: 4,
    next: "http://127.0.0.1:8000/api/post/?format=json&limit=2&offset=2",
    previous: null,
    results: [
    {
        id: 4,
        title: "一起来学 Django",
        category: "Django",
        tag: [
            "Django"
        ],
        owner: "the5fire",
        created_time: "2018-04-20 19:26:58"
    },
    {
        id: 3,
        title: "开始学习 Django 实战",
        category: "Django",
        tag: [
            "Django"
        ],
        owner: "the5fire",
        created_time: "2018-04-11 10:59:47"
    }
    ]
}
```

接着用户点击之后，客户端通过当前用户点击的 id，然后拼接出 URL：/api/post/<id>/，接着请求拿到数据，这个逻辑需要在客户端实现。我们可以像上面返回数据中的 next 一样，返回接口地址而不是 id，让客户端不需要拼接，直接从数据中拿到接口地址，进而请求就能拿到详情页所需的数据。

相对于返回资源的主键（id），这种方式是通过资源地址来标识资源的。使用这种方式就像是我们在浏览器中不断通过超链接在各个资源之间跳转一样。

那么，怎么实现呢？可以使用 django-rest-framework 提供的 HyperlinkedModelSerializer 来实现。只需要把我们继承的 serializers.ModelSerializer 改为 serializers.HyperlinkedModelSerializer，然后在 Meta 的 fields 配置中新增一个 url 字段即可。

不过，为了避免 URL 的 name 冲突，我们对所有的接口都设定了 base_name，因此我们需要做额外的工作来展示 URL。在实际中，你可以考虑使用哪种方式来配置 URL 的 name。具体有以下两种方式。

第一种是通过使用 HyperlinkedIdentityField 来定义要使用的 view_name：

```
class PostSerializer(serializers.HyperlinkedModelSerializer):
    # 省略其他字段配置
    url = serializers.HyperlinkedIdentityField(view_name='api-post-detail')

    class Meta:
        model = Post
        fields = ['url', 'id', 'title', 'category', 'tag', 'owner', 'created_time']
```

使用这种方式可以不继承 `serializers.HyperlinkedModelSerializer`，直接用原来的 `ModelSerializer` 也没有问题。

另外一种方式是通过在 `Meta` 中定义 `extra_kwargs` 属性：

```
class PostSerializer(serializers.HyperlinkedModelSerializer):
    # 省略字段配置

    class Meta:
        model = Post
        fields = ['url', 'id', 'title', 'category', 'tag', 'owner', 'created_time']
        extra_kwargs = {
            'url': {'view_name': 'api-post-detai'}
        }
```

通过这种方式，我们也可以指定 `view_name`（也就是最终用来做 `reverse` 的名称）来得到对应的 URL。

我个人觉得通过 URL 来标记资源相对于通过 `id` 标记更为合理。读者不妨自行对比一下。

11.2.5 其他数据接口的实现

有了上面文章和分类接口的实现，其他实现需要读者自行完成，如果遇到问题，可以在 https://github.com/the5fire/django-practice-book 中提交 issue，或者给我发邮件。

整体流程是一样的，并且大部分代码也是相同的，只需要修改对应的 Model 和 `fields`。建议读者一定要自己完成剩下的工作。

11.2.6 总结

对于一个成熟的框架，用它来覆盖我们的需求是一件非常容易的事，我们不需要写很多代码就能完成工作。但同时，它的限制也就越多，比如上面的定制逻辑。

另外，编写完这样一套代码，读者应该对 django-rest-framework 有了更多的认识。我们不妨对比一下它跟 Django 内置模块的差别，看看是不是有相似的地方。

11.2.7 参考资料

- django-rest-framework 官方入门教程：http://www.django-rest-framework.org/tutorial/quickstart/。
- reverse_action 的用法：http://www.django-rest-framework.org/api-guide/viewsets/#reversing-action-urls。

11.3 本章总结

代码编写下来，你可能会有些感觉了，什么感觉呢？我们称之为“Django-Style”。

在我看来，django-rest-framework 是用起来最有 Django 感觉的一个第三方插件。为什么这么说呢？因为其中很多东西跟 Django 是类似的。比如说，在 View 中我们需要重写获取数据源的方法，此时重写 `get_queryset` 就行了，在 django-rest-framework 中也一样，不过它提供了一个更合理的接口 `filter_queryset` 供我们使用。

另外一个方面就是整体的数据处理流程，因为我们并未做数据写入的处理，可能读者没有那么多感觉。这里还是建议读者尝试完成一篇文章写入的接口，然后体会一下 `Serializer` 和 Form 的差别。

最后，我们以图 11-2 来总结 API 和页面的数据请求的差异。这可能是很多初学者会有疑惑的地方。因为很多人觉得写 API 是一种流行的方式，一定要学习如何写 API。但是，无论是通过接口输出内容还是通过页面渲染内容，都是输出的一种。无论是通过提交表单（form）的方式还是通过 Ajax 的方式提交数据到系统中，都是一样的，唯一的差别就是格式不同。

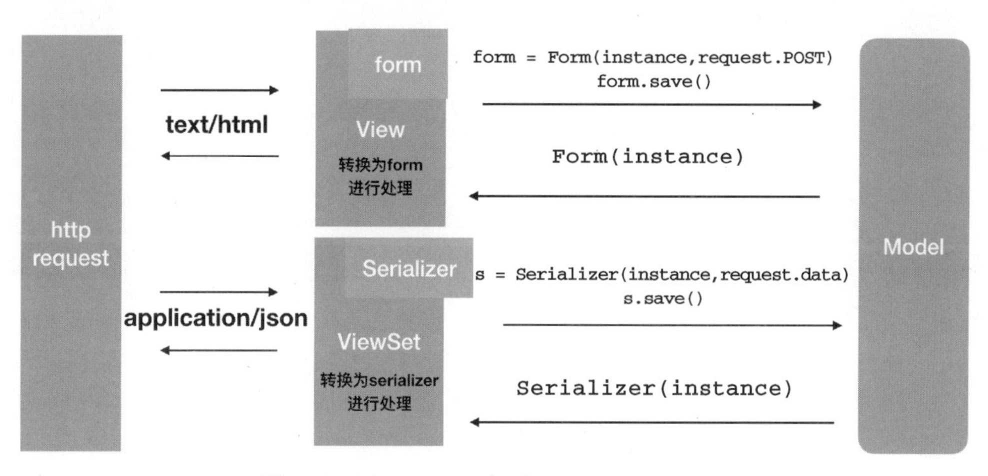

图 11-2 Django Form 与 django-rest-framework

第四部分

上线前的准备及线上问题排查

从这一部分开始，我们准备上线。上线之前，需要对自己开发的系统有一个全面的了解，需要认真审查每一个页面加载需要的耗时，以及通过一些工具来帮忙我们发现系统的问题，比如通过 django-debug-toolbar 来查看页面加载时间和性能缺陷所在。

当然，还有其他方便好用的工具。另外，最重要的也是大家都关心的一点是，上线后的系统能够承载多少压力（访问量），这一部分也会介绍。

第 12 章

调试和优化

12

调试和优化无处不在，这并不是说一定要在某个阶段才需要做。有句话说得好：代码不是写出来的，而是调试出来的。这句话很有道理。

首先来说调试和优化的目的。调试是用来确认代码的执行逻辑是否符合预期，或者是为了解决遇到的某个 bug，抑或是为了优化程序执行时间而进行不断尝试的手段；而优化的目的除了减少程序执行时间外，还有一点很重要，那就是优化项目结构，无论是源码工程结构还是部署结构，其目的都是使其易于维护和扩展。

在一开始实现需求时，就开始了调试代码的旅程，只是刚开始时需求和项目结构变化的频率比较高，我们将更多的时间放在开发上。当项目雏形基本定下来之后，调试的工作慢慢就变得多了起来。这并不仅仅是针对新手而言，对于有经验的程序员来说，对于同一个需求，他们往往能够想到多种实现方式，因此需要不断地调试和优化以找到最佳的一种方式。

这并不是说在开发过程中进行了调试和优化，最终上线前就不需要了。还是那句话：调试和优化无处不在。同样的代码在简单的情况下和复杂的情况下所表现出来的效果可能完全不同，在不同的机器上效果也完全不同。正式环境的部署和数据访问请求跟测试环境以及开发环境是完全不同的，因此不能预期测试环境下没有性能问题的代码到线上也没问题。

本章中，我们将了解开发中常见的几种调试和优化方法。

12.1　常用的调试和调优手段

我们在前面编写代码的过程中，其实也不断地在调试和优化代码，无论是优化 `QuerySet` 的获取性能还是进行由函数到类的抽象，均是如此。在这一节中，我们将专门讲解 Python 开发中常用的调试方法有哪些。

12.1.1　调试手段

一般情况下，有这么几种调试方法：`print`、`logging` 和 `pdb`，下面分别介绍一下。

1. print “大法”

这是最简单、最直观的方法，新手上来就会用。通过 print，可以打印出程序某个位置的变量，然后校验它是否是我们预期的值。

拿 2.2 节编写的那个 socket_server.py 为例，现在遇到一个问题，浏览器请求始终拿不到预期的展示效果。这时需要做的就是打印出要发送给浏览器的响应，来确认代码在执行时是否跟我们的预期一致。我们摘其中一段代码：

```
def handle_connection(conn, addr):
    request = ""
    while EOL1 not in request and EOL2 not in request:
        request += conn.recv(1024)
    print(request)
    print(response)
    conn.send(response)
    conn.close()
```

这就是简单的 print 方法。其实我们在一开始的时候也用过，想必读者也都用过，这里不再多说。需要补充的是，如果需要打印 JSON 或者 dict 格式的数据，可以使用 pprint 模块中的 pprint 函数：

```
import json
from pprint import pprint


data = '''
{"count":4,"next":"http://127.0.0.1:8000/api/post/?format=json&limit=2&offset=2",
    "previous":null,"results":[{"url":"http://127.0.0.1:8000/api/post/4/?format=
    json","id":4,"title":"一起来学 Django","category":"http://127.0.0.1:8000/api/
    category/1/?format=json","tag":["Django"],"owner":"the5fire","created_time":
    "2018-04-20 19:26:58"},{"url":"http://127.0.0.1:8000/api/post/3/?format=json",
    "id":3,"title":"开始学习 Django 实战","category":"http://127.0.0.1:8000/api/
    category/1/?format=json", "tag":["Django"],"owner":"the5fire","created_time":
    "2018-04-11 10:59:47"}]}
'''
pprint(json.loads(data))
```

此时可以得到如下结果：

```
{'count': 4,
 'next': 'http://127.0.0.1:8000/api/post/?format=json&limit=2&offset=2',
 'previous': None,
 'results': [{'category': 'http://127.0.0.1:8000/api/category/1/?format=json',
              'created_time': '2018-04-20 19:26:58',
              'id': 4,
              'owner': 'the5fire',
              'tag': ['Django'],
              'title': '一起来学 Django',
              'url': 'http://127.0.0.1:8000/api/post/4/?format=json'},
             {'category': 'http://127.0.0.1:8000/api/category/1/?format=json',
              'created_time': '2018-04-11 10:59:47',
              'id': 3,
```

```
            'owner': 'the5fire',
            'tag': ['Django'],
            'title': '开始学习 Django 实战',
            'url': 'http://127.0.0.1:8000/api/post/3/?format=json'}]}
```

2. logging 模块

print 方法的问题在于只能用于开发阶段，上线之后代码里应该不允许存在 print 的调试代码。因此，如果我们想要在线上收集一些数据的话，可以使用 logging 模块。

从使用上来说，logging 的用法跟 print 一样，唯一的差别就是，logging 可以选择输出到文件中还是输出到控制台上。另外，最重要的是，logging 可以始终保留在代码中，通过调整 log 的级别来决定是否打印到文件或者控制台上甚至是 Sentry（异常收集系统）上。

在 Python 程序中，可以通过下面的方式使用 logging 模块，这里是简单配置：

```
import logging
FORMAT = '%(asctime)-15s %(clientip)s %(user)-8s %(message)s'
logging.basicConfig(format=FORMAT)
d = {'clientip': '127.0.0.1', 'user': 'the5fire'}
logger = logging.getLogger(__name__)

logger.info('this is %s level', 'info', extra=d)
```

上面只是简单输出了格式化的字符串。我们可以设置得更加复杂，但是其结果跟上面类似，只是配置不同。比如下面：

```
import logging
from logging.config import dictConfig

logging_config = {
    'version': 1,
    'formatters': {
        'default': {
            'format': '%(asctime)s %(name)-12s %(levelname)-8s %(message)s'
        },
        'simple': {
            'format': '%(asctime)s %(levelname)-8s %(message)s'
        }
    },
    'handlers': {
        'console': {
            'class': 'logging.StreamHandler',
            'formatter': 'default',
            'level': logging.DEBUG
        },
        'simple_console': {
            'class': 'logging.StreamHandler',
            'formatter': 'simple',
            'level': logging.WARNING
        }
    },
    'loggers': {
```

```
        '': {
            'handlers': ['console'],
            'level': logging.DEBUG,
        },
        'simple': {
            'handlers': ['simple_console'],
            'level': logging.ERROR,
            'propagate': False,
        }
    },
}

dictConfig(logging_config)
logger = logging.getLogger(__name__)
logger.debug('这是 debug 级别的 log:%s', 'debug')
logger.error('这是 error 级别的 log:%s', 'error')

simple_logger = logging.getLogger('simple')
simple_logger.debug('这是 debug 级别的 log')
simple_logger.error('这是 error 级别的 log')
```

这个配置在我们的项目中比较常用，看起来比较复杂，但条理还是很清晰的。其复杂的地方主要在于 `logging_config` 的配置，下面我们来了解一下。

首先在最外层，我们定义了 `version`、`formatters`、`handlers` 和 `loggers` 这 4 个 key，它们的作用分别如下。

- **version**：固定值 1。
- **formatters**：格式化设置输出内容。
- **handlers**：处理要打印的日志内容，这里可以设定是输出到文件还是输出到 stream（也就是控制台上），以及使用哪种 `formatter`。
- **loggers**：定义不同 logger 的名称、对应级别以及有哪些 handler。需要注意的是，第一个 key 为`''`的 logger 是默认的 logger。

了解了最外层的配置，里面的内容理解起来就很简单了，无外乎是配置对应的格式，或者是级别，或者是 handler。

读者可以自行执行上面的代码，看看结果。需要提醒的是，如果在正式环境中有多个 logger 的配置，需要注意参数 `propagate`，其默认值是 `True`，其意思是这个 logger 输出内容之后，还会把 log 向上传播，也就是传播到默认的 logger 中。

除了使用上面定义 dict 的方式配置 log 外，Python 还可以通过外部文件来配置 log，具体配置读者可以参考官网文档。因为内容大同小异，这里不再展示。

3. pdb “大法”

这是我个人比较常用的调试方法。前面的 `print` 和 `logging` 模块都是输出固定的数据，需要先确定要输出哪些变量，然后再编写代码，并且无法让你持续跟踪程序的执行流程和你要观察的变量的变化状态。

而 pdb 可以跟踪程序的执行流程，观察其中的问题所在。

pdb 提供了 REPL（Read–Eval–Print Loop，交互式执行环境），我们可以在代码中引入 import pdb;pdb.set_trace()来让程序执行到这一行后进入 pdb 交互模式，进而可以像在 Python shell 中执行命令那样，获取到上下文中所有变量的值或者更改变量的值。

当然，对应着 pdb 还有两个类似的工具——bpdb 和 ipdb，它们大同小异，只是交互上更加友好。下面我们通过代码来体验一下 pdb，但是因为文字还是静态呈现的，所以读者朋友最好自己写代码体验一下。

最简单的方法就是通过 pdb 模块来执行 .py 文件，如 python -m pdb hello.py，此时就会立马进入 pdb 模式。下面我们以一个所见即见得的 hello worlds 程序为例来介绍：

```
# hello.py
def hello(words):
    print('hello', words)


hello('world')
```

执行命令 python -m pdb hello.py，进入如下模式，这里贴出来的是常见的执行过程：

```
[@the5fire /tmp]# python3.6 -m pdb hello.py
> /tmp/hello.py(1)<module>()
-> def hello(words):
(Pdb) n
> /tmp/hello.py(5)<module>()
-> hello('world')
(Pdb) s
--Call--
> /tmp/hello.py(1)hello()
-> def hello(words):
(Pdb) n
> /tmp/hello.py(2)hello()
-> print('hello', words)
(Pdb) words
'world'
(Pdb) n
hello world
--Return--
> /tmp/hello.py(2)hello()->None
```

另外一种方式是前面提到的在某个位置下断点：import pdb;pdb.set_trace()，程序执行到此处就会停止下来。这里我们用另外一个例子来说明，即第 2 章写过的 socket 编程的例子：

```
# test_pdb.py
import socket


EOL1 = b'\n\n'
```

```
EOL2 = b'\n\r\n'


def handle_connection(conn, addr):
    request = b""
    while EOL1 not in request and EOL2 not in request:
        request += conn.recv(1024)
    conn.send(b'hello')
    conn.close()


def main():
    serversocket = socket.socket(socket.AF_INET, socket.SOCK_STREAM)
    serversocket.setsockopt(socket.SOL_SOCKET, socket.SO_REUSEADDR, 1)
    serversocket.bind(('127.0.0.1', 8000))
    serversocket.listen(5)
    print('http://127.0.0.1:8000')

    try:
        while True:
            conn, address = serversocket.accept()
            import pdb;pdb.set_trace()
            handle_connection(conn, address)
    finally:
        serversocket.close()


if __name__ == '__main__':
    main()
```

编写好代码后，运行程序：

```
[@the5fire /tmp]# python3.6 test_pdb.py
http://127.0.0.1:8000
```

通过浏览器访问 http://127.0.0.1:8000，我们会在运行的终端上看到类似下面的输出，这意味着程序运行到我们使用 pdb 的地方停了下来，进入交互模式：

```
> /tmp/test_pdb.py(27)main()
-> handle_connection(conn, address)
(Pdb) s
--Call--
> /tmp/test_pdb.py(8)handle_connection()
-> def handle_connection(conn, addr):
(Pdb) n
> /tmp/test_pdb.py(9)handle_connection()
-> request = b""
(Pdb) n
> /tmp/test_pdb.py(10)handle_connection()
-> while EOL1 not in request and EOL2 not in request:
(Pdb) n
> /tmp/test_pdb.py(11)handle_connection()
-> request += conn.recv(1024)
(Pdb) n
```

```
> /tmp/test_pdb.py(10)handle_connection()
-> while EOL1 not in request and EOL2 not in request:
(Pdb) request
b'GET / HTTP/1.1\r\nUser-Agent: Wget/1.14 (linux-gnu)\r\nAccept: */*\r\nHost:
    127.0.0.1:8000\r\nConnection: Keep-Alive\r\n\r\n'
(Pdb) l
  5     EOL2 = b'\n\r\n'
  6
  7
  8     def handle_connection(conn, addr):
  9         request = b""
 10  ->         while EOL1 not in request and EOL2 not in request:
 11             request += conn.recv(1024)
 12         conn.send(b'hello')
 13         conn.close()
 14
 15
(Pdb)
```

在 pdb 模式下，我们用到了 s 和 n 这两个指令。具体有哪些指令，可以通过在 pdb 模式下输入 h 查看。此外，可以通过 h <指令名> 查看对应指令的意思，比如 h c。完整指令如下：

```
(Pdb) h

Documented commands (type help <topic>):
========================================
EOF    c          d        h         list      q        rv       undisplay
a      cl         debug    help      ll        quit     s        unt
alias  clear      disable  ignore    longlist  r        source   until
args   commands   display  interact  n         restart  step     up
b      condition  down     j         next      return   tbreak   w
break  cont       enable   jump      p         retval   u        whatis
bt     continue   exit     l         pp        run      unalias  where

Miscellaneous help topics:
==========================
exec  pdb

(Pdb) h c
c(ont(inue))
Continue execution, only stop when a breakpoint is encountered.
```

我常用的指令有这么几个。

- **n**：表示 next，执行当前语句，指向下一行语句。（在上面的示例中，箭头指向的就是即将被执行的代码。）
- **s**：表示 step in，用来跳入某个执行函数中。比如，当执行到 hello('world')时，通过 s，可以进入 hello 函数中。
- **c**：表示 continue，恢复执行状态。
- **l**：表示 list，用于列出当前要执行语句的上下代码。l 的执行会记录状态，每次输入 l，都会接着上面的那行代码展示。

- `ll`：表示 long list，展示当前函数的所有代码，每次的执行结果都一样。
- `r`：表示 return，当你觉得跳入了一个太长的函数时，通过此指令可以直接执行到返回结果的部分。
- `q`：表示 quit，退出 pdb，退出程序。

关于其他的指令，我建议读者阅读文档或者自行尝试使用命令 h <指令> 查看。需要提醒读者的是，print 的用法虽然简单，但是调试效率比较低，需要不断地去修改 print 内容，然后检查结果。pdb 刚开始用时会觉得比较烦琐，但是习惯了之后能大大提高调试效率，并且这种调试方法不局限于 Python 语言。

12.1.2 调优手段

上面是调试的方法，这里介绍调优的方法。顾名思义，调优就是通过不断调试代码，修改执行逻辑来优化代码的执行时间。

1. 纯手工的 timer

跟上面的 print 一样，这也是最为直白的探测程序执行时间的方法。在要执行函数或代码的前后增加 start = time.time() 和 print(time.time() - start)，就可以获得函数或代码的执行时间，从而观测程序的执行时间是否过长，从而进行优化。比如这样调试：

```
# test_timer1.py
import time

import requests


start = time.time()
requests.get('http://www.sohu.com')
print('cost {}s'.format(time.time() - start))
```

当然，这样做比较笨拙，需要在每个函数前后都加上获取时间的语句。我们可以进一步优化，构建一个装饰器来完成函数执行时间的获取和输出：

```
import time

import requests


def time_it(func):
    def wrapper(*args, **kwargs):
        start = time.time()
        result = func(*args, **kwargs)
        print(func.__name__, 'cost', time.time() - start)
        return result
    return wrapper
```

12

```
@time_it
def fetch_page():
    requests.get('http://www.sohu.com')


fetch_page()
```

2. profile/cProfile

上面的方式比较简单，能获取函数的执行时间，但无法获取这个函数执行的细节，比如是网络接口调用次数过多导致的执行缓慢，还是有冗余的数据处理操作导致执行了太多无效代码。

Python 提供了性能检测工具，可以用来探测函数的执行时间和执行次数。下面我们通过一个例子来看它的用法。其中定义了函数 `loop`，我们可以通过 profile 来测量该函数的执行细节：

```
import cProfile


def loop(count):
    result = []
    for i in range(count):
        result.append(i)

cProfile.run('loop(10000)')
```

此时会得到如下结果：

```
[@the5fire tmp]# python t_p.py
         10004 function calls in 0.004 seconds

   Ordered by: standard name

   ncalls  tottime  percall  cumtime  percall filename:lineno(function)
        1    0.000    0.000    0.004    0.004 <string>:1(<module>)
        1    0.003    0.003    0.004    0.004 t_p.py:4(loop)
        1    0.000    0.000    0.004    0.004 {built-in method builtins.exec}
    10000    0.001    0.000    0.001    0.000 {method 'append' of 'list' objects}
        1    0.000    0.000    0.000    0.000 {method 'disable' of '_lsprof.
                                               Profiler' objects}
```

这里解释一下上面的输出。第一行输出函数总共被调用的次数（10 004 次）以及耗费时间；第二行指明当前排序的依据，其中 `standard name` 是指根据名称排序，也就是下面的 `filename:lineno` 那一列的内容。`cProfile.run('loop(10000)')` 相当于 `cProfile.run('loop(10000)', sort=-1)`，其中 `sort` 的默认值为 -1，我们可以选择 -1、0、1、2 来指定不同的排序。

紧挨着，是（类似）表格的部分内容，其中各项的含义如下。

- **`ncalls`**：执行次数。
- **`tottime`**：总执行时间（排除子函数的执行时间）。
- **`percall`**：平均每次执行时间（`tottime/ncalls`）。
- **`cumtime`**：累计执行时间（包含子函数的执行时间）。

- ❑ **percall**：平均每次执行时间（cumtime/ncalls，递归调用只记一次）。
- ❑ **filename:lineno(funcion)**：具体执行内容说明，比如上面的 t_p.py:4(loop)是指 t_py.py 文件第 4 行的 loop 函数。

更多的细节内容，你可以从 12.1.4 节的参考链接中获取。

此外，还可以通过另外的方式来捕获执行细节。相对于上面的方式，接下来的方式更适合用到代码中。编写 t_p_stats.py 文件：

```
import cProfile
import pstats
from io import StringIO


pr = cProfile.Profile()


def loop(count):
    result = []
    for i in range(count):
        result.append(i)


pr.enable()
loop(100000)
pr.disable()
s = StringIO()
# sortby = 'cumulative'
sortby = 'tottime'
ps = pstats.Stats(pr, stream=s).sort_stats(sortby)
ps.print_stats()
print(s.getvalue())
```

这里使用 pstats 来对 profile 的结果进行统计分析。执行代码后，得到如下结果：

```
[@the5fire tmp]# python t_p_stats.py
         100002 function calls in 0.028 seconds

   Ordered by: internal time

   ncalls  tottime  percall  cumtime  percall filename:lineno(function)
        1    0.020    0.020    0.028    0.028 t_p_stats.py:9(loop)
   100000    0.008    0.000    0.008    0.000 {method 'append' of 'list' objects}
        1    0.000    0.000    0.000    0.000 {method 'disable' of '_lsprof.
                                                Profiler' objects}
```

对比上面这两种方式，读者可能已经发现，这两种方式都是对 cProfile 的应用。第二种方式可以改编为 timer 函数那样的装饰器，这样使用起来会更加方便。我建议读者自行尝试改编一下代码，看看效果如何。

12

12.1.3 总结

调试和优化是开发过程中必须要经过的阶段，开发者需要在写代码的同时不断地考虑代码的执行效率。我写的这一节内容比较简单，关于调试和性能优化的内容远不止如此，在实际环境中我们除了需要考虑程序因素外，还需要对系统和其他组件（如 MySQL、Redis 和 Nginx 等）进行优化。不过碍于本书主题，这部分内容暂时介绍到此，下面我们结合 Django 的插件来做一些 Django 项目上的尝试。

12.1.4 参考资料

- Django log 配置：https://docs.djangoproject.com/en/1.11/topics/logging/#topic-logging-parts-loggers。
- Python 文档中的 logging 配置：https://docs.python.org/3/library/logging.config.html#logging-config-dictschema。
- pdb 的用法：https://docs.python.org/3/library/pdb.html。
- profile 使用手册：https://docs.python.org/3/library/profile.html#instant-user-s-manual。
- <string>:1(<module>)说明：https://stackoverflow.com/questions/5964126/pythons-profile-module-string1。

12.2 使用 django-debug-toolbar 优化系统

django-debug-toolbar 是 Django 中一个非常有名的第三方插件，专门用来做性能排查。本节中，我们就使用它并基于它的第三方插件来了解如何优化 Django 项目。

12.2.1 快速配置

第一步还是安装，命令为 `pip install django-debug-toolbar==1.9.1`，安装成功后进行下面的配置。

在 settings/develop.py 中新增如下代码：

```
INSTALLED_APPS += [
    'debug_toolbar',
]

MIDDLEWARE += [
    'debug_toolbar.middleware.DebugToolbarMiddleware',
]

INTERNAL_IPS = ['127.0.0.1']
```

之所以在 develop.py 而不是 base.py 中增加，其原因是该工具只能在开发和测试阶段使用，并且 django-debug-toolbar 只有在 `DEBUG` 为 `True` 时才会生效。

然后配置 urls.py，在文件最后新增如下代码：

```
if settings.DEBUG:
    import debug_toolbar
    urlpatterns = [
        url(r'^__debug__/', include(debug_toolbar.urls)),
    ] + urlpatterns
```

其意思是只有在 `DEBUG` 模式下才加载 `debug_toolbar` 这个模块，并且配置对应的 URL 地址。接下来，通过 `./manage.py runserver` 启动项目，然后通过浏览器访问页面，此时页面右侧会出现 django-debug-toolbar 的侧边栏，如图 12-1 所示。

图 12-1 django-debug-toolbar 使用示例

12.2.2 解读数据

配置好 django-debug-toolbar 之后，打开博客首页，可以看到侧边栏有很多数据。下面详细介绍其主要内容。

首先是 Versions，如图 12-2 所示。

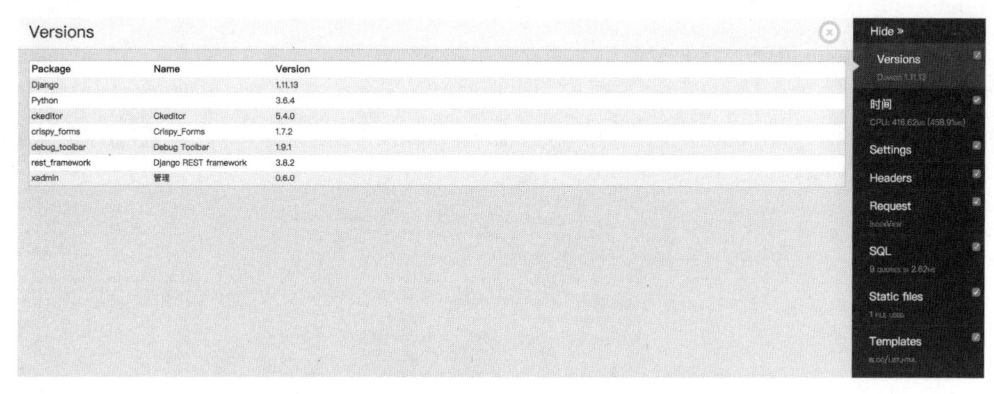

Package	Name	Version
Django		1.11.13
Python		3.6.4
ckeditor	Ckeditor	5.4.0
crispy_forms	Crispy_Forms	1.7.2
debug_toolbar	Debug Toolbar	1.9.1
rest_framework	Django REST framework	3.8.2
xadmin	管理	0.6.0

图 12-2 通过 django-debug-toolbar 查看版本

图 12-2 基本不用解释，它展示了项目用到的第三方库及其对应版本。

第二个是“时间”，如图 12-3 所示。

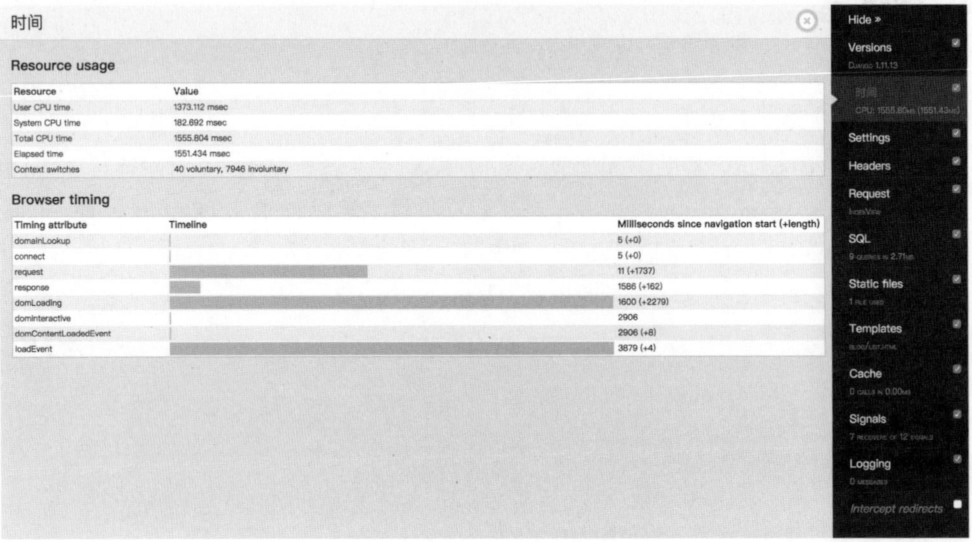

图 12-3　查看 CPU 执行时间

如果你仔细看了右侧的 CPU 执行时间的话，应该能意识到当前看到的网页比平常的都要慢。“时间”这个版块里面有两个统计，一个是服务器端执行耗时，也就是展示的 CPU 耗时，另外一个是浏览器端的请求响应耗时统计。

CPU 耗时将近 2s，显然是比较慢的。另外，Browser timing 里清晰地展示了每个阶段的请求时长。（注意：这里使用了浏览器内置接口统计的数据，如果有统计浏览器端耗时的需求，可以使用 timing.js 这个库。）

在 Browser timing 里面，我们只需要关注耗时最长的阶段即可。图 12-3 展示，domLoading 耗时最长，这意味着页面比较大，浏览器需要花费很多时间才能加载完成。出现这个情况的原因在于我们之前批量创建了 10 000 多个分类来测试 autocomplete light。这一点在浏览器的 network 请求里也能看得到，如图 12-4 所示。

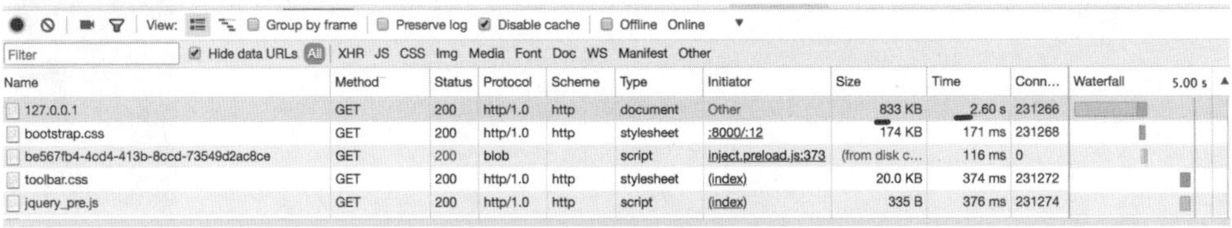

图 12-4　查看 network 请求

从图 12-4 中能直观地看到页面大小以及请求耗时，页面过大也会造成网络耗时增加。同时因为服务器端要渲染这个页面，也会增加服务器端耗时，也就是上面的 CPU 耗时。

然后来看 SQL 这一部分，如图 12-5 所示。

图 12-5　查看 SQL 执行情况

这一部分表示当前页面请求时执行了哪些 SQL 语句，也就是查询数据库的部分。

从图 12-5 中可以看到，虽然整体耗时是 4.87 ms，但后面提示 21 queries including 13 duplicates。这意味着什么？其实再往下看也能发现，在 21 个数据库请求中，有 13 次是重复的。要知道，我们目前只是读取本地的数据库，如果是通过网络读取其他服务器上的数据库，耗时会远高于这个结果。在优化时，我们应该尤其注意外部 IO 带来的耗时。

发现重复的请求后，需要做的就是点击左侧的加号图标，看看是哪行代码执行时产生的数据库操作请求，然后优化它。从界面上能看到，SQL 下面有类似于 `Duplicated 4 times.` 提示的，都是被重复执行的。你在自己的电脑上运行后，应该会发现，大部分的重复请求都是在模板中产生的，其原因前面介绍过。这其实就是第 5 章中讲过的 *N*+1 问题，并且这是开发页面应用时最容易出现的问题，也是新手在用 Django 开发项目时一不留神就会导致性能滑坡的地方。

需要注意的是，本地执行的结果跟图 12-5 展示的数据可能不完全一样，但处理思路是一样的。

其解决方法很简单，就是使用 `select_related` 方法。前面其实已经处理过一部分 *N*+1 的情况，这里继续处理即可。因为我们确定需要用到 `Post` 的 `User` 和 `Category` 两个外键数据，所以修改一下 `Post` 中的 `latest_posts` 方法：

```
# 省略其他代码
class Post(models.Model):
    # 省略其他代码
    @classmethod
    def latest_posts(cls, with_related=True):
        queryset = cls.objects.filter(status=cls.STATUS_NORMAL)
        if with_related:
            queryset = queryset.select_related('owner', 'category')
        return queryset
```

这里我们给 latest_posts 增加了一个参数 with_related，其作用是控制返回的数据是否要加上两个外键数据。这么做是因为我们除了在首页列表中使用该方法外，还在侧边栏里使用，侧边栏不需要获取 Owner 和 Category 的信息。

这么修改完成后，还需要修改 SideBar 这个模型，此时只需要把 content_html 方法中的：

```
'posts': Post.latest_posts()
```

修改为：

```
'posts': Post.latest_posts(with_related=False)
```

修改完后，再来看 SQL 面板的统计，如图 12-6 所示。

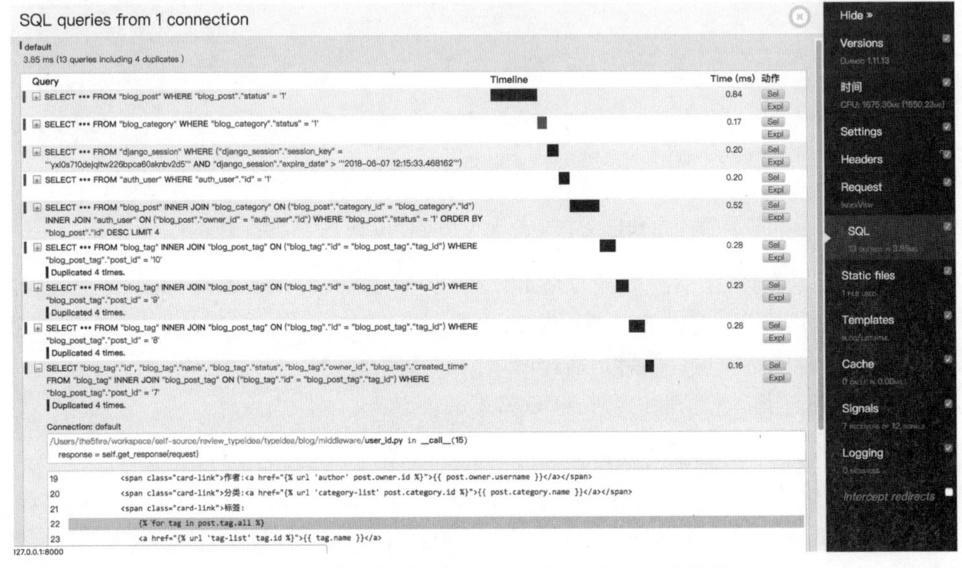

图 12-6　优化数据库查询后，再次查看 SQL 执行情况

此时少了很多冗余的 SQL 查询，但是依然存在冗余的查询。那么这个问题就交给你了，回顾一下第 5 章的内容即可解决。

解决了这个问题后，接着来看其他问题。在图 12-6 中，表格右侧有 Timeline 和 Time（ms）数据，用来展示当前 SQL 的执行时长。最长的那几个往往是我们优化的重点，比如说图 12-6 中 SELECT ... FROM "blog_post" WHERE "blog_post"."status" = '1' 的执行时间最长，耗时 0.84 ms。这其实是一个 count(*)请求，我们需要知道执行的具体请求。在表格最右侧的一列中，动作中有两个按钮：一个是 Sel（表示 Select），用来查看具体返回的对象是什么；另外一个是 Expl（表示 Explain），用来查看具体执行情况的命令。目前，我们用的是 SQLite3 数据库，这里能展示执行的详细情况：SCAN TABLE blog_post，即通过扫表的方式获取数据。有了详细情况后，我们可以“对症下药”，去研究如何降低 SQLite3 中 count 语句的耗时。如果换成 MySQL，也是一样的处理逻辑。

关于剩下的几项内容，这里只概括介绍一下。

- Settings：展示目前项目的所有 setting 配置。
- Headers：当前请求的 `header` 数据。
- Request：请求的一些数据，比如调用到哪个 View 中，携带哪些 cookie，会话中的数据，以及 GET 和 POST 参数。
- Static files：当前页面用的静态文件以及目前有哪些静态文件可用。
- Templates：当前页面用到的模板以及渲染这些模板时传递的上下文变量。
- Cache：如果用了 Django 内置的缓存模块的话，这里能看到缓存的命中情况以及其他统计。
- Signals：关于这部分内容，我们放到附录 E 中介绍。这里能看到当前项目中有哪些 signal 以及配置了哪些 Receiver。
- Logging：当前请求中项目通过 `logging` 模块记录了哪些日志。

其实可以用的功能不止这些。因为 `debug_toolbar` 的 panel（上面的每一项都是一个独立的 panel）是可以调整的，这可以通过在 Django 的 settings/develop.py 中配置：

```
DEBUG_TOOLBAR_PANELS = [
    'debug_toolbar.panels.versions.VersionsPanel',
    'debug_toolbar.panels.timer.TimerPanel',
    'debug_toolbar.panels.settings.SettingsPanel',
    'debug_toolbar.panels.headers.HeadersPanel',
    'debug_toolbar.panels.request.RequestPanel',
    'debug_toolbar.panels.sql.SQLPanel',
    'debug_toolbar.panels.staticfiles.StaticFilesPanel',
    'debug_toolbar.panels.templates.TemplatesPanel',
    'debug_toolbar.panels.cache.CachePanel',
    'debug_toolbar.panels.signals.SignalsPanel',
    'debug_toolbar.panels.logging.LoggingPanel',
    'debug_toolbar.panels.redirects.RedirectsPanel',
]
```

上面这些是默认配置，可以进行调整，并且还可以添加基于 `debug_toolbar` 的第三方 panel。不过在介绍第三方 panel 之前，需要先解决一个问题。如果读者在配置 django-debug-toolbar 时始终展示不出来，可以尝试修改 `JQUERY_URL` 为国内 CDN 的地址，即在 settings/develop.py 中新增如下代码：

```
DEBUG_TOOLBAR_CONFIG = {
    'JQUERY_URL': 'https://cdn.bootcss.com/jquery/3.3.1/jquery.min.js',
}
```

12.2.3 配置第三方 panel

通过 django-debug-toolbar 默认的功能（即 panel），可以帮我们解决很多问题。但是有些东西还不够完善，比如说想要知道首页请求中各个函数的执行情况，以及哪个函数是拖慢系统的“罪魁祸首”，此时就需要借助第三方插件了（这里的第三方插件是指基于 django-debug-toolbar 开发的工具）。

1. djdt_flamegraph 火焰图

第一步还是安装，具体命令为 `pip install djdt_flamegraph==0.2.12`，然后配置 settings/develop.py 中的 panel：

```
DEBUG_TOOLBAR_PANELS = [
    'djdt_flamegraph.FlamegraphPanel',
]
```

这里去掉其他配置，只看火焰图的统计。为了便于观察，我们先改一下之前的代码，即在 config/models.py 中 `SideBar` 模型的 `get_all` 函数中增加 `sleep` 代码：

```
# 省略其他代码
class SideBar(models.Model):
    # 省略其他代码
    @classmethod
    def get_all(cls):
        import time
        time.sleep(3)
        return cls.objects.filter(status=cls.STATUS_SHOW)
```

修改完后，通过 `./manage.py runserver --noreload --nothreading` 命令启动项目（注意：`--noreload` 是指修改代码后不自动重启，`--nothreading` 表示只是以单线程的方式运行项目，默认是多线程。每来一个请求，就会启动一个线程来处理）。接着访问首页后，就能得到如图 12-7 所示的结果。

图 12-7　使用火焰图分析程序

火焰图的纵向是调用栈，横向是执行时间。箭头部分是我们需要注意的，也就是平顶的部分。平顶越宽，表示耗时越大。可以看到，已经具体到函数了。

通过图 12-7，我们可以很直观地看到哪个函数耗时较长，然后就可以针对具体情况进行优化。

2. pympler 内存占用分析

依然是先安装，具体命令是 `pip install pympler==0.5`，然后配置 settings/develop.py：

```
INSTALLED_APPS += [
    'debug_toolbar',
    'pympler',
]

DEBUG_TOOLBAR_CONFIG = {
    'JQUERY_URL': 'https://cdn.bootcss.com/jquery/3.3.1/jquery.min.js',
}

DEBUG_TOOLBAR_PANELS = [
    'pympler.panels.MemoryPanel',
]
```

配置完成后，通过 `./manage.py runserver` 运行项目，然后打开首页，此时就能看到类似图 12-8 所示的报告。

图 12-8　使用 pympler 分析内存占用情况

上半部分展示的是内存和虚拟内存的使用情况，其中 Resident set size 表示当前进程实际的内存占用，Virtual size 表示系统分配给当前进程的所有虚拟内存。这两项也是我们在系统中执行 `ps aux` 命令时经常看到的。后面两项展示的是当前请求造成的内存占用增量。

下半部分展示了 Django 的 Model 实例具体占用了多少内存，以及实例数量随时间变化的情况。比如说，blog.models.Category 那一行表示随着时间的变化，实例数量在不断增加。（说明：在做这项测试时，我已经删除了之前批量创建的那些用来测试的分类数据。）

12.2.4　line_profiler

line_profiler 是行级性能分析插件。

首先通过命令 `pip install django-debug-toolbar-line-profiler==0.6.1` 安装，然后配置 settings/develop.py：

```
INSTALLED_APPS += [
    'debug_toolbar',
```

```
    'debug_toolbar_line_profiler',
]

DEBUG_TOOLBAR_PANELS = [
    'debug_toolbar_line_profiler.panel.ProfilingPanel',
]
```

为了演示，我们还是人为制造问题，在 `get_sidebars` 函数中增加如下代码：

```
def get_sidebars(self)
    import time
    time.sleep(1)
    return SideBar.objects.filter(status=SideBar.STATUS_SHOW)
```

运行后访问首页，可以看到类似图 12-9 所示的结果。

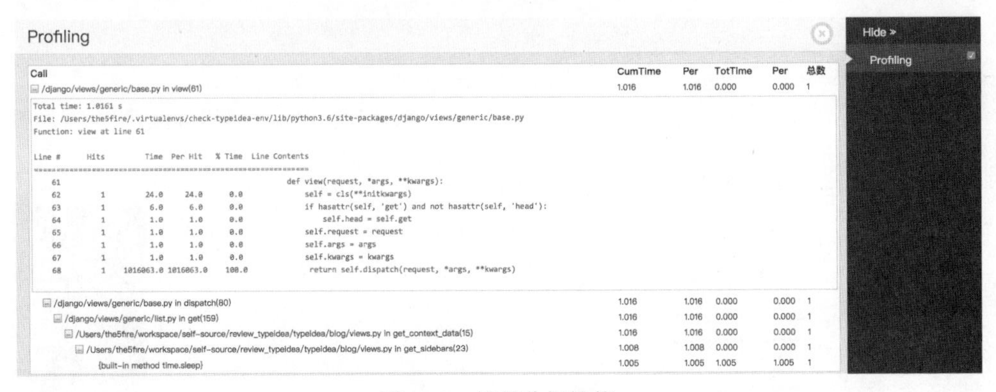

图 12-9　按行分析性能

这是基于 line_profiler 得到的结果，我们简单介绍一下表格中的每列内容。

- Line：行号。
- Hits：这一行代码被执行的次数。
- Time：当前行执行的时间除以定时器单元（timer unit，我电脑上该项值为 1e−06s，不同电脑可能不同，可以使用 line_profiler 这个库来查看）。
- Per Hit：每次执行消耗的时间。
- % Time：执行时间占总时间的比值。
- Line Contents：对应的代码。

我们只需要关注% Time（即耗时占比）和 Hits（调用次数）即可。

从图 12-9 中能看到，最后一行代码 `return self.dispatch(request, *args, **kwargs)` 的执行时间占比近似等于 100%。因为我们用的是 class-based view，所有 View 中的代码都是通过 `self.dispatch` 方法开始调用的，所以展示的这部分代码。从下方能够看到，具体的耗时函数为 `{built-in method time.sleep}`。

12.2.5 总结

除了上面列举的这些插件外，还有很多其他插件。当然，我们也可以基于 django-debug-toolbar 来编写自己的插件。只能说在一个成熟的生态中，大部分你需要的插件都有人做过了，我们需要做的就是拿来用并帮忙改进。

12.2.6 参考资料

- django-debug-toolbar 项目：https://github.com/jazzband/django-debug-toolbar。
- django-debug-toolbar 的第三方 panel：https://django-debug-toolbar.readthedocs.io/en/stable/panels.html#third-party-panels。

12.3 使用 silk

silk 同样是 jazzband 组织下的东西，它在名气上可能不如 django-debug-toolbar，但是也非常好用。django-debug-toolbar 适合自己来分析自己项目的性能，但是如果你想把项目放到测试环境中，让一些测试用户访问，最后你来看分析结果，那么使用 silk 就非常合适。

它需要收集并存储所有的访问数据，因此需要在项目库中增加新的表。所以，它用起来感觉比 django-debug-toolbar 稍重。

12.3.1 快速配置 silk

依然是先安装：

```
pip install django-silk==3.0.0
```

接着配置 settings/develop.py：

```
INSTALLED_APPS += [
    'silk',
]

MIDDLEWARE += [
    'silk.middleware.SilkyMiddleware',
]
```

然后像配置 django-debug-toolbar 那样配置 URL：

```
if settings.DEBUG:
    urlpatterns += [url(r'^silk/', include('silk.urls', namespace='silk'))]
```

这样就配置好了。不过我们还需要创建表，因为 silk 需要存储数据：

```
./manage.py migrate
```

接着通过命令 `./manage.py runserver` 启动项目，然后随机访问几个页面。接着打开 http://127.0.0.1:8000/silk/页面，此时就能看到如图 12-10 至图 12-12 所示的几个页面。

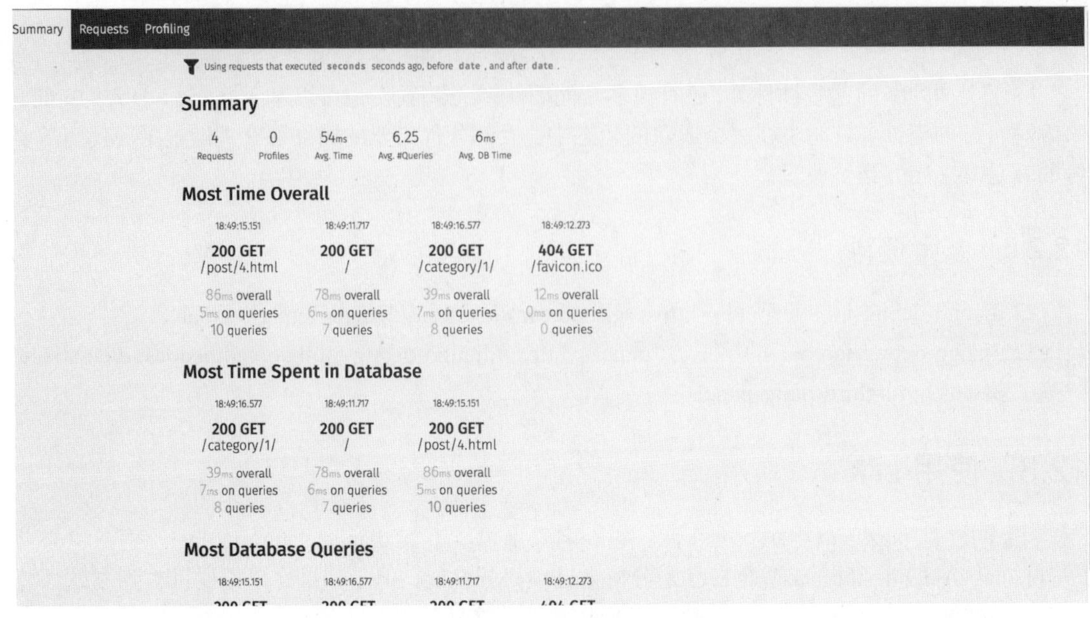

图 12-10　使用 silk 统计访问情况

Summary　Requests　Profiling　Show: 25　Order: Recent　Order: Descending

18:49:16.577 200 GET /category/1/ 39ms overall 7ms on queries 8 queries

18:49:15.151 200 GET /post/4.html 86ms overall 5ms on queries 10 queries

18:49:12.273 404 GET /favicon.ico 12ms overall 0ms on queries 0 queries

18:49:11.717 200 GET / 78ms overall 6ms on queries 7 queries

图 12-11　使用 silk 统计所有请求数据

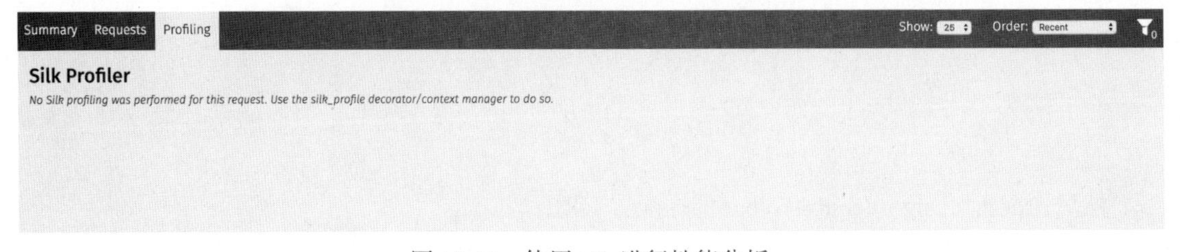

图 12-12　使用 silk 进行性能分析

除了图 12-12 没数据外（因为我们没有配置 profiling），其他的图都展示了我们刚才随机点击的页面。这是概括展示，其中展示了每个请求的耗时、数据库请求数以及有多少次数据库请求。

点击某项数据进去后，有三个页面——detail、SQL 和 profiling。detail 的内容就是我们在浏览器的 network 工具中看到的内容。SQL 部分列出了具体的 SQL 执行情况，点击进入某一个 SQL，可以查看这个 SQL 是由哪行代码发起的。

12.3.2　配置 profiling

这里来看看 profiling 的用法。修改 blog/views.py 的代码：

```
from silk.profiling.profiler import silk_profile
# 省略其他代码

class CommonMixin(object):
    @silk_profile(name='get_navs')
    def get_navs(self):
        ......
```

再次启动项目，然后随机访问几个页面，就会看到如图 12-13 所示的结果。

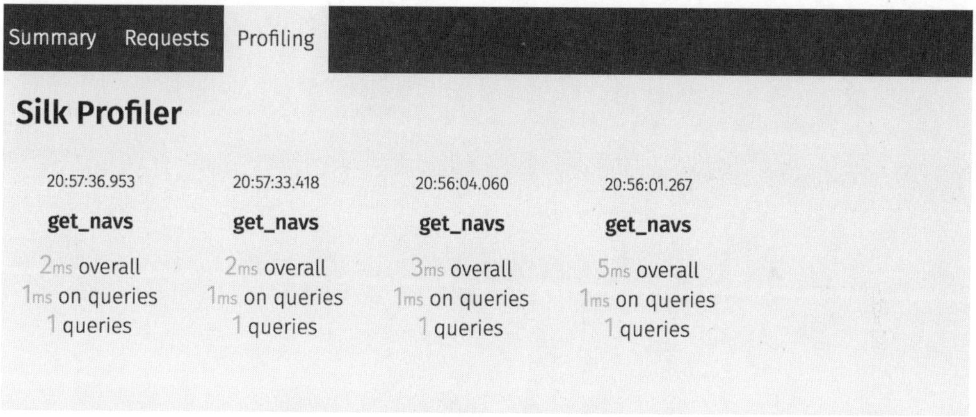

图 12-13　配置好的 silk 性能分析示例

它记录了装饰函数在执行时的耗时以及是否产生查询的情况。相对于上面的配置，通过 `silk_profile` 装饰器能够更明确地定位我们想要优化或者调试的函数。

12.3.3　总结

关于 silk 的用法，我们就介绍这么多，更详细的内容建议去查看官方文档。读者在使用时，不妨同 django-debug-toolbar 做下对比，想一下两者实现的逻辑以及是否对你目前正在开发的项目有所帮助。

12.3.4　参考资料

- silk 的 GitHub 网站：https://github.com/jazzband/silk。

12.4 本章总结

本章中，我们不仅介绍了Python中常用的调试和调优方法，还介绍了Django中两个比较好用的插件：django-debug-toolbar和silk。大部分情况下，这两个插件足以满足需求。

如果是其他框架的项目，你也可以借鉴这两个插件来构建自己的性能统计框架。比如，现在提供了商业支持的New Relic和OneAPM，它们支持多种框架和语言。

但是话说回来，无论是什么语言和框架，调优方式的大体思路是一致的：减少外部I/O，减少冗余的调用，优化耗时的逻辑。

第 13 章

配置 MySQL 和缓存

13

随着前面内容的结束，我们也将要开始准备配置正式环境了。本章中，我们就来配置 MySQL 和 Redis。

说到配置 MySQL，在开发的什么阶段引入呢？不同的人有不同的做法，我的做法是在团队各成员手里的代码还没有合并之前，大家自己配置 SQLite 数据库，这样便于调试自己的逻辑；等开发得差不多了，大家把代码合并到一起，因为这时测试时会有数据上的依赖，所以会考虑建一个测试用的 MySQL 库。但也要具体情况具体分析，如果数据库的结构变化太过频繁的话，那么使用同一个 MySQL 库也会出现很多麻烦。比如，A 同学改了结构，代码还没提交，这可能导致 B 同学的代码无法运行。选择一个合适的稳定的时间点，最大限度地降低各开发人员之间的影响。

再来说 Redis 或者缓存，如果设计上只是作为缓存来用的话，那么建议在做完所有的优化之后再来配置缓存。不然会绕过已有的性能问题，而不是解决问题，这相当于给后期维护的同学埋了一颗“雷”，这些被绕过的问题在线上的某个时刻会集中暴露出来。

13.1 配置 MySQL

在这一节中，我们可以见证一下框架的好处，也可以说是使用 ORM 框架的好处。在做软件开发时，分层是十分常见的设计。比方说，我们管 Django 叫作 MVC 模式，其意思就是把项目结构分为三层：Model 层、View 层和 Controller 层。对应到 Django 中的具体模块，那就是 Model 层就是 Model 层，View 层对应 Django 的 Template（也就是展示层），Controller 层对应 View 模块（也就是逻辑控制层）。因此，也有人把 Django 称为 MTV 模式。

但是千万别以为分层就是指把软件架构分为三层，上面的 MVC 三层结构只是比较常规的说法而已。在实际开发中，可能会存在多层结构。比如，最常见的就是现在流行的前端单页面结构，从整体结构上来说，前端展示处于 View 层，但是在展示层又可以分为 MVC 层。

因此，没有固定模式，只有更适合业务的模式，我们需要了解的是分层的目的是什么。

分层的目的就是解耦，让两个本来完全耦合在一起的东西通过中间加那么一层，从而隔离开。

这样的好处就是相互变化后只需要保证对外接口不变，就不会有任何影响。

比如，这里要把 SQLite 换成 MySQL，只需要去修改 settings/develop.py 中的 DATABASES 配置即可：

```
DATABASES = {
    'default': {
        'ENGINE': 'django.db.backends.mysql',
        'NAME': 'typeidea_db',
        'USER': 'root',
        'PASSWORD': 'password',
        'HOST': '127.0.0.1',
        'PORT': 3306,
        # 'CONN_MAX_AGE': 5 * 60,
        # 'OPTIONS': {'charset': 'utf8mb4'}
    },
}
```

修改对应的数据库 IP、用户名、密码和数据库名，然后可以通过 migrate 创建表。

配置好之后，需要通过 CREATE DATABASE typeidea_db 命令先到 MySQL 中创建数据库，然后执行./manage.py migrate。完成后，可以重新运行项目，自己添加些数据进行测试。

OPTIONS 用来配置 mysqlclient 连接，比如上面配置连接的字符集为 utf8mb4。需要注意的是，如果系统管理的数据中可能有类似于 emoij 表情符号的字符，就需要使用此字符集。同时，在创建数据库时，也需要配置表或者库的默认编码为 utf8mb4：

```
CREATE DATABASE  `typeidea_db` DEFAULT CHARACTER SET utf8mb4 COLLATE
    utf8mb4_unicode_ci;
```

13.1.1　使用 CONN_MAX_AGE 优化数据库连接

上面配置中还有一个被注释掉的配置，那就是 CONN_MAX_AGE，它用来配置 Django 跟数据库的持久化连接。从使用上来说，它可以理解为其他语言框架中数据库连接池的概念，但从实现上来看它并不是。这一项配置的默认值是 0。Django 中数据库连接的逻辑是，每一个请求结束，都会关闭当前的数据库连接。这意味着每来一个新的请求，Django 都会创建一个新的数据库连接。

配置此项的值时，需要根据参考数据库的 wait_timeout 配置，建议不要大于 wait_timeout 的值。此外，可选项还有 None。如果配置为 None，就意味着不限制连接时长。

初步接触 Django 并且上线项目时，可能对这一项配置没有太多了解。很多人在第一次部署 Django 项目之后，访问量稍微大一点时，就很容易遇到一个问题：数据库层抛出 too many connections 错误。其原因就是上面所说的：默认情况下，每个请求都会去创建一个新连接，请求结束时会关掉这个连接。所以当并发访问量过大来不及关闭连接时，会导致连接数不断增多。

但是需要注意的是，如果你采用多线程的方式部署项目，那么最好不要配置 CONN_MAX_AGE。因为如果每一个请求都会使用一个新的线程来处理的话，那么每个持久化的连接就达不到复用的目的。另外一个经验就是，如果使用 gevent 作为 worker 来运行项目的话，那么也建议不配置 CONN_MAX_AGE。因为 gevent 会给 Python 的 thread（线程模块）动态打补丁（patch），这会导致数据库连接无法复用。

等最后我们部署完项目之后，读者可以参考后面的内容进行压力测试来体验。

配置好 MySQL 并添加内容后，我们可以再次通过 django-debug-toolbar 和 silk 来排查性能问题，并进行优化，其逻辑跟我们使用 SQLite 数据库没有什么差别。

13.1.2 配置正式的 settings

理解了上面的内容之后，我们可以创建一个正式的配置文件 settings/product.py：

```
from .base import *  # NOQA

DEBUG = False

ALLOWED_HOSTS = ['the5fire.com']


DATABASES = {
    'default': {
        'ENGINE': 'django.db.backends.mysql',
        'NAME': 'typeidea_db',
        'USER': 'root',
        'PASSWORD': 'password',
        'HOST': '<正式数据库 ip>',
        'PORT': 3306,
        'CONN_MAX_AGE': 5 * 60,
        'OPTIONS': {'charset': 'utf8mb4'}
    },
}
```

这里面的内容其实很少，关键点是配置 DEBUG = False 以及正式的数据库，其他的没什么不同。不过在后面的内容中，我们会配置缓存和日志配置。

要使用 MySQL 数据库的话，还需要先安装对应的驱动：pip install mysqlclient。

13.1.3 总结

关于 MySQL 的安装和使用，这里并未涉及。不同于其他相关联的知识点（技能点），掌握 MySQL 的用法是所有 Web 程序员都不可绕过的门槛。因此，建议读者去找相对系统的 MySQL 图书进行学习，其内容应该包含 MySQL 的基础用法和 MySQL 的性能优化。

13.1.4 参考资料

- Django 数据库持久化连接：https://docs.djangoproject.com/en/1.11/ref/databases/#persistent-connections。

13.2　缓存的演化

本节中，我们开始引入缓存。不过正式使用它之前，先来了解一些基本概念。

13.2.1　什么是缓存

缓存（cache），其作用是缓和较慢存储的高频次请求，简单来说，就是加速慢存储的访问效率。

下面用一个例子来说明缓存的作用：

```
import time


def query(sql):
    time.sleep(1)
    result = 'execute %s' % sql
    return result
```

假设函数 query 用来执行给定的 SQL 语句，但是每次请求的执行都要耗时 1s 以上，因此我们需要通过缓存来加速访问效率。缓存的逻辑是，如果这个 SQL 被执行过了，那么在短时间内就没必要再次执行，应该直接复用上次的结果。根据这个思路，我们来实现一版缓存的逻辑。随便找个位置，编写文件 learn_cache.py：

```
import time


CACHE = {}


def query(sql):
    try:
        result = CACHE[sql]
    except KeyError:
        time.sleep(1)
        result = 'execute %s' % sql
        CACHE[sql] = result
    return result


if __name__ == '__main__':
    start = time.time()
    query('SELECT * FROM blog_post')
    print(time.time() - start)

    start = time.time()
    query('SELECT * FROM blog_post')
    print(time.time() - start)
```

编写完代码后，执行程序并直观感受一下。

先解释一下代码的逻辑。在第一次执行 query 函数时，需要去执行 SQL，而当执行完 SQL 拿到结果后，会把结果放到 CACHE 中，其中会以 sql 参数为 key。这样如果后面的请求执行了相同的 SQL，就可以直接通过 CACHE 获取到上次保存的结果，这样就能极大地提高执行效率。想象一下，这个接口每天被调用上亿次的话，如果不加缓存，需要花费多少时间。

这里需要提到的一点是，这样的缓存方式属于**被动缓存**，也就是当有请求处理完之后才会缓存数据，即第一次请求还需要去实际执行。这一点很重要，尤其是当线上系统使用的是进程级的内存缓存时。

此外，还存在另外一种方案：**主动缓存**。它有两种做法：其一是系统启动时，会自动把所有接口刷一遍，这样用户在访问时缓存就已经存在；其二就是在数据写入时同步更新或写入缓存。

注意 在上面的缓存获取中，我们通过 KeyError 异常的方式进行了处理。另外一种方案是：

```
CACHE = {}


def query(sql):
    result = CACHE.get(sql)
    if not result:
        time.sleep(1)
        result = 'execute %s' % sql
        CACHE[sql] = result
    return result
```

使用这种方案而不是通过 try...except...的原因是在异常发生时，后者的开销会比较大。

我建议读者自行测试这两种方式在大数据量下的效率。

13.2.2 缓存装饰器

上面是一个简单的缓存，我们需要针对每个函数都写一遍缓存获取的逻辑，但这种方式的易用性比较差，并且会侵入到业务代码中。

因此，我们可以将其改编为装饰器模式，通过装饰对应函数给其增加缓存逻辑。

重构上面的代码为：

```
import functools
import time


CACHE = {}


def cache_it(func):
    @functools.wraps(func)
```

```
    def inner(*args, **kwargs):
        key = repr(*args, **kwargs)
        try:
            result = CACHE[key]
        except KeyError:
            result = func(*args, **kwargs)
            CACHE[key] = result
        return result
    return inner


@cache_it
def query(sql):
    time.sleep(1)
    result = 'execute %s' % sql
    return result


if __name__ == '__main__':
    start = time.time()
    query('SELECT * FROM blog_post')
    print(time.time() - start)

    start = time.time()
    query('SELECT * FROM blog_post')
    print(time.time() - start)
```

你可以再次运行代码，感受一下最终的结果。

我们来解释一下这段代码。虽然看起来代码量多了很多，但是易用性有很大的提升。对于要缓存的函数来说，我们只需要增加 `@cache_it` 装饰器即可。

Python 装饰器的用法这里不做介绍，只是简单应用。其逻辑跟一开始我们写的缓存逻辑一致，只是用装饰器做了封装。其中 `functools.wraps` 的作用是为了保留原函数的签名（可以理解为原函数的所有属性），因为被装饰的函数实际上对外暴露的是装饰器函数。`repr` 的作用是把传递给它的对象都转为字符串。这个读者可以自行尝试，都属于 Python 基础知识。

13.2.3　增强缓存装饰器

通过装饰器，我们可以更容易地使用缓存逻辑，但这还远远不够，毕竟数据不是死的，还会更新。如果缓存的数据始终不更新，那也是个问题。另外一个需要考虑的问题是 `CACHE` 的容量，不能让数据无限量地进入这个字典中，毕竟有些数据可能只用一次。

基于上面的两个问题，我们需要标记被缓存的数据以及设置 `CACHE` 的容量上限。这样我们就可以通过时间或者空间的限制淘汰那些不经常使用的数据。

这个时候使用基础的 Python 内置的字典已经无法满足需求了，因此需要考虑自己来实现一个 dict。这里我们需要用到 dict 内置的方法，也称 magic method。如果你没接触过，不用担心，把它们当作常规方法来用就可以。

除了需要实现一个 dict 外，还需要设定好一套淘汰算法。当容量超过我们的设定值时，删掉不需要的内容。关于缓存淘汰算法，你可以通过搜索引擎查找，这里我们使用 LRU（Least Recently Used，近期最少使用）算法，其大体逻辑就是淘汰掉最长时间没使用的那个。在实现上，我们只需要一个能够顺序记录某个缓存 key 的访问时间的数据结构就行。

下面我们来具体实现一下，代码有点长，但是并不复杂。新建一个文件 my_lrucache.py：

```
import time
from collections import OrderedDict


class LRUCacheDict:
    def __init__(self, max_size=1024, expiration=60):
        """ 最大容量为 1024 个 key，每个 key 的有效期为 60s """
        self.max_size = max_size
        self.expiration = expiration

        self._cache = {}
        self._access_records = OrderedDict()  # 记录访问时间
        self._expire_records = OrderedDict()  # 记录失效时间

    def __setitem__(self, key, value):
        now = int(time.time())
        self.__delete__(key)

        self._cache[key] = value
        self._expire_records[key] = now + self.expiration
        self._access_records[key] = now

        self.cleanup()

    def __getitem__(self, key):
        now = int(time.time())
        del self._access_records[key]
        self._access_records[key] = now
        self.cleanup()

        return self._cache[key]

    def __contains__(self, key):
        self.cleanup()
        return key in self._cache

    def __delete__(self, key):
        if key in self._cache:
            del self._cache[key]
            del self._expire_records[key]
            del self._access_records[key]

    def cleanup(self):
        """
        去掉无效（过期或者超出存储大小）的缓存
```

```
        """
        if self.expiration is None:
            return None

        pending_delete_keys = []
        now = int(time.time())
        # 删除已经过期的缓存
        for k, v in self._expire_records.items():
            if v < now:
                pending_delete_keys.append(k)

        for del_k in pending_delete_keys:
            self.__delete__(del_k)

        # 如果数据量大于max_size，则删掉最旧的缓存
        while (len(self._cache) > self.max_size):
            for k in self._access_records:
                self.__delete__(k)
                break


if __name__ == '__main__':
    cache_dict = LRUCacheDict(max_size=2, expiration=10)
    cache_dict['name'] = 'the5fire'
    cache_dict['age'] = 30
    cache_dict['addr'] = 'beijng'

    print('name' in cache_dict)  # 输出False，因为容量是2，第一个key会被删掉
    print('age' in cache_dict)  # 输出True

    time.sleep(11)

    print('age' in cache_dict)  # 输出False，因为缓存失效了
```

在代码中关键位置都有注释，不过我们还是需要总结一下逻辑，有以下几个点。

- **实现 dict**：我们通过实现一些内置方法（如 `__getitem__` 和 `__setitem__` 等）实现了一个 dict 对象。
- **缓存淘汰算法的使用**：这里实现的是 LRU 算法。还有很多其他类似的算法可以参考，我们实现它的原因是它实现起来简单，读者也可以参考其他算法来实现。另外需要注意的是，我们实现的这个缓存 dict 是非线程安全的。
- **`OrderedDict` 的使用**：用它的目的就是保证顺序，让我们每次遍历都能够从最早放进去的数据开始。

好了，实现了这个看起来厉害一点的 dict 之后，我们再来重新实现缓存装饰器。

缓存装饰器需要增加容量和有效期配置，这样我们就可以在给不同的函数装饰时增加不同的配置：对于数据变化频繁的函数，我们就把有效期设置短一些；对于变化不那么频繁的函数，我们就把有效期设置长一些。继续修改 learn_cache.py：

```
# 省略其他代码

from my_lrucache import LRUCacheDict


def cache_it(max_size=1024, expiration=60):
    CACHE = LRUCacheDict(max_size=max_size, expiration=expiration)

    def wrapper(func):
        @functools.wraps(func)
        def inner(*args, **kwargs):
            key = repr(*args, **kwargs)
            try:
                result = CACHE[key]
            except KeyError:
                result = func(*args, **kwargs)
                CACHE[key] = result
            return result
        return inner
    return wrapper


@cache_it(max_size=10, expiration=3)
def query(sql):
    time.sleep(1)
    result = 'execute %s' % sql
    return result

# 省略其他代码
```

缓存装饰器看起来更加复杂了，但是跟之前的比起来，只是对外层多包了一层函数而已。如果你无法理解的话，尝试执行一下代码，或者通过前面讲到的 pdb 调试一下代码。需要说明的是，装饰器的使用是必备技能。

修改完成的装饰器就可以增加参数支持了。

到目前为止，在所有的逻辑中，如果有不明白的地方，建议去死磕一下代码。不过我相信你在自己电脑上敲完代码，执行一两次之后就会理解。

需要补充的一点是，在 Python 3 里面，LRUCache 已经是标准库的一部分了，读者可以通过引入 `functools.lru_cache` 来使用。

13.2.4 不引入 Redis 吗

实现到这一步，可能会有读者问了，不是要介绍怎么配置 Redis 吗？为什么讲了这么多用 Python 实现缓存的事儿，还弄了一堆代码呢？

有句话是这么讲的：若无必要，勿增实体。

这句话在软件开发中很重要，一个工程引入的东西越多，需要维护的东西也就越多，系统中的盲点也就越多，维护成本和出错的可能性也就越高。如果要引入它，最好能充分掌握它的用法和实现逻辑。

所以说，如果没有性能问题，或者说没有那么大的流量，没必要去多增加一套系统。不过话说回来，本书的内容是分享那些我们常用的组件，所以从经验分享上来说，还需要介绍其他缓存系统的用法。

在介绍之前，我们来继续演变需求。既然要引入，就要充分掌握它。

13.2.5　继续演变我们的缓存逻辑

上面的实现其实已经满足了单进程单线程中的缓存问题，那么现在新的需求来了，需要支持多线程，怎么做呢？因为线程是可以共享内存的，所以我们只需要在数据读写上加锁即可。那么如果是多进程，该怎么处理呢？如果是多台服务器，该怎么处理呢？

到这里你可能已经意识到了，或许我们可以写一个独立的服务，比如通过 socket 编写一个缓存服务器，把上面的实现包起来，对外提供服务，这样无论是多线程、多进程还是多台服务器，都可以处理了。

其核心逻辑没有太多变化，只是为了适应更多的场景，我们做了更复杂的包装而已。

其实我们可以接着演变，比如独立的缓存服务中最大的存储空间受限于所在服务器的内存，那么能不能再往前迈一步实现分布式缓存呢？

完全实现一个工程上可用的分布式缓存系统或许有难度，但是理解其基本原理并不复杂。我们只需要再次去寻找一个合适的分布式算法，然后实现它即可。

这里之所以要用大篇幅的内容来做这件事，是希望读者能够理解现在我们所用的软件、系统和框架，都是由一些简单的需求不断累加，再累加得到的。

接下来，在说到其他现成的缓存系统（如 Redis 或者 memcache）时，你可能就会比较有感觉了。

13.2.6　Django 中的缓存配置

上面写了那么多，终于要进入正文了。

在 Django 中可以配置多种缓存源，就像上一节配置数据库那样。使用时，只需直接引入 Django 的缓存模块即可。比如，我们先把 sitemap.xml 接口进行缓存，修改 urls.py：

```
from django.views.decorators.cache import cache_page
# 省略其他代码

urlpatterns = [
```

```
    # 省略其他代码
    url(r'^sitemap\.xml$', cache_page(60 * 20, key_prefix='sitemap_cache_')
    (sitemap_views.sitemap), {'sitemaps': {'posts': PostSitemap}}),
]
```

这样就缓存了 sitemap 接口，第一次访问之后，后面的 20 分钟内的访问都不需要再次生成 sitemap 了，Django 会直接读取缓存中的数据。

接下来，我们再说 Django 的几种缓存。因为缓存模块对外暴露的接口是一样的，所以要使用不同的缓存系统，只需要修改配置即可。

在 Django 中，内置支持以下几种缓存配置。它们使用方便，只需要在 settings 中增加配置即可。

- local-memory caching：内存缓存。其逻辑跟我们上面实现的大同小异，但是它是线程安全的，不过进程间是独立的，也就是每个进程一份缓存。这是 Django 的默认配置，也就是说如果你没有配置 CACHES 的话，默认使用的就是内存缓存。示例代码如下：

```
CACHES = {
    'default': {
        'BACKEND': 'django.core.cache.backends.locmem.LocMemCache',
        'LOCATION': 'unique-snowflake',
    }

}
```

- filesystem caching：顾名思义，把数据缓存到文件系统中，其他的没什么差别。示例代码如下：

```
CACHES = {
    'default': {
        'BACKEND': 'django.core.cache.backends.filebased.FileBasedCache',
        'LOCATION': '/var/tmp/django_cache',
    }

}
```

- database caching：数据库缓存，需要创建缓存用的表，这些表用来存储缓存数据。从实际系统的角度看，用数据库表做缓存的意义不大。示例代码如下：

```
python manage.py createcachetable
CACHES = {
    'default': {
        'BACKEND': 'django.core.cache.backends.db.DatabaseCache',
        'LOCATION': 'my_cache_table',
    }

}
```

- memcached：这是 Django 推荐的缓存系统，也是分布式的（需要注意的是，它的分布式逻辑在客户端）。Django 内置支持，集成度比较好。示例代码如下：

```
CACHES = {
    'default': {
        'BACKEND': 'django.core.cache.backends.memcached.MemcachedCache',
        'LOCATION': [
            '172.19.26.240:11211',
            '172.19.26.242:11211',
        ]
    }

}
```

除了上面几种缓存外，如果我们想要使用其他缓存系统，就需要第三方插件了，比如 Redis，就需要使用 django-redis 或者 django-redis-cache。另外一种思路就是直接使用 Redis 的包操作 Redis，而不使用 Django 的模块。如果你比较熟悉 Redis 操作，这样用会比较方便，但缺点是无法使用内置缓存模块的接口。这意味着如果后期打算更换缓存系统的话，就需要手动修改了。

13.2.7　配置 Redis 缓存

Redis 的安装比较简单，直接到 https://redis.io/download 上下载最新的稳定版的包，手动编译安装即可。

有了 Redis 服务器之后，我们就来配置 Django 中的 Redis 缓存。首先，还是安装对应包：

```
pip install django-redis==4.9.0
pip install hiredis==0.2.0
```

我们同时安装了 hiredis，其作用是提升 Redis 解析性能，具体测试结果可以到 https://github.com/redis/hiredis-py#benchmarks 查看。

安装完成后，我们来配置缓存。在 settings/product.py 中增加如下代码：

```
REDIS_URL = '127.0.0.1:6379:1'

CACHES = {
    'default': {
        'BACKEND': 'django_redis.cache.RedisCache',
        'LOCATION': REDIS_URL,
        'TIMEOUT': 300,
        'OPTIONS': {
            # 'PASSWORD': '<对应密码>',
            'CLIENT_CLASS': 'django_redis.client.DefaultClient',
            'PARSER_CLASS': 'redis.connection.HiredisParser',
        },
        'CONNECTION_POOL_CLASS': 'redis.connection.BlockingConnectionPool',
    }
}
```

这么配置完成后，其他地方不需要修改，就把缓存切换为 Redis 了。关于 django-redis 的用法，建议你查看 13.2.10 节的参考资料。

13.2.8 应用场景和缓存的粒度

上面介绍了 Django 中支持的缓存方式，接着我们需要知道什么情况下、什么时候、在哪里使用缓存。不同的场景使用不同的缓存，配置不同的粒度。千万不要以为缓存一定能够优化你的访问效率，一定要先知道项目的业务特点。

Django 中提供各种粒度的缓存方案，我们可以将其大致分为这么几类。

- **整站缓存**：简单粗暴，直接在 settings 的 `MIDDLEWARE` 中第一行增加 `'django.middleware.cache.UpdateCacheMiddleware'`。不过一般不这么用。
- **整个页面的缓存**：比如 13.2.6 节中配置的 sitemap 缓存。
- **局部数据缓存**：这个局部数据既包括函数中某部分逻辑的缓存，也包括模板中一部分数据的缓存。

整个页面的缓存前面已经介绍过，这里就不做过多介绍。下面我们演示一下局部数据缓存的用法。

函数缓存的用法同我们一开始自己实现的缓存一样，只需要增加装饰器即可。比如说，我们觉得 Model 层的 `Post.hot_posts` 的更新频率不高，那么可以进行比较长的缓存。

我们只需要这么做：

```
from django.core.cache import cache


class Post(models.Model):
    # 省略其他代码
    @classmethod
    def hot_posts(self):
        result = cache.get('hot_posts')
        if not result:
            result = cls.objects.filter(status=cls.STATUS_NORMAL).order_by('-pv')
            cache.set('hot_posts', result, 10 * 60)
        return result
```

当然，我们也可以像前面那样包装一个装饰器出来。

如果需要缓存部分的模板数据时，可以这么做，比如缓存 50 s：

```
{% load cache %}
{% cache 50 sidebar %}
    .. sidebar ..
{% endcache %}
```

此时只需要把要缓存的内容用 `cache` 标签包起来即可。

13.2.9 总结

总体来说，Django 的缓存配置和使用都非常简单，并且提供了多种缓存系统的适配。但是最后需要说一个注意事项，即 Instagram 公司在做从 Python 2 迁移到 Python 3 时遇到的问题——缓存版本。其实就是 pickle 模块的版本问题，因为 Django 是使用 pickle 来序列化要缓存的对象，然后放到缓存中的。所以，如果需要切换缓存系统或者切换 Python 版本，需要注意此项。

13.2.10　参考资料

- Django 缓存部分文档：https://docs.djangoproject.com/en/1.11/topics/cache/。
- django-redis 文档：http://niwinz.github.io/django-redis/latest/。
- 异常处理的执行效率：https://docs.python.org/3/faq/design.html#how-fast-are-exceptions。

13.3　本章总结

本章中，我们配置了正式环境中的 MySQL 和缓存（使用 django-redis）。

从 Django 的角度来讲，无论是配置 MySQL 或是缓存，都不需要花费太多功夫，Django 都做了很好的集成。这也是我认为 Django 是企业级开发框架的原因之一。

本章中，我们其实对于缓存的原理进行了比较多的介绍。其目的前面也说到了，我们需要从基础的逻辑开始理解日常所使用的系统，这样可以避免面对一个庞大的系统而无法下手的问题。这也是我在书中不断强调的：使用一个工具很容易，但是想要用好这个工具，需要你能理解它。

第 14 章

上线前的准备

刚开始学习编程时，我们会去写一个简单的逻辑判断、计算程序、爬虫、博客系统，但写完之后，就“丢到”某个角落，开始寻找新的项目做，并下意识地认为“当我做的项目越多、种类越多时，我才能积累更多的经验”。

我相信大部分的程序员都有过这种想法。但是我要说的是，这只是单纯地对 Python 语法的练习，提升你对 Python 的掌握程度，并不会增加你的开发经验。

刚开始学习时，会写各种各样的东西，总觉得应该多找些程序来练手。但是最终回想一下，有哪些程序是真正发挥了其价值的，换句话说，你之前写的程序有什么用处。这样的程序只能算是演示程序，写完，放下，写下一个。你并不能真正掌握编写程序的核心，因为你总是在期待下一个“石头”会更大，最终收获寥寥。

我们招聘时经常说，要招有两三年工作经验的程序员，那么这两三年经验是怎么来的？可以肯定地说，这些经验肯定不是来自于一些从来没有到线上运行过的代码。为什么？

因为你没经历过维护项目的“痛苦”，没有那种“疼过才会懂”的体会。

从头参与（负责）一个项目，不断地跟产品经理（老板）核对需求，然后设计系统，再根据产品经理（老板）的想法调整项目设计。在上线前两天，你可能才刚刚改完产品经理（老板）临时加的新需求，项目终于上线。由于时间关系，项目可能不那么完善，有很多待优化的地方，也就是大家说的技术债。但是，时间不等人，不是吗，所以可能没那么多的时间让你做足够好的设计，编写足够完善的代码。但是，新手程序员和老手程序员的差别在于，后者有丰富的经验能快速完成设计和开发，同时会考虑到需求的变化，因为经历的太多了。所以我在一开始也说了，有经验的程序员会反复去跟产品经理（老板）核对需求，确认后期可能的需求，这都是为了避免开发阶段的需求变更。

有经验的程序员每次开发一个新项目（功能），都会有意识地去避免犯上一个项目（功能）中的错误。

项目的上线并不是开发的结束，而是刚开始。一旦系统部署到线上之后，就会有用户进来，系统会开始积累用户数据。这意味着什么？这意味着如果你之前的数据库表设计得不合理，此时要想去修改结构，成本会非常高。只有真实地遇到这个问题，你才能体会到不好的设计是什么。

不过别着急，这只是开始，项目上线后，马上会有后续的需求安排。现在的互联网产品都是以小步迭代的方式边开发边上线的，后续会有源源不断的需求来推动产品前进。当然，这也会迫使你不断提高技术能力。

当连续迭代几轮产品的需求之后，你才能意识到，一开始所谓的良好的项目结构可能已经被某个程序员在写新需求时改得面目全非了。为什么会出现这个问题？如何避免这个问题？其实还是前面我提到的那句话“前有车，后有辙”，一个好的项目结构应该能在一定程度上避免被后期的维护人员跑偏。所以，我们在前面的代码编写中讲了很多关于“抽象”的操作。但这也并不意味着万事大吉，好不好用只有你把它部署到线上之后才知道，只有当有用户访问，你再实现新的需求时才能体会到。

这就是这一章的重要性。

在前面的章节中，我们已经开始为上线做准备了，无论是配置各种调试和调优工具，还是配置 MySQL 库和缓存。

本章中，我们来更细致地介绍一下如何部署上线，让你的代码为用户提供服务。

14.1　你的代码如何为用户提供服务

这是每一个程序员都需要搞清楚的问题，也是很多程序员没有意识到的问题。尤其是当你从未发布过对外的软件时，如果你没有掌握发布程序的方法，那么就无法很好地体会到开篇所说的经验。

14.1.1　整体结构

在具体介绍部署之前，我们先整理一个全局的结构来让你有个更直观的认识，如图 14-1 所示。

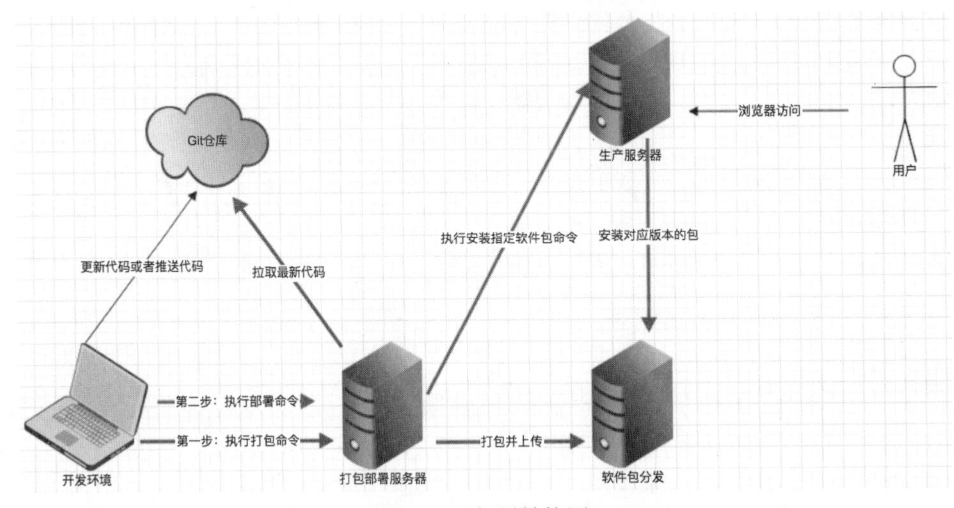

图 14-1　部署结构图

从图 14-1 中能比较直观地看到部署流程，我们的最终目的是把开发机上的代码部署到用户（外网）能访问的服务器上。

在开发中，我们通过 Git 仓库来管理源码。当需要上线时，我们会先到打包服务器上执行打包命令，这个命令的具体逻辑是从 Git 仓库拉取最新代码，并进行打包。接着会执行第二步操作，到部署服务器上执行部署命令。部署服务器会远程连接生产服务器，执行安装命令，安装对应的版本。

部署完成后，用户就可以在外网访问我们的系统了。我们在上面其实忽略了代码系统之外的其他组件，比如数据库、缓存。

14.1.2 项目部署方案

对部署逻辑有了基本认识之后，我们再来细化一下部署的流程。

(1) 传输代码到服务器上。

(2) 安装项目依赖包。

(3) 启动项目。

这里面其实没有包括 MySQL 或者 Redis 的配置，因为 MySQL 和 Redis 应该是作为基础服务，不需要跟项目部署有关联。上面几个步骤会频繁执行。在日常开发中，每天将新版本多次部署到服务器上是常有的事，更别说部署到测试服务器上的频率了。因此，好的部署方式需要考虑到，部署流程必须简单、可靠、可重复，部署脚本必须易用。不然你可以想象一下，每次部署时，负责的同事都要部署上百台服务器，想必他的心情是紧张万分的，一套部署流程走完得花十几分钟，完成后也是满头大汗，无比紧张。在这种情况下，每天执行多次新版本部署的话，那就是一种折磨。所以，有些公司或者团队会规定部署日期间隔以及部署频率。当将项目部署到线上变成了一件痛苦的事时，所有的人都会避之不及。

我们先来介绍传输代码到服务器上的步骤，这其实属于软件分发的第一阶段，就是打包和上传软件到一个软件源上，第二阶段就是在生产服务器上执行安装命令。

下面简要介绍几种常见的软件分发方式。

- **rsync/scp 工具**：这是一款可以用来同步两个服务器之间文件的工具，可以比较方便地把本地文件同步到服务器上。个人项目可以使用这个工具。
- **Git 仓库分发代码**：开发完代码后，一般都会推到远端 Git 仓库。因此，可以在服务器上通过拉取 Git 仓库的代码来更新代码。
- **PyPI**：这是标准的 Python 项目分发方式，我们用到的所有 Python 包都是通过这种方式分发的。这里需要自己搭建一个 PyPI 服务器，接着将开发好的代码打包并上传到 PyPI 服务器上，然后在服务器上通过标准的安装方式安装项目：`pip install <package_name>`。

在不同的公司或者团队，还存在其他分发方法。无论是什么样的方式，我们需要考虑的一点就是**易用性**，因为我们需要频繁使用。

14.1.3　系统架构

上面介绍了把开发机上的代码部署到生产系统的具体流程，这里来细化一下最终的运行时的系统结构，也就是系统最终以什么方式来处理用户请求。先来看一下图14-2。

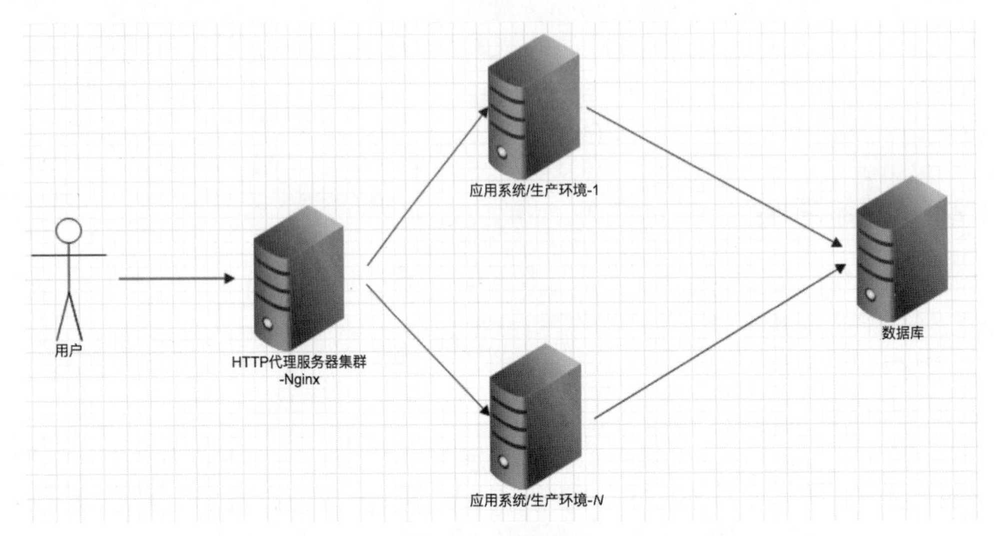

图14-2　系统架构

对比图14-1，这里更加清晰，在我们的项目对外发布时，会申请对外域名，用户最终通过域名可以访问到我们的系统。最外层的服务器会根据域名转发用户请求到我们的应用系统上，也就是图14-2中应用系统/生产环境的部分，最终通过读取数据库中的数据拿到结果，并返回给用户。

需要注意的是，在系统部署中，我们需要避免单点的存在，比如图14-2中的HTTP代理服务器其实是多台服务器，均部署了Nginx服务。Nginx在接受用户请求后，会根据配置把请求轮发到下游的应用系统服务器上。而应用系统服务器也是多台，并且每台服务器中也是通过多进程的方式来提供服务的。

每个节点的服务都要部署多台，其作用有两个：一是提供系统的并发承载能力；二是避免某台机器宕掉对整体服务产生影响（避免单点）。

14.1.4　总结

本节简单概述了系统结构以及分发方式，让读者有一个大体的印象，下一节来具体实施。

14.2　标准化打包和自动化部署

上一节中，我们简要介绍了软件（或者称作源代码）分发的流程。本节中，我们使用官方的PyPI进行打包。我建议读者尝试使用这种方式进行软件包的分发，因为这是大家都熟悉的一种方式，毕竟我们每天都在用 `pip install <package_name>`。默认情况下，`pip install` 会去官方的 PyPI 源下载，不过我们可以通过修改 Linux 或者 macOS 上的用户家目录下的文件 ~/.pip/pip.conf 来自定义 PyPI 源：

```
[global]
timeout = 6000
index-url = http://pypi.doubanio.com/simple/
trusted-host = pypi.doubanio.com
```

这样修改后，再次执行 `pip install <package_namge>` 时就会到 doubanio 上去检索，并下载。这是 pip 的配置。我们前面也讲到，可以通过自己搭建内部源来提供内部的包上传和分发能力。不过在搭建私有的 PyPI 服务之前，我们需要先来了解一下 setup.py 的配置，这是打包分发的前提。

14.2.1 配置项目的 setup.py

无论是在 Windows 上还是在 Linux 上，我们都很熟悉"setup"这个词。安装软件时，需要运行 setup.py 文件。那么，setup.py 做了什么事情呢？这就是本节要详细介绍的。

setup.py 主要做两件事：打包和安装。

- 打包的逻辑是指定哪些文件需要被打到包里。
- 安装的逻辑是把指定包及其依赖包安装到当前 Python 环境（虚拟环境）的 site-packages 中，并且把可执行文件放到对应的 bin 目录下。

下面具体说一下 setup.py 文件的配置。其实这个文件只是执行了 Python 提供的 `setup` 函数而已，所需要了解的是这个函数中每项参数的作用。针对我们这个项目，一个完整的 setup.py 文件（放到 typeidea 的根目录）如下：

```
from setuptools import setup, find_packages


setup(
    name='typeidea',
    version='0.1',
    description='Blog System base on Django',
    author='the5fire',
    author_email='thefivefire@gmail.com',
    url='https://www.the5fire.com',
    license='MIT',
    packages=find_packages('typeidea'),
    package_dir={'': 'typeidea'},
    package_data={'': [     # 方法一：打包数据文件
        'themes/*/*/*/*',  # 需要按目录层级匹配
    ]},
    # include_package_data=True,  # 方法二：配合 MANIFEST.in 文件
    install_requires=[
        'django~=1.11',
```

```
    ],
    extras_require={
        'ipython': ['ipython==6.2.1']
    },
    scripts=[
        'typeidea/manage.py',
    ],
    entry_points={
        'console_scripts': [
            'typeidea_manage = manage:main',
        ]
    },
    classifiers=[  # Optional
        # 软件成熟度如何？一般有下面几种选项
        #   3 - Alpha
        #   4 - Beta
        #   5 - Production/Stable
        'Development Status :: 3 - Alpha',

        # 指明项目的受众
        'Intended Audience :: Developers',
        'Topic :: Software Development :: Libraries',


        # 选择项目的许可证 (License)
        'License :: OSI Approved :: MIT License',

        # 指定项目需要使用的 Python 版本
        'Programming Language :: Python :: 3.6',
    ],

)
```

`packages` 前面的几个参数就不介绍了，它们很容易理解。我们需要关心的第一件事是要把哪些文件打到包里，这是由参数 `packages`、`package_dir` 和 `package_data` 决定的。

- **packages**：指明要打入的包，比如这里写的是 `packages=find_packages('typeidea')`，其实也可以写成 `packages=['config', 'comment', 'blog', 'typeidea', 'config.migrations', 'comment.templatetags', 'comment.migrations', 'blog.middleware', 'blog.migrations', 'typeidea.settings']`，但是自己来写就太烦琐了，因此 Python 提供了 `find_packages` 函数来帮我们发现指定目录下所有的 Python 包。
- **package_dir**：指明上面 `packages` 的包都在哪个目录下，如果在 setup.py 同级目录，则可以不写。
- **package_data**：指明除了 .py 文件外，还需要打包哪些文件到最终的安装包里。对应的值需要是字典格式，`key` 表示要查找的目录，`value` 是 `list` 结构，表示要查找的具体文件，支持通配符的方式。如果 `key` 为空，表示需要查找所有包。比如，我们需要打包 JavaScript 文件，其所在的位置为 typeidea/themes/bootstrap/static/js/post_editor.js，因为开头的 typeidea 就是包名，所以从 themes 开始，需要匹配每一级目录。

include_package_data 同 package_data 类似，也是用来指定要打包哪些额外文件到安装包里的，不同的是，这项配置依赖 MANIFEST.in 文件。MANIFEST.in 的示例配置如下：

```
# 指定要加入的文件或者多个文件，以空格分隔
include README.md

# 递归查找 typeidea 下面所有对应格式的文件
recursive-include typeidea *.css *.js *.jpg *.html *.md
```

上面介绍的 package_data 和 include_package_data 的功能差不多，平时只用其一即可。我们一般用第二种方式来配置额外的 MANIFEST.in 文件，因为配置简单。需要了解的是，这两个配置可以共存。

另外，还有其他参数，下面逐个解释一下。

- **install_requires**：指明依赖版本。安装当前项目时，先去安装依赖包，也就是这一项配置。
- **extras_require**：额外的依赖。你可能在网上看到过这样的命令：pip install 'gunicorn[gevent]' 或者 pip install 'gunicorn[eventlet]'，这就是 extras_require 的作用。而按照上面的写法，别人在安装时执行命令 pip install 'typeidea[ipython]'（前提是我们已经上传安装包到 PyPI 了），这样会同时安装 ipython 这个包。
- **scripts**：指明要放到 bin 目录下的可执行文件，这里我们把项目的 manage.py 放进去，对应路径是：typeidea/manage.py。这里的路径是相对于 setup.py 所在目录的。配置了这个参数后，安装完后，就可以通过 manage.py runserver 来启动项目了。
- **entry_points**：从名称就可以看出这是入口点，表示程序执行的点。比较常用的配置就是 console_scripts，用来生成一个可执行文件到 bin 目录下。上面的配置会生成一个 typeidea_manage 可执行文件到 bin 目录下，执行此命令就相当于执行了 manage.py 中的 main 方法（前提是我们需要在 manage.py 中增加一个 main 方法）。
- **classifiers**：这个参数用来说明项目的当前状况，比如是处于 Alpha 阶段还是 Beta 阶段等，以及面向人群、依赖的 Python 版本等。

除了这些配置外，还有其他参数可以设置。不过对于我们来说，这些配置已经足够满足大部分需求了。如果有需要，你可以查看本节最后的参考链接。

熟悉了上面这些配置后，打包项目就简单了。只需要照猫画虎，填写好各项配置，然后执行 python setup.py sdist 或者 python setup.py bdist_wheel 即可。

14.2.2 sdist 与 bdist_wheel

看到上面这两个命令，你可能会好奇 sdist 和 bdist_wheel 有什么差别。下面我们稍稍花点时间了解一下。

首先，sdist 是 source distribution 的意思，也就是源码分发，打包之后的包是以 .tar.gz 结尾的。

当你用 pip 安装源码包时，还需要经过 build 阶段，也就是会执行 `python setup.py install`。

而 bdist_wheel 打出来的包是 wheel 格式的，以 .whl 结尾。这种格式的包里面包含了文件和元数据，安装时只需要移动到对应的位置就可以了，不用像源码包那样安装。

关于 wheel 格式，需要多介绍一下。首先，它是 ZIP 格式的包，可以通过 `unzip package_name.whl` 来解压。另外，wheel 格式的优点如下：

- 可以更快地安装纯 Python 的、使用原生 C 扩展的包；
- 避免安装过程中执行任意代码（避免执行 setup.py）；
- C 扩展的安装不需要在 Windows 或者 macOS 上编译；
- 给测试和持续集成提供更好的缓存；
- 在安装期间创建 .pyc 文件，确保这些文件跟当前使用的 Python 解释器匹配；
- 在多平台上具有更加一致的安装过程。

——翻译自 pythonwheels.com 网站

上面是官方列出的优点。从实际使用来说，wheel 格式的包确实会比 sdist 格式的包的安装效率更高，并且可以更好地进行缓存。尤其重要的是，对于带有 C 扩展的包，如果使用 .tar.gz（也就是源码包）的方式安装，还需要进行编译，这比较容易出问题；如果使用 wheel 格式的包，不需要进行编译。

关于包的介绍就到这里，你只需要知道在存在 wheel 包的情况下，优先选用 wheel 包进行安装即可。pip 现在就是这个逻辑。

补充一点，对于打包 wheel 包的情况，可以通过参数控制最终输出的包是针对 Python 哪个版本的，比如用命令 `python setup.py bdist_wheel --universal` 表示所有版本都可以用，并且没有 C 扩展。`python setup.py bdist_wheel --python-tag py36` 指明项目运行版本为 Python 3.6。除了直接在命令行上增加参数外，还可以通过文件的方式配置。setup.cfg 是很多开源项目上都配置了的文件，其作用就是把每次都要配置的参数放到文件中。上面的参数转到文件中就是这样：

```
[bdist_wheel]
python-tag = py36
#universal=0  # 仅限当前运行的 Python 版本 2 或者 3
#universal=1  # 2 和 3 通用
```

理解了这些配置后，打包就没问题了。上传 PyPI 服务器的方式也非常简单，通过命令 `python setup.py sdist bdist_wheel upload -r internal` 即可完成。在该命令中，后面的 `-r` 指明使用哪个 PyPI 服务。接下来，我们介绍怎么搭建私有的 PyPI 服务器以及配置上传。

14.2.3　配置内部 PyPI 服务器

直接安装即可：

```
pip install pypiserver
```

然后启动：

```
pypi-server -p 18080 -P /opt/mypypi/.htaccess /opt/mypypi/packages
```

这里解释一下其中的参数，-p 指定端口号，-P 指定认证文件，最后一个参数是上传的包存放目录。

注意　代码中的 .htaccess 是使用 Apache 的一个工具生成的，其方法如下：

```
yum install httpd-tools
htpasswd -sc /opt/mypypi/.htaccess the5fire  # 注：这一步会再次让你输入密码，
                                               比如输入 the5fire.com
```

启动后的界面如图 14-3 所示。

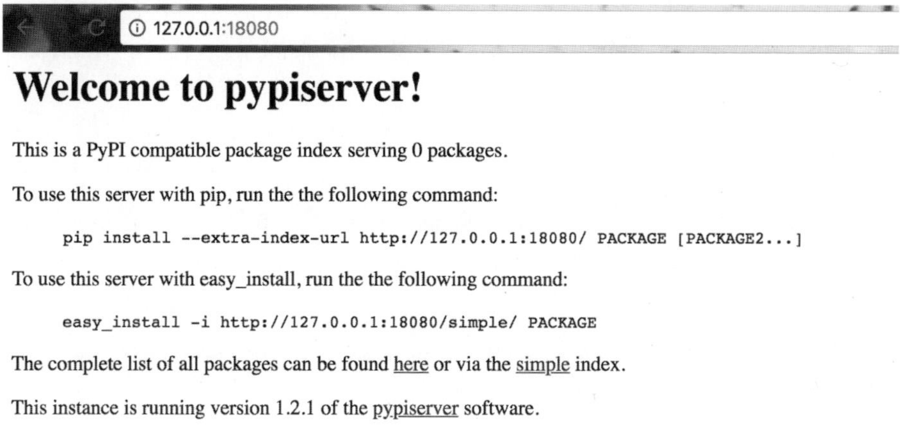

127.0.0.1:18080

Welcome to pypiserver!

This is a PyPI compatible package index serving 0 packages.

To use this server with pip, run the the following command:

```
pip install --extra-index-url http://127.0.0.1:18080/ PACKAGE [PACKAGE2...]
```

To use this server with easy_install, run the the following command:

```
easy_install -i http://127.0.0.1:18080/simple/ PACKAGE
```

The complete list of all packages can be found here or via the simple index.

This instance is running version 1.2.1 of the pypiserver software.

图 14-3　pypiserver 界面

服务端配置完成后，客户端（也就是我们要上传打包文件的服务器）需要进行配置。在用户的家目录下增加 .pypirc 文件（注意前面的 . 号），其内容如下：

```
[distutils]
index-servers =
    internal

[internal]
repository: http://127.0.0.1:18080/
username: the5fire
password: the5fire.com
```

这个文件配置了 PyPI 服务器、用户名和密码。

这时再次运行 python setup.py sdist bdist_wheel upload -r internal，就能看到文件上传到服务器上了，如图 14-4 所示。

127.0.0.1:18080/packages/

Index of packages

typeidea-0.1-py36-none-any.whl

图 14-4 pypiserver 索引界面

我们可以尝试在其他服务器（或者创建一个新的虚拟环境）上来安装：`pip install typeidea==0.1 -i http://127.0.0.1:18080/simple/`。同时你可以从服务器上删除 .whl 格式的包，只保留 .tar.gz 的包，并对比这两种包的安装过程。

上面使用 pypiserver 来提供服务，你可以尝试使用 devpi 来搭建，它是一个功能更强大的 PyPI 服务器包。

14.2.4 自动化部署

拥有一套自动化的部署流程，应该是每个技术团队最基本的要求，也是频繁上线时稳定性的保障。基于前面已经配置好的服务，这里我们只需要关心如何批量在多台服务器上安装需要的版本即可。

首先，需要明确如果要人工部署的话，需要的流程是什么样的。毕竟所谓的自动化，就是把人类需要做的操作让代码来执行。一次上线的逻辑可能是这样的。

(1) 打包并上传到 PyPI 服务器上，对应的命令为 `python setup.py bdist_wheel upload -r internale`。

(2) 登录生产服务器：`ssh root@product_server_ip`。

(3) 检查或创建虚拟环境：`less my-venv/.bin/activate` 或者 `python3.6 -m venv my-venv`。

(4) 激活虚拟环境：`source my-venv/.bin/activate`。

(5) 安装对应包：`pip install typeidea==0.1 -i http://private-pypi-server.com/simple/--trusted-host private-pypi-server.com`。

(6) 上传 supervisord.conf。

(7) 启动 supervisord。

这是完成一个新版本上线需要的流程。如果是人工执行，那么结果可想而知。当然，有人可能会问：环境初始化之类的操作不是执行一次就好了吗，剩下的其实就是不断地登录上去安装新的包了，不需要太多操作。有这个想法的人肯定是思考了这个问题，可能自己也实践过。但是问题在于，服务上线之后，可能随时会遇到突发流量，需要增加服务器，一次可能增加很多台。此时，怎么能快速把所有的服务器都安装好呢？

这其实就是自动化的意义，你敲键盘的速度再快也是有极限的，无法大规模扩展，而机器则不同，你可以同时并发执行上面的命令，只需要几十秒到几分钟的时间就能把项目批量安装到新的服务器上。

有了上面的具体步骤，接下来只需要找一个合适的工具通过编程实现上面的步骤就行。这里有两个库可供选择：paramiko 和 Fabric。

- paramiko 是比较底层的库，是 SSHv2 协议的 Python 实现，它提供了一个 SSHClient 供我们使用，可以完成 SSH 的所有操作。
- Fabric 是基于 paramiko 的更高级的库，其中封装了很多工具。

对比来说，paramiko 像是 socket，而 Fabric 相当于 requests 这样提供了更多封装的库。

对于我们想要自动化来完成多台服务器操作的需求，Fabric 堪称利器。当然，这里还需要提到另外两个工具，它们也是基于 Python 的：Ansible 和 Salt。它们跟 Fabric 又有什么关系呢？

简单来说，Fabric 像是一个工具箱，提供了很多好用的工具，用来在远端执行命令。而 Ansible 则提供了一套简单的流程，你要按照它的流程来做，就能轻松完成任务。它们就像是库和框架的关系一样。

概括来说，Ansible 像是任务编排工具，提供了很多“插槽”，你把命令按顺序放进去就行。

Salt 也类似，不过我对它并不熟悉，这里就不多做介绍。

14.2.5　编写 fabfile 配置

理解了上面的流程之后，只需要简单看一下 Fabric 给我们提供了哪些工具，就可以基于它来编程了。那么，Fabric 提供了哪些功能呢？这里我来简单总结一下。

- 配置主机信息以及提供全局的 `env` 对象，可以在代码执行期间的任意函数中通过它获取配置信息。
- 对本地 shell 命令和远端 shell 命令的封装，让我们可以通过简单的 `local('whoami')` 或者 `run('whoami')` 的方式在本地或者远端执行命令。
- 基于上面两项功能提供了更多的工具集。比如说，可以通过 `put` 方法推送本地文件到服务器，也可以通过 `get` 方法从服务器上拉取文件。另外，还有更便于工程管理的方法 `rsync_project`，它是对 `rsync` 的封装。
- 上下文管理工具 `context_managers` 中有很多常用的函数，如 `cd` 和 `prefix`。这个工具能够让要执行的代码都保持在一个上下文中。

上面是对 Fabric 的总结，但是从根本上来讲，它做的事情就是通过对 SSH 的包装以及对

rsync 的包装，帮我们处理跟远端服务器的交互。下面我们通过编写 typeidea 项目的自动化部署代码来实际操作一下。

注意　这里是基于 Fabric 1.*x* 版本介绍的，文档地址为 http://docs.fabfile.org/en/1.14/。如果安装 Fabric 包的话，需要执行命令 `pip install fabric3`，这个包是 Fabric 兼容 Python 3 的版本，其用法跟 Fabric 1.*x* 一样。另外，Fabric 也推出了 2.0 版本（2018 年 5 月 9 日），其用法有了很大的差别。如果你是在 Python 2.*x* 上使用 Fabric，可以通过命令 `pip install fabric~=1.14`。关于 Fabric 2.0 的用法，会在附录 A 中介绍。

首先，在项目的根目录（也就是 setup.py 同级目录）下增加 fabric.py 文件，同时新增一个 conf 文件夹及其下面的 supervisord.conf 文件。配置完成后，当前项目根目录下的文件结构为：

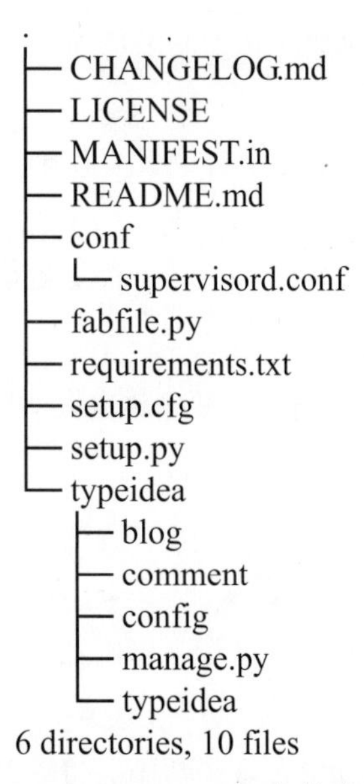

supervisord.conf 中的内容我们暂且不管。先来编写 fabfile.py 中的代码，需要把我们前面列出来需要人工处理的部分转变为函数实现。因为代码量比较大，我们先来看打包的部分：

```
import os
from datetime import datetime

from fabric.api import (
    env, run, prefix, local, settings,
    roles,
)
from fabric.contrib.files import exists, upload_template
from fabric.decorators import task


env.roledefs = {
```

```
    'myserver': ['the5fire@127.0.0.1'],
}
env.PROJECT_NAME = 'typeidea'
env.SETTINGS_BASE = 'typeidea/typeidea/settings/base.py'

env.DEPLOY_PATH = '/home/the5fire/venvs/typeidea-env'
env.VENV_ACTIVATE = os.path.join(env.DEPLOY_PATH, 'bin', 'activate')
env.PYPI_HOST = '127.0.0.1'
env.PYPI_INDEX = 'http://127.0.0.1:18080/simple'
env.PROCESS_COUNT = 2
env.PORT_PREFIX = 909


class _Version:
    origin_record = {}

    def replace(self, f, version):
        with open(f, 'r') as fd:
            origin_content = fd.read()
            content = origin_content.replace('${version}', version)

        with open(f, 'w') as fd:
            fd.write(content)

        self.origin_record[f] = origin_content

    def set(self, file_list, version):
        for f in file_list:
            self.replace(f, version)

    def revert(self):
        for f, content in self.origin_record.items():
            with open(f, 'w') as fd:
                fd.write(content)


@task
def build(version=None):
    """ 在本地打包并且上传包到 PyPI 上
        1. 配置版本号
        2. 打包并上传
    """
    if not version:
        version = datetime.now().strftime('%m%d%H%M%S')  # 当前时间，月日时分秒

    _version = _Version()
    _version.set(['setup.py', env.SETTINGS_BASE], version)

    with settings(warn_only=True):
        local('python setup.py bdist_wheel upload -r internal')

    _version.revert()
```

编写好这段代码之后，打包时只需要执行命令 `fab build:0.3`，其中 0.3 是版本号，或者直接使用命令 `fab build` 自动生成当前时间的版本号。执行完命令之后，新的版本就已经上传到我们自己的 PyPI 服务器上了。

再来解释一下这段代码。装饰器 `task` 是为了把 `build` 定义为一个任务。所谓任务，就是你配置好 fabfile 之后，在当前目录下执行 `fab -l` 时即可列出所有可执行的命令。如果不使用 `task` 装饰器，Fabric 会把 fabfile 中所有的函数列出来。

`build` 函数的逻辑比较清晰，第一步就是设置版本号：其中有两个地方要设置，一个是 setup.py 中的版本号，另外一个是项目中的版本号。因此，需要分别在 setup.py 和对应的 settings/base.py 中增加 `${version}` 的配置，便于替换。在 settings 中增加版本号的目的是便于我们知道当前线上是什么版本。

因为这个函数目前是本地操作，所以需要设置好对应的版本号。打包完成后，再次恢复代码到之前的状态。打包的逻辑不应该改变代码。因此，我们定义了 `_Version` 类来进行这个处理。

处理完成后，通过 `local` 函数执行本地命令，进行打包上传。

如果是通过专门的服务器打包的话，需要把 `local` 替换为 `run`，并且也需要把 `_Version` 中操作文件的部分改成 Fabric 提供的 `fabric.contrib.files.sed` 来进行版本号的替换。另外，还需要增加分支切换的逻辑，因为打包时要指明分支。

理解打包逻辑后，我们再来编写部署方法：

```
def _ensure_virtualenv():
    if exists(env.VENV_ACTIVATE):
        return True

    if not exists(env.DEPLOY_PATH):
        run('mkdir -p %s' % env.DEPLOY_PATH)

    run('python3.6 -m venv %s' % env.DEPLOY_PATH)


def _reload_supervisoird(deploy_path, profile):
    template_dir = 'conf'
    filename = 'supervisord.conf'
    destination = env.DEPLOY_PATH
    context = {
        'process_count': env.PROCESS_COUNT,
        'port_prefix': env.PORT_PREFIX,
        'profile': profile,
        'deploy_path': deploy_path,
    }
    upload_template(filename, destination, context=context, use_jinja=True,
        template_dir=template_dir)
    with settings(warn_only=True):
        result = run('supervisorctl -c %s/supervisord.conf shutdown' % deploy_path)
        if result:
            run('supervisord -c %s/supervisord.conf' % deploy_path)
```

```
@task
@roles('myserver')
def deploy(version, profile):
    """ 部署指定版本
        1. 确认虚拟环境已经配置
        2. 激活虚拟环境
        3. 安装软件包
        4. 启动
    """
    _ensure_virtualenv()
    package_name = env.PROJECT_NAME + '==' + version
    with prefix('source %s' % env.VENV_ACTIVATE):
        run('pip install %s -i %s --trusted-host %s' % (
            package_name,
            env.PYPI_INDEX,
            env.PYPI_HOST,
        ))
        _reload_supervisoird(env.DEPLOY_PATH, profile)
        run('echo yes | %s/bin/manage.py collectstatic' % env.DEPLOY_PATH)
```

编写好部署代码后，我们只需要执行命令 `fab build:0.3` 打出 0.3 版本程序代码的包，然后通过 `fab deploy:0.3,develop` 在上面定义的 myserver 服务器上安装即可。注意，部署时需要把 setup.py 中的 install_requires 补充完整，具体可以参考 https://github.com/the5fire/typeidea/blob/book/14-deploy/setup.py。不过本节中只要能成功执行安装即可，具体运行还需要看下一节的内容。

了解了用法，我们来详细解释一下代码的细节。`deploy` 函数的具体执行步骤在注释中已经写得很清楚了。首先，我们定义 `_ensure_virtualenv` 函数来确保虚拟环境存在。之后，直接通过 `run` 方法在远程服务器上执行安装命令。其中 `with prefix` 部分就是创建一个处于激活状态的虚拟环境，然后在其中执行安装和启动操作。之后调用我们定义的 `_reload_supervisoird` 方法来通过 supervisord 配合 Gunicorn 启动项目。最后，项目部署完成后，收集静态文件到 `STATIC_ROOT` 下（关于 `STATIC_ROOT` 的配置，详见第 8 章）。

开发好自动化脚本后，理论上当我们拿到一台（或者一批）新的服务器并配置好 SSH key 认证登录后，只需要执行 `fab deploy:<对应版本>,<对应 profile>`，就可以把项目安装上去。

关于 Fabric 的更多用法，读者可以参考我们之前开源出来的 essay 项目，它基于 Fabric 做了很多实用的封装，现在我们的所有项目都是基于它来做自动化部署的。

14.2.6 总结

在编写本节代码进行练习时，你可以先不执行 `_reload_supervisoird` 方法，因为 supervisor 的配置下一节中会介绍。本节中你需要做到的是，自己搭建 PyPI 服务器，能完成通过 `fab` 的打包、上传以及部署安装。

14.2.7 参考资料

- 使用虚拟主机初始化 Python 环境：https://www.the5fire.com/setup-new-vps.html。
- Python 文档中的 setup 配置：https://docs.python.org/2/distutils/setupscript.html。
- setuptools 文档：https://setuptools.readthedocs.io/en/latest/setuptools.html。
- Python 项目打包：https://packaging.python.org/tutorials/distributing-packages/。
- wheel 格式的 PEP：https://www.python.org/dev/peps/pep-0427/#rationale。
- wheel 文档：https://wheel.readthedocs.io/en/stable/。
- wheel 介绍：https://pythonwheels.com/。
- Egg 与 wheel：https://packaging.python.org/discussions/wheel-vs-egg/。
- 打包 Python 程序时 MANIFEST.in 的配置：https://docs.python.org/2/distutils/sourcedist.html#the-manifest-in-template。
- PyPI 打包上传配置：https://docs.python.org/2/distutils/packageindex.html#the-pypirc-file。
- PyPI 服务器配置：https://pypi.python.org/pypi/pypiserver。
- setup 参数之 zif_safe：https://setuptools.readthedocs.io/en/latest/setuptools.html#setting-the-zip-safe-flag。
- essay 自动化部署：https://github.com/sohutech/essay。
- Ansible 中文指南：https://www.the5fire.com/ansible-guide-cn.html。

14.3 在生产环境中运行项目

在上一节中，你应该已经能够把代码安装到对应服务器的虚拟环境中了，但是还无法运行起来。接下来，配置项目运行相关的内容。第一个需要介绍的是 Gunicorn。

14.3.1 为什么需要使用 Gunicorn

刚开始学习 Python Web 开发的读者可能会有这个疑问："the5fire，前面讲了，'若无必要，勿增实体'，对于是否要引入 Redis 都要做一番权衡，那么为什么需要引入 Gunicorn 呢？不会增加成本吗？"能这么想的读者，我必须称赞你一下，你确实在用心学习，继续保持吧，好奇和怀疑是进步的原动力。

另外，有些人可能会觉得习以为常，毕竟现在网上流传的大部分关于 Python Web 项目部署的文章都会用到 Gunicorn，难道不是标配吗？

我们只针对 Django 的部署来说，Django 官网建议不要使用 `runserver` 的方式来部署项目，推荐使用 WSGI 的方式。

官方其实给了解释，大概意思就是：**不要在生产环境中使用这种模式**。因为这种方式没有经过安全审查以及性能测试。（并且以后也不会这么做。我们的职责是 Web 框架开发，而不是 Web

服务器，所以优化 `runserver` 运行方式以达到处理生产环境上请求的能力是 Django 职责之外的事情。)

这其实已经给了我们明确的建议了，也给了部分原因——没经过安全审查和性能测试，但是你是否好奇这两种方式的差别在哪里呢？

对于有兴趣考究细节的读者，建议去看一下这部分的源码，了解一下处理细节。这里简单介绍自带 `runserver` 模式的一些细节（基于 Python 3.6 和 Django 1.11 的源码）。

- 用于开发，因此每次代码修改后，Django 可以帮你自动重启服务进程，但是通过启动时增加参数 `--noreload` 避免自动重启。
- 基于 Python 内置的 SocketServer 来提供服务，这是基于 Select 加多线程的方式。也就是说，每接受一个新的请求，都会启动一个新的线程来处理，但是请求接受阶段是阻塞的。这意味着如果同时有大量请求过来，只有前面的几个请求（具体取决于 `socket.listen(backlog)` 时的 `backlog` 配置以及系统配置，Django 1.11 中 `backlog` 的值为 10）会被处理，多余的请求会被拒绝掉。
- 接受请求之后的处理逻辑使用的是 wsgi.py 中的 `application`，这是在 settings 中配置好的：`WSGI_APPLICATION`。这跟使用 WSGI 的方式是一样的。

不知道这么介绍能否满足你的好奇心。不过即使你理解了，我也建议你最好去参考一下源码。

因此，基于 Django 的官方建议以及上面的简单介绍，使用 `runserver` 方式无法满足生产环境的需求。

14.3.2 Gunicorn 简介

上面说了，Django 的关注点在 Web 框架而非性能上，因此 Django 实现了 WSGI 协议。通过该协议，可以使其运行在其他 WSGI 容器中。Gunicorn 就是这么一个容器。另外一个选项是 uWSGI（其用法可参见附录 B）。

关于 WSGI，我们在第 2 章中已经详细介绍过。这里看看 Gunicorn 是什么以及它提供了哪些功能。

Gunicorn 是纯 Python 开发的一款 WSGI 容器，它使用 pre-fork 多进程模式，能够广泛兼容不同的 Web 框架，实现简单，资源占用少，并且相当快。

它有以下特性：

- 原生支持 WSGI、Django 和 Paster；
- 自动的工作进程管理；
- 简单的 Python 配置；
- 多种工作进程配置方式；
- 提供多种钩子（hook）便于开发自己的扩展；

- 兼容 Python 2.x（大于 2.6）或者 3.x（大于 3.2）版本。

上面是比较官方的介绍，我们使用它的原因有两个：一是易用性强、性能良好；二是基于纯 Python 开发，有问题的话，我们可以通过阅读它的源代码来解决。

其实 Gunicorn 的使用文档介绍得比较全面，这里只介绍日常的用法。它提供了多种 worker 模型。

- 同步方式：`sync`，这是默认配置。
- 异步方式：`gaiohttp`、`gthread`、`gevent`、`eventlet`、`tornado`。

这里解释一下上面的分类，同步方式很好理解，跟 `runserver` 类似，但不同的是它不会启动新的线程来处理接受的请求。

异步方式可以细分为：异步 worker、tornado worker、AsyncIO（异步 IO）worker。

- 异步 worker 是指通过 `gevent` 和 `eventlet` 方式来运行系统。
- tornado worker 是指通过 tornado 的 `ioloop` 方式来运行系统，但官网并不推荐这种用法。
- AsyncIO worker 是指通过 `gaiohttp` 或者 `gthread` 方式来运行系统，其中 `gthread` 方式可以理解为线程池的模型。

对于具体选用哪种方式，Gunicorn 官方的建议是：如果是 CPU 密集的应用，建议使用同步方式；如果是有外部 I/O 请求（外部接口、数据库等）的应用，建议使用异步方式。至于使用哪种异步方式来实现，官方并没有说明。

我自己的经验是在 Python 2 的项目中使用 `gevent` 的方式来处理请求，在新的项目中（也就是基于 Python 3.6 的环境中）使用 `gthread` 的方式。

这么选择的原因是基于压力测试，我们会对比不同的 worker 模型在同样压力测试下的表现，然后选择一个比较合适的方案。

14.3.3　使用 Gunicorn

Gunicorn 的使用非常简单。针对我们的应用，只需通过 `gunicorn typeidea.wsgi:application -w 8 -k gthread -b 127.0.0.1:8000 --max-requests=10000` 方式启动即可。

下面简要解释一下其中的几个参数。

- **`-w`** 或者 **`--workers`**：表示启动的进程数量，比如上面的例子会启动 9 个进程（其中一个是 master 进程，不处理请求，用来管理其他进程）。
- **`-k`** 或者 **`--worker-class`**：表示要使用哪个 worker 模型运行项目。
- **`-b`** 或者 **`--bind`**：表示绑定到哪个端口上。
- **`--max-requests`**：可选配置，也是比较常用的配置，设置当进程（针对每个进程）处理请求达到指定数量后重启。一般用来避免内存泄露。

当然，还有很多其他配置项，具体可以参考文档，这里我们只介绍用到的部分。

关于具体启动的进程数量，官方建议是 CPU 核数量的 2 倍 + 1，比如是 8 核机器，那么进程数量就是 $8 \times 2 + 1 = 17$。不过这也不是绝对值，我们需要根据自己的业务和部署架构进行压测后调整。

到目前为止，想必你也能够体会到通过 Gunicorn 运行项目和通过 `runserver` 运行项目的差别所在。

14.3.4　Supervisor 介绍

Supervisor 是一个进程控制软件，通过它既可以方便地监控和管理进程，也可以更方便地管理（启动、停止、查看状态）Gunicorn 进程。

从理论上来说，我们可以直接设置 Gunicorn 为 Daemon 来运行项目，但问题在于我们不能够方便地查看进程的状态，也无法方便地管理进程，还无法处理程序在某个处理流程中意外崩溃的情况。

我们先概括介绍 Supervisor 给我们提供了哪些功能，然后再用它来管理 Gunicorn 进程。它提供了如下功能组件。

- supervisord：这是用来启动 supervisor 的组件，可以通过 `supervisord -c supervisord.conf` 来指定配置文件来启动程序。
- supervisorctl：通过类似于 shell 的交互式方式来管理已经启动的进程，在里面可以通过 `status` 查看状态，通过 `stop <program_name>` 和 `stop all` 来停止指定进程或者所有进程，通过 `start <programe_name>` 或者 `start all` 启动所有进程，通过 `shutdown` 来关闭所有被管理的进程并且退出 supervisor 程序。
- Web 服务器：当我们在配置文件中启用了`[inet_http_server]`之后，就可以通过 Web 界面来管理进程了，如图 14-5 所示。

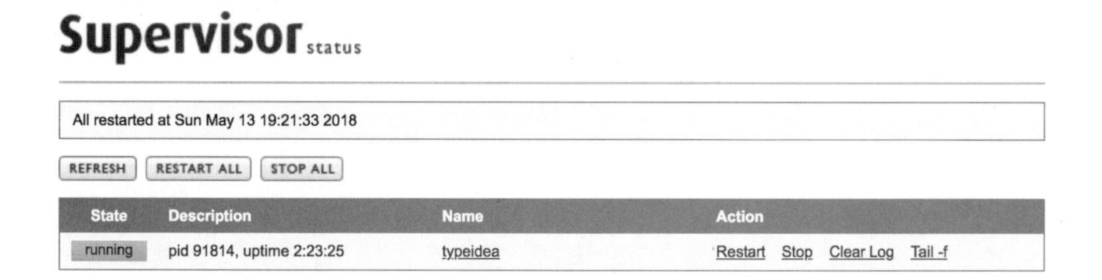

图 14-5　supervisor 的 Web 界面

- XML-RPC 接口：它提供跟 Web 服务器一样的功能，只是对上面的接口做了 xmlrpc 的封装。如果配置了 [rpcinterface:supervisor]，就可以通过 Python 3 中的 xmlrpc 库来进行访问。

了解了上面的 4 个功能模块后，我们就可以编写配置文件了。因为配置文件的可配置项比较多，supervisor 提供了命令 echo_supervisord_conf >> conf/dev_supervisord.conf，让我们可以方便地得到一份模板。

虽然配置文件看起来繁杂，但是经常需要配置的有 4 块。下面列举其中的几个配置项。

- **[unix_http_server]**：UNIX socket 配置，是 supervisor 用来管理进程的接口（supervisord 启动后，supervisorctl 需要通过这个 socket 来跟它通信）。
- **[inet_http_server]**：这就是 Web 服务器的配置。如果不需要 Web 管理界面的话，可以不开启。如果打算开启，一定要配置用户名和密码。
- **[supervisord]**：这是 supervisord 的基础配置，其中包括日志相关的配置以及 pid 的位置。
- **[rpcinterface:supervisor]**：用来配置 RPC 接口。这一项是必须配置的，因为 supervisorctl 就是通过这个 RPC 来连接前面说到的 socket 的。
- **[supervisorctl]**：supervisorctl 命令配置，它配置的 socket 地址以及用户密码应该同 [unix_http_server]一致。
- **[program:<程序名>]**：程序配置。配置需要运行的程序启动命令 command 以及相关配置，如日志、环境变量、要启动的进程数等。

当然，还有其他用于编写扩展的配置，比如 [eventlistener:x]。

大概了解这些配置后，需要先来安装：pip install supervisor==4.0.2。

安装完成后，可以看看通过 echo_supervisord_conf 命令生成的模板，里面的内容有很多，我们只保留需要的部分。conf/dev_supervisord.conf 的完整内容如下：

```
[unix_http_server]
file=/tmp/supervisor.sock   ; the path to the socket file
;chmod=0700                 ; socket file mode (default 0700)
;chown=nobody:nogroup       ; socket file uid:gid owner
;username=user              ; default is no username (open server)
;password=123               ; default is no password (open server)

[inet_http_server]          ; Web 服务器的部分
port=127.0.0.1:9001         ;
username=user               ; 登录用户名
password=123                ; 登录密码

[supervisord]               ; 全局配置部分
logfile=supervisord.log     ; 主 log 文件
logfile_maxbytes=50MB       ; rotation 配置
logfile_backups=10          ; 备份数量
```

```
loglevel=info                    ; 日志级别，默认值为 info；其他选项有 debug、warn 和 trace
pidfile=/tmp/supervisord.pid ; PID 文件
nodaemon=false                   ; 默认是后台运行，如果需要前台运行，可以将其设置为 true
;user=chrism                     ; 默认是当前用户，如果是 root 用户的话，需要将其配置为 root
;directory=/tmp                  ; 配置所有涉及目录的根目录，默认是当前运行目录
;environment=KEY="value"         ; 全局（所有 program）环境变量配置

[rpcinterface:supervisor]        ; 必须启用，supervisorctl 通过它来管理进程
supervisor.rpcinterface_factory = supervisor.rpcinterface:make_main_rpcinterface

[supervisorctl]                  ; 前几项配置必须跟[unix_http_server]保持相同
serverurl=unix:///tmp/supervisor.sock
;username=chris
;password=123
;prompt=mysupervisor             ; 进入交互模式时的提示文字，默认是"supervisor"
;history_file=~/.sc_history      ; 用户的历史记录，跟 bash 上的配置类似，开启后可以查看和使用
                                   历史命令

[program:typeidea]               ; 程序配置的部分，一份 supervisord.conf 可以配置多个程序
                                 ; 启动命令，需要注意路径，最后的%(process_num)1d 用于获取
                                   当前进程号
command=gunicorn typeidea.wsgi:application -w 1 -b 127.0.0.1:800%(process_num)1d
process_name=%(program_name)s_%(process_num)s ; 进程名，当下面的 numprocs 大于 1 时，
                                                 必须配置%(process_num)s
numprocs=2                       ; 要启动的进程数
directory=typeidea               ; 同上面配置，启动时所处的目录
priority=999                     ; 程序权重，多个程序时不同权重的程序启动先后顺序不同
autostart=true                   ; supervisord 启动时是否自动启动
environment=TYPEIDEA_PROFILE="develop"  ; 环境变量配置
;startsecs=1                     ; 进程启动多长时间后视为正常运行
;startretries=3                  ; 启动失败时的重试次数，默认值为 3
;autorestart=unexpected          ; 申请情况下重启进程，如果是 false，那始终不会重启。如果是
                                   unexpected，那么当退出码不是下面 exitcodes 所配置的退出
                                   码时，就会自动重启。如果是 true，那么只要程序退出，就会无
                                   条件重启
;exitcodes=0,2                   ; 正常退出的 exitcode
;stopsignal=QUIT                 ; 杀死进程的信号，默认是 TERM，这是 Linux 中断信号：有如下选项
                                   TERM、HUP、INT、QUIT、KILL、USR1 或 USR2
;stopwaitsecs=10                 ; 当执行 shutdown 后多久关闭进程
;stopasgroup=false               ; 停止进程组，比如在 Flask 的 debug 模式下，它不会传播信号给子
                                   进程，这会导致出现孤儿进程
;killasgroup=false               ; 同上，如果运行程序时使用了 multiprocessing 的话，需要用到
;user=chrism                     ; 使用其他用户身份运行程序
;redirect_stderr=true            ; 重定向错误到 stdout 中，默认关闭
stdout_logfile=stdout.log        ; 同 [supervisord]
;stdout_logfile_maxbytes=1MB ;
;stdout_logfile_backups=10       ;
```

14

配置好之后，你可以通过 supervisord -c conf/dev_supervisord.conf 来运行程序。接着访问 http://127.0.0.1:8000 或者 http://127.0.0.1:8001 看看程序是否正常启动，如果访问不到，可以通过 tail -f stdout.log 以及 tail -f supervisord.log 查看是否有异常日志。

此外，也可以通过 supervisorctl -c conf/dev_supervisord.conf 进入交互模式查看，此时能看到如下结果：

```
typeidea:typeidea_0              RUNNING   pid 18545, uptime 0:00:24
typeidea:typeidea_1              RUNNING   pid 18546, uptime 0:00:24
supervisor>
```

然后可以通过 stop all 或者 restart all 命令操作进程。

本地配置没问题后，可以复制一份内容到 conf/supervisord.conf 中，并将这个新文件作为正式环境配置。我们配置 dev_supervisord.conf 的目的是可以在本地测试 supervisord 是否可以正常启动项目。没问题后，可以将其部署到线上。

需要注意的是，[program_name:typeidea]下的 command 和 directory 需要重新配置，以适应正式环境的目录。

14.3.5　自动化部署和 supervisord

在上一节的 fabfile 文件中，我们注释掉了 _reload_supervisoird 函数，这个函数的作用现在可以解释一下了：

```
def _reload_supervisoird(deploy_path, profile):
    template_dir = 'conf'
    filename = 'supervisord.conf'
    destination = deploy_path
    context = {
        'process_count': env.PROCESS_COUNT,
        'port_prefix': env.PORT_PREFIX,
        'profile': profile,
        'deploy_path': deploy_path,
    }
    upload_template(filename, destination, context=context, use_jinja=True,
        template_dir=template_dir)
    with settings(warn_only=True):
        result = run('supervisorctl -c %s/supervisord.conf shutdown' % deploy_path)
        if result:
            run('supervisord -c %s/supervisord.conf' % deploy_path)
```

该函数的作用是根据变量渲染 supervisord.conf，然后将其上传到对应的部署目录中，最后通过 run 函数，先关闭原有的 supervisord 进程，然后启动新的进程。先关闭再重新启动的目的是加载新的 supervisord.conf。

这里要注意 context 部分。跟前面讲过的模板渲染一样，这里的变量也会渲染本地的 supervisord.conf 模板，然后上传渲染之后的结果到服务器上。因此，我们可以据此来调整配置文件：

```
[unix_http_server]
file={{ deploy_path }}/tmp/supervisor.sock

[inet_http_server]
port=127.0.0.1:9001
username=user
password=123

[supervisord]
logfile={{ deploy_path }}supervisord.log
logfile_maxbytes=50MB
logfile_backups=10
loglevel=info
pidfile={{ deploy_path }}/tmp/supervisord.pid
nodaemon=false

[rpcinterface:supervisor]
supervisor.rpcinterface_factory = supervisor.rpcinterface:make_main_rpcinterface

[supervisorctl]
serverurl=unix://{{ deploy_path }}/tmp/supervisor.sock

[program:typeidea]
command=gunicorn typeidea.wsgi:application -w 1 -b
127.0.0.1:{{ port_prefix }}%(process_num)1d
process_name=%(program_name)s_%(process_num)s
numprocs={{ process_count }}
directory={{ deploy_path }}
priority=999
autostart=true
environment=TYPEIDEA_PROFILE="{{ profile }}"
startsecs=5
autorestart=unexpected
exitcodes=0,2
stopsignal=QUIT
redirect_stderr=true
stdout_logfile=stdout.log
stdout_logfile_maxbytes=1MB
stdout_logfile_backups=10
```

去掉了注释掉的部分，增加了模板变量，这样我们就可以在 fabfile 中控制要启动的进程数以及运行时的 profile 了。现在你可以找一台服务器或者虚拟机来尝试通过 `fab deploy:0.4,develop` 部署项目，不过可能无法启动。

14.3.6 setup.py 和 requirements.txt

上面说的无法启动是因为我们到目前为止尚未配置过 setup.py 中的依赖项。在之前的内容中，我们都是新增一个依赖，然后直接安装并使用。因为当时没涉及 setup.py 的配置，也没有实时地把依赖放进去，所以才会出现现在的问题。那么，我们到底需要多少依赖？在日常开发中，我们会要求新增的依赖项一定要及时配置到 setup.py 中，并且一定要填写版本号，也是为了避免出现这个问题。

我们先在 setup.py 中配置所有的依赖项。其实你可以回忆一下，到现在本书快结束的时刻，你用了多少个 Django 或者 Python 第三方包。我直接列出来放到 setup.py 的 `install_requires` 中：

```
install_requires=[
    'django~=1.11',
    'gunicorn==19.8.1',
    'supervisor==4.0.2',
    'xadmin==0.6.1',
    'mysqlclient==1.3.12',
    'django-ckeditor==5.4.0',
    'djangorestframework==3.8.2',
    'django-redis==4.8.0',
    'django-autocomplete-light==3.2.10',
    'mistune==0.8.3',
    'Pillow==4.3.0',
    'coreapi==2.3.3',
    # debug
    'django-debug-toolbar==1.9.1',
    'django-silk==2.0.0',
],
```

当然，你也可以直接通过 `pip freeze` 列出所有当前环境安装的包，然后将其复制到 setup.py 中。不过我倾向于清晰地知道每一个包的作用。

配置好 setup.py 的所有依赖之后，部署环境中的依赖包就没问题了。接着来看 requirements.txt 文件，我们用它来作为开发环境的依赖配置。当新来的同事第一次接触到这个项目时，只需要创建虚拟环境，然后执行 `pip install -r requirements.txt` 命令，就可以把开发环境需要的包安装好。因此，配置如下：

```
-i http://127.0.0.1:18080/simple
ipython
-e .
```

第一行用于指明我们需要从内部的 PyPI 源上安装，剩下的就是依赖项了。第二行是依赖项：`ipython`。`ipython` 属于开发环境中的依赖，不需要放到 setup.py 中。最后一行 `-e .` 是指从当前目录下安装，其实就是通过 setup.py 安装当前的项目。因此，也会把依赖项装上。

14.3.7　配置正式 settings

所有流程都走通了，接下来需要配置正式环境了，也就是配置 settings/product.py。我们需要知道哪些配置是必需的，这在 Django 文档的 Deployment checklist 上已经详细介绍了，有以下几项需要注意。

- **SECRET_KEY**：用来加密。我们需要保存好它，不要对外泄露，可以通过环境变量或者外部文件获取它。
- **DEBUG**：生成环境一定要设置为 `False`，因为 debug 模式下会有很多额外的统计消耗。
- **ALLOWED_HOSTS**：允许访问的域名，它在 `DEBUG` 为 `False` 时才会生效。用于配置外部访问你系统时的域名或者 IP。
- **E-mail 相关的配置**：如果服务器配置了 SMTP 服务的话，就不需要额外配置了，否则需要配置 E-mail 服务。
- **STATIC_ROOT**：上线时显然不能让 Django 来处理静态文件，毕竟它不擅长，因此需要通过 `./manage.py collectstatic` 命令把所有静态资源收集到这项配置中。
- **CONN_MAX_AGE**：这在数据库配置部分中介绍过，对于线上应用，建议配置长连接，但是避免使用多线程或者 `gevent`。
- **LOGGING**：日志是必不可少的部分，我们需要通过它来记录和排查线上的问题。
- **ADMINS 和 MANAGERS**：配置系统管理员邮箱，这是 list 格式，用来接收系统异常，前提是配置了邮件服务。
- **配置自定义异常页面**：如 40x 和 50x。

根据这些要求，我们可以编写 product.py 的代码了：

```
from .base import *  # NOQA

DEBUG = False

DATABASES = {
    'default': {
        'ENGINE': 'django.db.backends.mysql',
        'NAME': 'typeidea_db',
        'USER': 'root',
        'PASSWORD': '<password>',
        'HOST': '127.0.0.1',
        'PORT': 3306,
        'CONN_MAX_AGE': 60,
        'OPTIONS': {'charset': 'utf8mb4'}
    }
}

ADMINS = MANAGERS = (
    ('姓名', '<邮件地址>'),
)

EMAIL_HOST = '<邮件 smtp 服务地址>'
EMAIL_HOST_USER = '<邮箱登录名>'
EMAIL_HOST_PASSWORD = '<邮箱登录密码>'
EMAIL_SUBJECT_PREFIX = '<邮件标题前缀>'
DEFAULT_FROM_EMAIL = '<邮件展示发件人的地址>'
SERVER_EMAIL = '<邮件服务器>'
```

```
STATIC_ROOT = '/home/the5fire/venvs/typeidea-env/static_files/'
LOGGING = {
    'version': 1,
    'disable_existing_loggers': False,
    'formatters': {
        'default': {
            'format': '%(levelname)s %(asctime)s %(module)s:'
                      '%(funcName)s:%(lineno)d %(message)s'
        },
    },
    'handlers': {
        'console': {
            'level': 'INFO',
            'class': 'logging.StreamHandler',
            'formatter': 'default',
        },
        'file': {
            'level': 'INFO',
            'class': 'logging.handlers.RotatingFileHandler',
            'filename': '/tmp/logs/typeidea.log',
            'formatter': 'default',
            'maxBytes': 1024 * 1024,  # 1M
            'backupCount': 5,
        },

    },
    'loggers': {
        '': {
            'handlers': ['console'],
            'level': 'INFO',
            'propagate': True,
        },
    }
}
```

这么配置完成后，就可以进行线上部署了。因为我们配置了邮件服务的参数，所以如果发生异常时，系统会给我们设置的 ADMINS 发送邮件，其中邮件的内容跟我们打开 debug 模式时显示在浏览器中的页面一样。我们可以据此来排查问题。

LOGGING 部分之前介绍过，我们在线上一般会去掉 file 的那个配置，不使用 logging 模块的写文件处理，而是直接通过 stream 输出到标准输出（stdout）中。而当我们使用 supervisord 启动项目后，它会来处理这些日志，并将其输出到文件中，如上面 supervisord.conf 中的配置 stdout_logfile=<日志地址>。

在日志部分中需要注意的是，输出日志本身也是同步的逻辑，需要通过磁盘 I/O 来写入文件，并且写文件的过程会不可避免地加锁。

14.3.8 静态文件处理

静态文件配置有两种方法，一种是常规的 Nginx 配置，另一种在前面配置图片上传时用过，就是通过 Django 提供的静态文件服务来处理静态请求。

对于外部访问，自然是使用 Nginx 配置，但是很多内部系统未必有配置 Nginx 的权限或者必要，因此我们会直接使用 Django 的静态文件服务来处理，具体代码参考 10.3.3 节。

对于目前的代码来说，当正式上线时，需要把之前配置的通过 Django 来处理图片访问的逻辑调整到 Nginx 中。

14.3.9 总结

这么一套内容配置完成后，我们就可以区分本地、测试服务器和正式服务器了。本地的启动直接通过 `runserver` 即可，测试服务器通过 `fab -R myserver deploy:0.1,develop` 部署，正式服务器（生产环境）通过 `fab -R mysql deploy:0.1,product` 部署。

完成这些内容后，我们就能得到一套相对固定的发布流程。每次完成新的需求后，我们不需要登录服务器做任何操作，只需要通过 Fabric 来进行部署即可。

14.3.10 参考资料

- 深入理解 Linux TCP backlog：https://www.jianshu.com/p/7fde92785056。
- Gunicorn 架构设计：http://docs.gunicorn.org/en/latest/design.html。
- Django 部署核对清单：https://docs.djangoproject.com/en/1.11/howto/deployment/checklist/。

14.4 配置 Nginx

根据前面的配置，当我们部署完项目后，在服务器上会对外暴露 9090 和 9091 端口。本节中，我们就来介绍如何通过 Nginx 来做负载均衡。

14.4.1 Nginx 介绍

我们先来看一下 Nginx 的介绍：

> Nginx 是俄罗斯人编写的十分轻量级的 HTTP 服务器，它的发音为“engine X”，它是一个高性能的 HTTP 和反向代理服务器，同时也是一个 IMAP/POP3/SMTP 代理服务器。Nginx 最早由俄罗斯人 Igor Sysoev 开发。在很长时间内，它被用在高负载的俄罗斯网站上，如 Yandex、Mail.Ru、VK 和 Rambler。根据 Netcraft 统计，Nginx 为 23.76%的商业站点所采用（这是 2018 年 3 月的数据）。它的一些成功案例有 Dropbox、Netflix、Wordpress.com 和 FastMail.FM。

上面的内容翻译自官网。据我所知，国内我们所熟悉的大部分网站都在使用 Nginx，比如腾讯、淘宝、京东、搜狐、头条、新浪、网易、知乎、豆瓣等。此外，还有基于它进行二次开发的系统，比如淘宝的 Tengine 和章亦春的 OpenResty。

从实际使用的角度来看，掌握 Nginx 的使用和配置是必不可少的，但是问题在于为什么要使用它？

14.4.2　为什么使用 Nginx

这确实是一个好问题，跟之前的问题一样好，毕竟我们不能人云亦云。

从理论上来说，其实不需要 Nginx 这个代理服务器。我们还是遵从一贯的理念：若无必要，勿增实体。开发完成一个 Web 系统，通过 Gunicorn 启动后，在 80 端口上监听，配置好外网域名后自然就可以访问了，为什么还需要额外增加一道“工序”呢？

我想通过下面几组图来解释下，其中图 14-6 给出了最简单的模型。

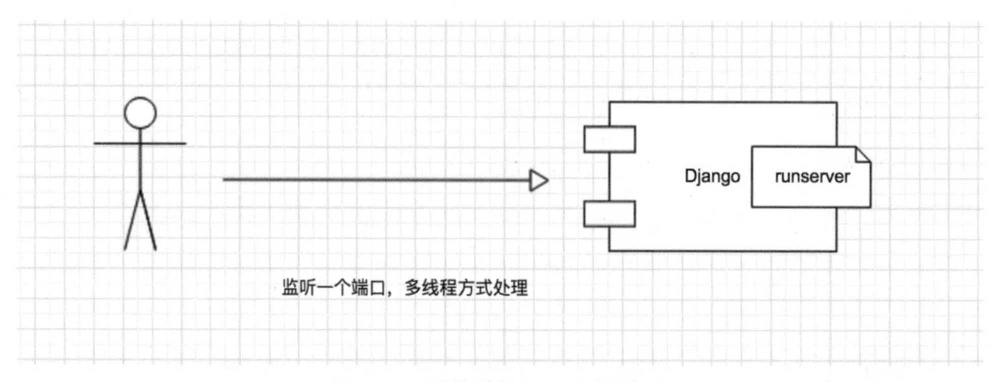

图 14-6　最简单的 Web 部署模型

在图 14-6 中，就像我们刚开始学习编程时编写 socket 的例子那样，client 直接连接 socket，省去中间各种环节。这种模式最简单，但问题前面也说过，不可用于生产环境。

通过 Gunicorn 的方式其实可以大幅提高性能，具体如图 14-7 所示。我们可以通过多进程的方式来部署项目，但是使用这种模式意味着需要在 80 端口上监听，提供 Web 服务。无论我们可以开启多少个进程来处理请求，依然会受到单机资源的限制。我们不能很方便地通过增加机器来提升负载能力。并且这种方式很“笨拙”，我们无法对业务之外的其他请求（或者恶意请求）做有效处理。

图 14-8 是比较常用的系统结构，其好处在于我们可以有多台服务器来部署 Nginx，也可以有多台服务器来部署 Gunicorn 应用。在这样的架构中，Nginx 处于网关的角色，可以有效帮助我们分发恶意请求或者处理静态资源。整个模型扩展起来很方便，并且不会存在单点问题。

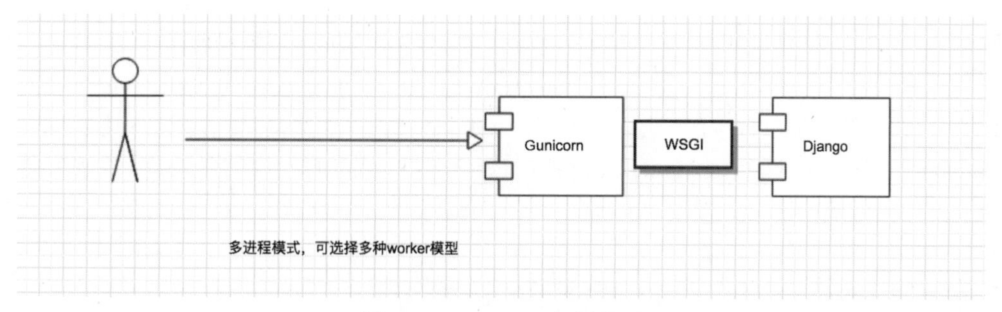

图 14-7 Gunicorn 部署模型

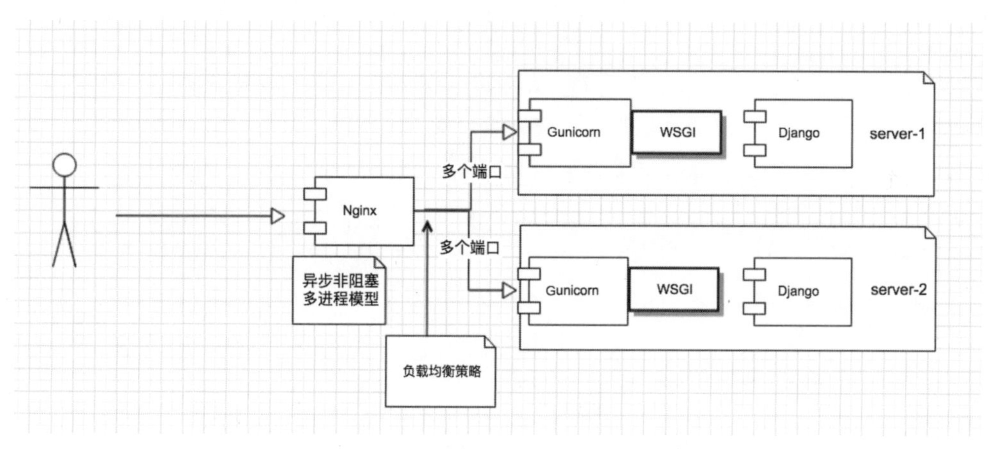

图 14-8 Nginx 做负载均衡的 Web 模型

图 14-9 是比较成熟的架构模型。之前也说过，我们需要避免单点存在，因此架构中的任何一个组件都需要在不同的服务器/机房“冗余”一份。这一方面可以抗住高并发的流量，另一方面不会因为服务器或者机房故障导致系统不可用。

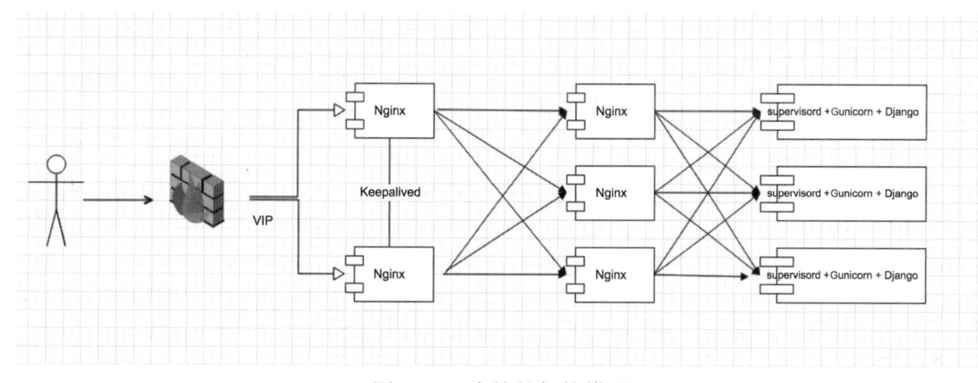

图 14-9 成熟的架构模型

其实到这为止，我们可以总结的是，无论是在前面讲 Django 本身的设计还是这里架构上的设计，我们都可以通过分层的方式让框架或者架构变得更加灵活、稳定。

比如，本章中从 runserver 方式到 Gunicorn WSGI 方式，再到最后的 Nginx+Gunicorn 方式，我们其实是在不断增加软件中的“层”，让每一层中间只通过一定的标准来通信，比如 Gunicorn 和 Django 通过 WSGI，Nginx 和 Gunicorn 通过 HTTP 端口。这样每一层的变化都不会对其他层造成影响。在 Gunicorn 中，可以选择任意的 worker 模型。在 Nginx 中，也可以调整任意参数，而不会对后端造成影响。

这意味着当我们把各个层的职责定义得足够清晰之后，就可以对其进行专项优化了。

14.4.3　配置 Nginx

理解了“为什么”之后，接着来看看如何使用。常用的安装方法有两种，一种是直接通过 yum install nginx，另一种是下载源码手动编译安装。读者可以自行尝试，这里不做过多介绍。

安装完成后，在/etc/nginx/nginx.conf下是默认的配置：

```
user  root;  # 以什么用户身份运行子进程
worker_processes  1;   # 一般设置为核数，可以通过命令 cat /proc/cpuinfo|grep "processor"
                        |wc -l 查看核数
# worker_cpu_affinity 01 10;  # 多核情况下启用，设置亲和度，每个 worker 绑定到一个核上。
                                如果是 4 核，则为 0001 0010 0100 1000，以此类推

error_log  /var/log/nginx/error.log warn;
pid        /var/run/nginx.pid;


events {
    use epoll;  # 使用 epoll 提升并发能力，仅 Linux 系统可用
    worker_connections  1024;  # 单个 worker 同时连接的最大数
}


http {
    include       /etc/nginx/mime.types;
    default_type  application/octet-stream;

    log_format  main  '$remote_addr - $remote_user [$time_local] "$request" '
                      '$status $body_bytes_sent "$http_referer" '
                      '"$http_user_agent" "$http_x_forwarded_for"';

    access_log  /var/log/nginx/access.log  main;

    sendfile        on;  # 开启 sendfile 调用（即零复制技术），提高文件传输效率
    tcp_nopush     on;  # 配置 TCP_CORK，它在配置 sendfile 后才会有效

    keepalive_timeout  65;  # keepalive 超时时间

    gzip  on;   # 开启 gzip 压缩
    gzip_types text/plain application/javascript application/x-javascript
```

```
        text/javascript text/css application/xml;   # gzip 要处理的文件类型

    # include /etc/nginx/conf.d/*.conf;  # 包含其他文件进来

    include apps/typeidea.conf;  # 我们的配置文件
}
```

在上面的配置中，我们加了详细的说明，这里不再过多介绍，其中最后一行包含了网站的配置文件。/etc/nginx/apps/typeidea.conf 的内容如下：

```
upstream backend {
    # ip_hash/least_conn 或者不填 (默认 round-robin)
    # 需要配合 nginx upstream check module 才能用
    # check interval=10000 rise=2 fall=3 timeout=3000 type=http default_down=false;

    # max_failes 表示最大失败次数，fail_timeout 表示失败后的等待时间，weight 表示权重
      (其值越高，被请求的频率越高)
    server 127.0.0.1:9090 max_fails=3 fail_timeout=30s weight=5;
    server 127.0.0.1:9091 max_fails=3 fail_timeout=30s weight=5;
}

server {
    listen 80 backlog=100 default;
    server_name default;
    client_body_in_single_buffer on;  # 是否把 request body 放到一个 buffer 中
    client_max_body_size 2m;  # request body 的最大限制为 2MB。如果有上传大文件的需求，
                                    可以调整它
    client_body_buffer_size  50m;  # request body buffer 的大小，超过设置会写入临时文件
    proxy_buffering off;  # 关闭 proxy buffering，具体可查看本节参考链接

    access_log /tmp/access_log_typeidea.log main;  # 声明访问日志路径


    location / {
        proxy_pass http://backend;
        proxy_http_version 1.1;
        proxy_connect_timeout 30;
        proxy_set_header Host $host;
        proxy_set_header X-Real-IP $http_x_forwarded_for;
        proxy_set_header X-Forwarded-For $remote_addr;
        proxy_set_header X-Forwarded-Host $http_host;
    }
    location /static/ {
        expires 1d;  # 缓存 1 天
        alias /home/the5fire/venvs/typeidea-env/static_files/;  # 需要跟最终项目部署
                                                                  后配置的 STATIC_
                                                                  ROOT 保持一致
    }
    location /media/ {
        alias /opt/data/media/;   # 需要自定义目录来放置图片资源，注意这里的目录需要跟
                                     settings 中的``MEDIA_ROOT``一致
    }
}
```

因为我们在 9090 和 9091 端口上监听，所以上面的 `upstream` 中配置了两个端口。同理，我们可以配置多台服务器甚至其他服务器上的端口。

配置好之后，通过之前的 `fab deploy:<版本>,product` 部署项目，启动 Nginx 后就能看到页面了。如果你发现页面没有样式，可能是静态文件没加载上，此时在部署目录下激活虚拟环境，并且配置正式的 profile：`export TYPEIDEA_PROFILE=product`，然后执行 `./bin/manage.py collectstatic` 即可。

这么执行完成后，我们的项目部署就完成了，不过对于正式的项目部署，还有一些事情要做。

14.4.4　总结

Nginx 是现在 Web 开发中不可缺少的组件，掌握如何配置它能够让你在实际工作中更轻松地应对部署需求。

14.4.5　参考资料

- Nginx 使用量调查：https://news.netcraft.com/archives/2018/03/27/march-2018-web-server-survey.html。
- Nginx 安装：https://www.nginx.com/resources/wiki/start/topics/tutorials/install/。
- Nginx upstream 参数：http://nginx.org/en/docs/http/ngx_http_upstream_module.html。
- Nginx 代理模块：http://tengine.taobao.org/nginx_docs/cn/docs/http/ngx_http_proxy_module.html#proxy_buffering。

14.5　常用的监控方式

什么，线上挂了你竟然不知道？！

当我们把程序通过 `fab deploy` 命令部署到线上后，就相当于是把一架无人机送到了空中，如果不知道它在“天空”中发生了什么，是一件相当危险的事情。因此，对于正式项目来说，一定要增加监控，其目的有 3 个：

- 知道系统目前的状态；
- 第一时间发现异常；
- 预测系统变坏的可能。

这里其实涉及两类监控，一是实时监控，二是统计分析。

14.5.1　实时监控

关于第一个目的，我认为比较实用的方法是配置 Nginx 的 check status 模块（http_upstream_check_module）。这样，我们就可以方便地查看 `upstream` 的所有端口状态。

第二个目的比较重要，因为问题并不会在你观察的时候出现，所以需要有一种主动通知机制。

实时监控常用的方法有以下几种，也分别对应不同类型的异常。

- **Nagios、Zabbix 或者 Cacti 端口存活检测**：这是运维同事常用的监控系统，会定时扫描端口是否存活，如果发现异常，会通过邮件或者短信告警。
- **通过 E-mail 发送异常信息**：这在前面配置日志部分讲过，如果系统在运行时发生异常，会通过此项配置发送异常信息给管理员。
- **Sentry**：这是我们一直在用的方法。对于开发人员来说，其安装和配置都很方便，它同 E-mail 的逻辑差不多，但是会收集到一个独立的平台上，便于我们查看和处理错误。（在附录 C 中会介绍如何安装 Sentry。）

14.5.2 统计分析

上面提到的监控方案都可以帮我们实时发现系统异常，但是在系统稳定时期（经过初期上线后，系统不断优化），可能每天只有几个异常日志，甚至根本没有异常告警，但这并不意味着系统一切正常。

我们需要通过系统运行中产生的“痕迹”来排查是否有某种潜在的危险，这些“痕迹”是什么呢？就是前面提到的日志。当我们按照正式的结构部署好系统之后，至少可以得到这么几项日志：

- Nginx 的访问日志（access.log）和异常日志（error.log）；
- 系统运行产生的正常日志；
- Redis（或者其他缓存系统）的日志（慢日志）；
- MySQL（或其他类型数据库）的日志（慢日志）。

因此，另外一种监控就是日志分析。

ELK（Elasticsearch, Logstash, Kibana）是现在用得比较多的模式。所有的日志会被统计到 ELK 中，针对 Nginx 日志，我们可以用 ELK 来分析每天各种状态码的占比以及后端服务的响应时间。通过这种方式，我们可以排查非系统异常以及潜在问题。

ELK 是统计分析中比较简单的一种方案。对于存在独立统计团队的公司或者部门来说，他们一般会独立研发日志分析系统。无论是哪种方式，最终需要监控的内容都包括以下几项：

- 访问量统计；
- 错误状态码（50x，40x）占比；
- Nginx 请求时间统计；
- 后端（`upstream`）响应时间统计。

这些数据都应该有分钟级别、小时级别的统计，并且还需要有趋势图。从访问量上来说，我们需要关心的是每天的访问量差异以及异常访问量的增加或者减少情况。响应时间统计能够更好地帮助我们判断系统目前的状态。比如说，如果发现 Nginx 的请求时间要远高于 `upstream` 的响应时间，那就意味着 Nginx 所在的服务器跟应用所在的服务器时间可能存在网络问题，需要调整部署结构。

上述的所有数据都反应了系统运行时的健康状况。因为对线上几十台或者几百台的服务器进行单个分析是完全不可能的，所以整体的统计数据可以直观反应系统是否健康。

14.5.3　业务监控（埋点统计）

针对系统来说，我们关心更多的是系统的健康状况，但是有时在有些系统中，问题根本不会出现，但确实是系统 bug。比方说一种简单的情况，在开发新功能时页面上的 URL 部分被写错，这导致页面这一部分的 URL 跳转都会失败。

在这种情况下，上面所有针对系统健康的统计都不会发现，因为没有页面挂掉，也没有系统异常。但是如果有业务在监控这个位置每天的访问量的话，就会很容易发现新版系统上线后某个位置的流量大幅下降，进而推动技术开始排查。

业务监控（或者叫埋点统计）系统有现成的商业服务可以使用，也有些公司会自己研发这样的系统。它们的目标是一致的，都需要反映、分析系统运行的状况。不过业务监控更主要的目的还是分析用户行为，以此指导下一次需求的迭代。

14.5.4　总结

监控就像体检报告一样，对于任何系统来说都必不可少。而好的监控应该提供更及时、更细致的报告。理解监控系统的作用对于开发人员来说很重要。还是那句话，系统开发完成并上线，不是开发人员工作的结束，而是开始，而监控就是工作开始之后稳定性的保障。

14.6　试试你的系统能抗多少请求

在介绍工具之前，我们先要了解一下压测的目的。这里先来考虑一个问题，你开发出来的网站或者接口需要承受多大压力，或者说一天能承载多少用户的访问。

14.6.1　计算系统承载量

我们可以先从用户端计算一下，如果一个网站每天有 10 万个活跃用户，每个用户每次会访问平均 4 个页面，那么一天下来也就是 40 万次访问。如果用户每次访问时都只请求了一个地址，就是当前的页面地址的话，那不用考虑其他的。但是如果一个用户每访问一次页面，同时会调用 3 次接口的话，那就要乘上 4 了（一次页面地址的访问量加上 3 次接口的访问量）。也就是说，系统需要承载的访问量是 40 万 × 4=160 万。

一天 160 万次系统访问，看起来是个不小的数字，但是别忘了，一天可以有 24 h = 24 × 60 min = 24 × 60 × 60 s，也就是 86 400 s，这么算下来，每秒需要承载的访问量是 160 万/86 400 = 18.5 QPS 或者 TPS。（QPS 的全称是 Queries Per Second，意思是每秒能**承受**的请求数；TPS 的全称是 Transactions Per Second，意思是每秒能**处理**的请求量。）

这么算下来，每秒 18.5 的请求量其实很小了，别忘了，每次请求都只是一个线程/进程（取决于部署的方式）来处理。根据服务器的情况，我们可以部署 *N* 个进程，开 *N* 个线程来处理。假设 *N*=4，那么就是由 4 × 4 = 16 个线程来处理这些请求。一个线程每秒钟只需要处理不到两个请求即可，是不是觉得要做一个抗百万量级的系统也没那么复杂？

所以，在讨论性能问题的时候，需要先考虑一下自己的用户规模以及用户增加速度。

到这时，如果你觉得上面说的都有道理，那就错了。上面的只是理论情况，实际情况不能这么算。对于一个正常的系统来说，用户的访问也是有规律的，就像是“日出而起，日落而息”一样。一天的有效访问时间肯定不能按照 24 小时来计算，可以根据一般人的睡觉时长 8 个小时来计算，也就是 24−8=16 个小时。这种情况下，再次计算一下：

```
10 万日活×4 次访问×每次 4 个接口/页面 = 160 万
16h×60min×60s = 57 600s

160 万/57600=28QPS 或者 TPS
```

瞧，也才 28 个，大不了我再多部署几个进程。当然，上面说的进程数也是理论值。进程多并不代表处理能力强，主要看瓶颈在哪儿。

不过 1 s 处理 28 个请求也不是什么难事儿，我们可以再次计算一下。1 s 处理 28 个请求意味着，如果是单线程单进程模式，35 ms 需要完成一次请求的处理。这里我们往处理能力上靠拢，而不是承载能力上。

这里的 35 ms，我们可以再次像一个“顾家”的程序员那样精打细算。假设在一次 HTTP 请求中，需要涉及一次 Redis 访问和两次 MySQL 查询。那么，这三次查询的时间每次至少是在 10 ms 之内返回（对于 Web 系统来说，一般的耗时都在 I/O 上）。这么算下来问题并不大，Redis 的查询控制在个位数的毫秒内是没问题的，除非网络不稳定，而 MySQL 需要考虑查询优化和缓存的问题。

好了，到这为止，我们做了几次乘除运算，其目的只是为了建立一些概念——用户量、页面访问量、系统访问量、系统处理能力等，这样在考虑系统性能时，能有一个基本的轮廓。

那么，按照这种计算方式，如果我们的网站有 100 万日活的话，在同样的逻辑下，系统的 QPS 只需要达到 280 就可以了吗？

答案当然是不行！

继续来推翻上面的结论，一天时间按照用户的作息情况作了处理，但是依然不是真实的情况，只是一个理论值。

什么是真实情况？

举个常见的例子，我们说视频服务，有多少人每天一睁开眼就打开电视或者电脑开始追剧。在通勤途中看的话，也就那么几十分钟的，想想每天的上班早高峰。工作时间内，大部分的人是不会看视频的（这里指普通用户，不是视频方面的工作人员）。另外一个点就是中午，吃饭时继续追剧，另外更大波的时间是在晚上，回到家，吃完饭，收拾好，开始继续追。

对于这种服务和这样的用户使用场景，怎么分析系统应该承载的量或者处理的量？

所以我们在设计系统最大承载量的时候，根据上面的方法算出来的只是平均值，对于系统来说是承载的最小值。最大的承载量应该根据系统高峰时期的几分钟或者十几分钟的访问量来做计算，并且在算出来的值上冗余一定的承载空间。

比方说，网站/服务在访问高峰时期 5 分钟内的活跃用户量为 1000，那么此时的量是

```
1000×4×4=16000
16000/(5×60)=53QPS 或者 TPS
```

算了这么多，不知道你是不是有点感觉了。需要注意的是，不同业务的使用场景是不同的，具体问题还需要具体分析。

14.6.2　反推一下

上面是从用户的角度来推断的，我们再来从系统的角度来推断一下。假设我们开发了一个系统，系统的 QPS 是 100，这意味着 24 小时（也就是一天）能够承载的访问量为 $100 \times 60 \times 60 \times 24 = 8\ 640\ 000$（也就是 864 万）。如果只是计算高峰时期的承载量的话，那就是 $100 \times 60 \times 5 = 30\ 000$（3 万）。

14.6.3　压力测试

了解了基本的概念，再来说压测。压测的目的是让我们对系统的承载能力有一定了解。我们需要知道的是，压测是我们发起的，所有的参数都是可控的，但是真实用户的访问并不是我们预期的。

当系统开发完成并部署到线上之后，放出入口之前，一定需要进行压测，在真实的服务器上通过对单个端口以及对整体的系统进行压测，得出系统目前**理论上**的处理情况以及每个进程或者单台机器的承载量。

14.6.4　压测工具介绍

压测工具的使用非常简单，这里介绍几款常用的压测工具。

- ab：Apache 旗下的压力测试工具。其用法如下：

```
10000 请求 100 并发
ab -n 10000 -c 100 http://127.0.0.1:8000/
```

```
结果：
Server Software:        gunicorn/19.8.1
Server Hostname:        127.0.0.1
Server Port:            8000
Document Path:          /
Document Length:        5421 bytes
Concurrency Level:      100
Time taken for tests:   47.024 seconds
Complete requests:      10000
Failed requests:        0
Total transferred:      57380000 bytes
HTML transferred:       54210000 bytes
Requests per second:    212.66 [#/sec] (mean)
Time per request:       470.238 [ms] (mean)
Time per request:       4.702 [ms] (mean, across all concurrent requests)
Transfer rate:          1191.63 [Kbytes/sec] received
```

- siege：基于C开发的一款开源的压测工具。其简单用法如下：

```
100 并发，持续 30s
siege -c 100 -t 30s http://127.0.0.1:8000/
结果：
Transactions:                  6424 hits
Availability:                  100.00 %
Elapsed time:                  29.95 secs
Data transferred:              33.21 MB
Response time:                 0.46 secs
Transaction rate:              214.49 trans/sec
Throughput:                    1.11 MB/sec
Concurrency:                   98.19
Successful transactions:       6424
Failed transactions:           0
Longest transaction:           2.59
Shortest transaction:          0.01
```

- wrk：更现代的压测工具，支持Lua脚本。其用法如下：

```
10 个连接，4 个线程，持续 30s
wrk -c 100 -d 30s -t 4 http://127.0.0.1:8000/
结果：
Running 30s test @ http://127.0.0.1:8000/
  4 threads and 100 connections
  Thread Stats   Avg      Stdev     Max   +/- Stdev
    Latency   215.00ms  291.01ms   1.17s    76.92%
    Req/Sec    77.91     61.09   252.00     61.45%
  7568 requests in 30.07s, 41.45MB read
  Socket errors: connect 0, read 0, write 0, timeout 72

Requests/sec:    251.64
Transfer/sec:      1.38MB
```

说明　这里使用的是我的电脑（2GHz Intel Core i5，8GB 1867MHz LPDDR3）进行测试，启动方式为 `export TYPEIDEA_PROFILE=product && gunicorn -w 8 typeidea.wsgi:application -k gthread`。另外，Web 系统、压测工具、MySQL 都是在本地，因此结果并不客观。最佳的情况是完全按照正式部署的方式进行压测。

此外，还有很多其他压测工具，比如基于 Golang 开发的 hey 和 boom。不过从功能上来说，它们都大同小异。

我们需要做的是通过配置不同的参数——总请求数或者持续时长、并发数来观察系统的反应以及最终结果。我们需要关心的是 Requests/sec 或者 Transfer/sec，以及成功率和失败率。

最终，我们应该能得出系统在什么情况下能够提供最高的 TPS 或者 QPS，以及在什么情况下失败率会比较高。

上面的工具虽然大同小异，但是对于复杂的交易系统来说，wrk 是比较合适的工具。因为通过它可以编写 Lua 脚本，通过编程来自定义逻辑，这是其他工具不具备的。

14.6.5　完全模拟真实流量

上面的测试毕竟只是理论上的测试结果，但是它对于未上线的系统来说，可以让你对系统性能有一个大概的了解。等到上线时，只需要根据预估的线上流量，多冗余几台服务器即可。那么，有没有真实情况下的压力测试呢？其实是有的，它一般在进行线上系统优化时使用。比方说，已经上线的系统现在用了 100 台虚拟机（8GB 内存，8 核 CPU），我们假设老板要求通过优化来降低一半的服务器使用量。怎么来评估呢？

从理论上计算，100 台服务器减少一半，就只剩 50 台，这意味着每一台服务器的承载量都要翻一倍。怎么来完成这个需求呢？

首先，需要确认的是以下两点。

第一，如何进行压测来保证现在系统在单台服务器上的承载量较之前翻一倍，这表示流量需要翻一倍。

第二，如何界定最终效果？有哪些明确的指标来表示系统能够承载之前一倍的压力。

针对第一点，我们需要找一个工具把现在的线上流量放大一倍。用上面介绍的压力测试工具显然不可行。这里有一个网易开发的工具可以使用：TCP Copy。它可以做流量复制和放大的工作，可以帮我们把生产服务器上的流量复制到准备做压力测试的服务器上。

工具有了，怎么来评估最终效果呢？流量放大之后系统不挂就是正常吗？显然不是。其实在上一节中介绍了监控的问题，日常工作中有几项指标是开发人员需要时刻关注的：

- ❑ 小时/分钟级别的错误量（Nginx 日志或者系统中的错误日志），尤其要注意访问高峰时的数据；
- ❑ 分钟/5 分钟级别的后端服务的平均响应时间，以及响应时间大于 100 ms 以及 200 ms（针对不同的业务可以调整）的占比；
- ❑ 系统负载。

在进行流量放大测试时，我们需要对比生产服务器和测试服务器最终产生的上述统计数据，以此来评估优化结果是否能达到老板的要求。

不过对于这个需求来说，除非是之前的代码写得实在是烂，不然想直接提升一倍性能有点艰难，最实际的情况是逐步优化，不断缩减服务器。

对于 TCP Copy 的用法，这里不会过多介绍，因为网上相关的文章非常多。TCP Copy 除了可以做真实流量的压力测试外，还可以用作灰度发布。比如，现在的系统基于 Python 2.7 版本，想要完全升级到 Python 3.6 + Django 2.0，重构完成后怎么保证代码没问题呢？单元测试并不能保证所有情况不出错，最简单的方案就是部署到一台 TCP Copy 的测试机上，使用正式的流量，但又不会对正式环境造成影响。这样测试几天没问题后，可以进行线上灰度发布。

关于模拟线上流量的事，还有其他方案，比如基于 Nginx 流量复制的方案，不过我并未用过，这里不做介绍。

14.6.6 缓存加速访问

在压测时，需要排除缓存对测试结果的影响。得到不加缓存的测试结果后，可以配置不同级别的缓存，分别进行压力测试，其目的是对系统的承载情况有更全面的认识，方便我们在上线后调整缓存方案。

这里我们用 wrk 测试 sitemap.xml 页面。对于这个页面，我们在前面配置了页面级缓存。我们可以看下配置缓存之后的表现。启动压力测试，我们配置 100 个连接，4 个线程，持续 30 s：

```
wrk -c 100 -d 30s -t 4 http://127.0.0.1:8000/sitemap.xml
```

最后得到如下结果：

```
Running 30s test @ http://127.0.0.1:8000/
4 threads and 10 connections
Thread Stats   Avg      Stdev     Max   +/- Stdev
Latency       16.14ms   54.75ms 836.17ms   97.21%
Req/Sec      278.02    195.85   707.00     68.10%
32407 requests in 30.07s, 151.84MB read
Requests/sec:   1077.73
Transfer/sec:      5.05MB
```

从 `Requests/sec:    1077.73` 可以看出，加上缓存之后处理能力有了极大的提升。

14.6.7　总结

压力测试是上线前必不可少的步骤，尤其是对于有可预期流量系统的压测。比如说，系统上线后会有其他线上产品来导流，系统上线后会得到很高的访问量。压测的结果应该是远优于线上流量才行。

不过即便是得到理想的压测结果，这也并不意味着线上就万无一失。尤其是在各个系统部署在不同服务器以及不同机房的情况下，网络间的延迟不可忽视，并且其影响并不是固定值，可能会因为某些状况（机房调整、外部事故等）造成延迟增加。这些问题没法预测，只能通过更好的监控方案来及时发现，通过合理地部署结构来尽量降低影响。

14.6.8　参考资料

- Apache ab：https://httpd.apache.org/docs/2.4/programs/ab.html。
- wrk：https://github.com/wg/wrk。
- siege：https://github.com/JoeDog/siege。

14.7　本章总结

我认为本章对于本书来说来非常重要，因为在实际项目开发中涉及很多语言和框架之外的东西，这些东西很多时候并没有比较系统的内容可供参考，但它们对工作又很重要。

因此，如果你对本章内容不是很清楚，一定要亲自实践。

第 15 章

升级到 Django 2.0

本章中，我们把之前开发完毕的项目升级到 2.0，体验一下升级的过程。不过还是那句话，在实际项目中，升级项目依赖的开发框架或者库是一件风险非常高的操作。

这不仅仅是团队成员水平的问题。对于长期维护的项目来说，无论你多么熟悉项目的代码和业务，都会有疏漏，而任意一点点疏漏都会导致升级时线上系统崩溃。

15.1 Django 2.*x*——Python 2 时代的逝去

Django 目前的最新正式版本是 2.0（2018 年 5 月），但是我们并没有直接基于 2.0 来做，原因有以下几个：

- 新版本的稳定性尚未经过考验
- 需要给第三方库一点时间来跟进
- 尚没有大量可供参考的实践分享

其实，上面这三点跟我们最早选择用 Python 2.*x* 还是 Python 3 是一样的，只是这个结果会随着时间发生变化。现在已经有越来越多的系统已经直接使用 Python 3 开发，我们也有几个系统是基于 Python 3.6 开发的，并且在线上稳定运行了。但是现在要把之前的老系统升级到 Python 3，还是困难重重，为什么？

时间本身就是一个巨大的成本。当我们考查是否要将框架升级到最新版本时，需要考查的是能否产生足够的收益。毕竟对于商业应用来说，稳定是一切的前提，其次是降低成本。如果说通过升级 Python 或者框架能够极大地提高性能，降低服务器的使用量，那么这是一个合理的理由，值得付出几个人/月或者人/周的成本，并承担线上稳定性的风险。

对于一个健康运行的商业应用来说，没有哪个开发人员是闲着的，手里甚至可能有一堆已经排好期的需求等待开发。

但是对于技术人员来说，追求新版本、追求高性能是本性。因此，我们可以做的是在个人的项目上不断尝鲜新技术，在适当的时机引入到企业中。这也是为什么本书是以一个博客系统为例来编写的，因为它是一个你可以持续使用、维护的试验场。

网上很多人会问我应该选择什么样的语言和框架来开发新系统，这种选择对于创业公司来说尤其重要。

我的建议是个人项目选择自己最感兴趣的技术，商业项目选择自己最擅长的技术/框架。对于商业项目来说，时间就是成本，如果不能掌控所使用的技术栈，那么会浪费很多时间在还技术债上。

其实无论从哪个角度来说，个人在新技术上的实践尤为重要，因为如果你无法创造一个不断革新的循环，就会沦入一个不断老化的循环。

再来说这个主题，因为 Django 从 2.0 开始已经不兼容 Python 3 以下的版本了，这对于 Python 3 的推动来说是有利的，尤其是 Django 2.0 中的一些新特性确实能方便开发者。这对于 Django 自身的维护来说也非常好，不需要再考虑兼容 2.*x* 的版本了。等第三方库都跟上节奏后，新项目没有理由选择老版本，所以我把标题命名为 Python 2 时代的逝去。

15.2　轻松升级到 Django 2.0

相对于 Django 1.11，Django 2.0 的上层接口变化并没那么大，依然是 Django 一贯的策略——隔一个版本淘汰一些接口。

因为我们使用的 Python 版本是 3.6，所以无须做 Python 版本的调整，可以直接升级 Django 2.0，只需要做些改动即可。

Django 的升级并不是问题，即便是这么大跨度的升级。唯一的问题在于开篇所说的第三方库是否已经跟进了 Django 的新版本，以及这些库是否稳定。

我们可以先来看下 Django 2.0 的 release note，读者可以到 https://docs.djangoproject.com/en/2.0/releases/2.0/上自行查看。

15.2.1　几个重要的变化

在 release note 中，我们最关注的应该是不兼容的接口声明：Backwards incompatible changes in 2.0 和 Features removed in 2.0。这些声明的不兼容接口以及被去掉的接口就是我们升级时需要调整的。

- `on_delete` 参数在使用 `ForeignKey` 和 `OneToOneKey` 时必填。`on_delete` 有多种选项，我们一般使用 `models.DO_NOTHING`，即不做处理。在线上数据库中，我们一般会去掉外键约束，以提升性能。
- `django.core.urlresolvers` 模块被移到了 django.urls 中。如果用到了 `reverse` 函数，还需要调整。
- `request.user.is_authenticated` 由方法变为属性。

不兼容的接口和被移除的接口有很多，我们只列出跟本书系统相关的几个，然后根据这些变化去修改代码。这里需要修改的文件有 blog/models.py、config/models.py 和 typeidea/autocomplete.py。

我们再来看一下其他一些比较重要的新特性。

- **更简单的路由语法**：通过 `django.urls.path()` 声明更语义化的路由：`path('articles/<int:year>/', views.year_archive)`。这里可以不写正则表达式，复杂路由可以使用 `re_path`。
- **移动端自适应的 Django 自带 admin**：这意味着自带的 admin 后台也可以在移动端完成增、删、改、查了。
- **admin 自带支持 autocomplete**：你还记得前面 autocomplete 引入和不引入在性能上的差别吗？
- runserver 支持 HTTP 1.1。

对于有升级计划的团队或者开发人员来说，应该详细去看 release 中的每一个点。

15.2.2 第三方库的升级

比较乐观的情况是只需要调整自己项目的代码，但是大部分情况并不是这样，尤其当新版本刚出来时，很多第三方库需要花点时间来兼容。

对于上面列出的 3 个升级 Django 2.0 时不兼容的特性，我们可以修改自己的代码来完成。但是对于第三方依赖，只能通过运行并测试的方式启动项目，然后把所有接口页面访问一遍，确认功能正常，但更合理的情况应该是编写 TestCase 进行测试。另外，也需要模拟线上流量进行测试。

对于第三方库，目前我们使用的不兼容的库只有 xadmin，不过这可以通过升级新版本来解决。xadmin 针对 Django 2.0 开了一个新的分支——django2，我们可以安装这个分支下目前最新提交的代码：

```
pip install git+https://github.com/sshwsfc/xadmin@f2a3ae2cbebad0f02b6896274b659c6b
    834d3d89
```

或者使用我克隆出来之后打好的包:

```
pip install https://github.com/the5fire/django-xadmin/archive/2.0.1.zip
```

其他库在现阶段已经兼容了 Django 2.0。

修改完代码并升级 xadmin 之后，可以重新启动项目看看：`./manage.py runserver`。

15.2.3 总结

其实升级 Django 版本并没有这么简单。因为项目比较小，所以才会觉得比较简单。但是对于实际工作中的升级，越多的检查越好，任何一点疏忽的后果都是严重的。

15.3 本章总结

对于业余项目来说，升级项目依赖框架到最新版本是很好的做法，这能让我们对新技术进行持续实践。在本章中，我其实也再次介绍了选型上的问题。在实际工作中，技术人员要考虑的不仅仅是新的技术，还有技术的整体环境。

单纯从技术上来讲，从Django 1.11升级到Django 2.0是很容易的，我们只需要根据release note来逐个修改代码即可。

但对于实际项目来说，我还想提醒一句：升级有风险。

第16章 最后总结

很高兴你能看到这里，如果你是连续看过来的，并且每一章都进行了实践的话，那么我相信现在你对 Django 以及 Web 开发已经有了更多的认识。其实，所有的内容完全可以不局限于 Django，甚至不局限于 Python。

在 Web 系统中，技术模型都是可以相互借鉴的。我们可以用 Django 做一套 Web 系统，也可以用 Node.js 的 Express 来完成。我们接触或者了解的大部分编程语言都是图灵完备的，这意味着语言之间具有可替代性。对于框架来说也一样，今天大家都在用 Django 框架，可能明天会有新的更好用的框架出来，框架始终会变化。但是解决问题的思路是不变的。

在最后一章中，我们总结一下目前用到的所有技术点以及读者在学完本书后还可以进行哪些方向的探索，以进一步提升自己的实力。

16.1 技术栈总结

本书内容有限，不能把所有问题都讲到，正所谓 1000 个业务类型就有 1000 种 Django 的用法。但是我想尽量做到的是帮你理解原理层面的东西，比如说 WSGI 这个协议、ORM 的用法、缓存的用法等。因为无论业务如何变化，框架的用法如何不同，都离不开这些底层的逻辑，这些逻辑好比是一个一个小的积木组件，只有熟悉了它们，才能按照自己的想法来构建“城堡”。

16.1.1 技术栈列表

这里我们列一下用到的技术栈有哪些，有些介绍的比较多，有些直接略过，读者可以根据自己对各项技术的掌握程度来决定深入哪一项。

- Python 3.6：语言层面的内容，需要熟悉常用的库。
- WSGI：所有 Web 框架都会实现它，但有些框架（如 Tornado）直接使用 socket，可以进一步考查两者的差别。
- Web 框架：比如 Flask、Tornado 和 Django，当我们熟悉了一种框架后，可以对比其他框架的用法，此时会有更多的收获。
- Git：工作必备，熟悉并掌握它的各项功能可以有效提高协作效率。

- **编码规范**：无论什么语言、什么团队，这一项标准都必不可少，否则就是维护者的噩梦。
- **Bootstrap/前端技能**：不会写前端没什么，但是会写前端能提高竞争优势。
- **Django**：这一项里面的内容非常多，因为该框架内部集成了Web开发需要的大部分功能。这也是Django这么流行的原因，也是初学者必须要学习Django的原因。通过它，你可以一站式学到Web开发的方方面面。
- **xadmin**：Django自带admin的增强。但是对于开发内部系统来说，它能极大地提高效率。
- **django-rest-framework**：这是非常具有Django气质的框架，原因书中已说过。需要进一步考虑的是除了RESTful规范外，还有其他用来规范接口的协议吗。
- **调试和优化**：这其实也是一个宽泛的话题，不限框架，不限语言，但是对于实际开发很重要。
- **cache**：我们没有过多讲解Redis或者memcached怎么用，因为介绍工具的意义远不如你理解为什么要使用它以及它的运行原理更重要。读者应该根据书中内容自行演化缓存，最后尝试使用Redis或者memcached。
- **Gunicorn**：只要实现了WSGI协议，就可以使用Gunicorn。读者可以尝试直接基于WSGI协议来编写自己的应用，直接用Gunicorn运行。
- **分发和部署**：分发的方式有很多种，建议按照标准来，这意味着新成员不需要花时间就可以熟悉这套流程。
- **自动化部署**：自动化的前提是把需要人为操作的步骤变为清晰可定义的机器能执行的操作。除此之外，用任何工具实现都一样，原则是一次开发、无数次的轻松部署。
- **Nginx**：这已经是现在Web开发必不可少的组件了，至少需要能够独立完成Nginx的配置。
- **监控和统计**：只介绍了相关概念，但是对于企业实践来说应该已经够了。我们只需要根据自己的经验或者所在团队的情况选择合适的组件即可。
- **压力测试**：对于新系统来说，如何评估是否能够承载预期流量十分重要。对于老系统来说，如何更稳妥地优化和保持稳定也十分重要。
- **其他**：软件设计方面的内容也在不同的地方有所提及，建议读者阅读设计模式相关的图书。

16.1.2 总结

书中每一节都建议一定要手动编写代码或者实践，因为企业开发中需要的经验、技能以及软技能无法通过文字来教会你，只有自己实践后才能真正掌握，这是软件开发行业的特性。即便你能背诵全书，也无法说明你能更好地使用Django来开发实际系统，实践才是硬道理。

16.2 后续可实践方向

由于本书篇幅有限，作者本人的精力和水平也有限，所以不可能面面俱到。你可能一次买了很多技术类图书，在实践完一个博客系统后可能就想去学习其他内容了，而不再深挖这个系统，我以为这是一件很可惜的事情。这里提供一些可以继续深挖的方向，便于读者进一步实践。

- **部署到 VPS 上**。对于尚未参加工作的人或者没有服务器资源的人来说，把项目部署到线上非常有必要，这可能需要花一点钱来购买 VPS（虚拟主机）以及域名。但无论是从投资还是工作需要的角度来说，我都建议你了解这方面内容：VPS 以及域名的配置。这些经验有助于你更好地理解网络世界，让你在没进入企业前就能掌握相关知识。
- **优化系统结构和代码**。代码即便经过优化，还有很多需要调整，原因在于系统并未上线。书中也没有第二次的需求来进行迭代，所以我们无法验证现在的代码是否足够合理。经过不断迭代以及线上用户的真实使用和访问，我们才能知道这些。
- **增加评论验证码**。虽然附录 D 中我会写一个验证码的实现，但是建议读者根据自己的想法实现验证码。验证码的整套逻辑在开发中非常常用。
- **增加一套主题**。对于想要了解前端的读者，想要达到能够用某个前端框架做出自己想要的 Web 界面的人来说，可以尝试增加一套自己的主题。
- **配置 CI，避免上线异常代码**。持续集成在书中并没有讲到，但是它对于整个开发流程来说十分重要。建议读者自己尝试配置下 CI 的代码，可以学习下如何在 GitHub 上配置 CI。
- **文章爬取**。抓取是非常常见的需求，读者可以自行把博客改为优质博客资源合集的系统，通过爬取其他网站来填充内容。这要求使用独立的爬虫系统来写入内容。
- **缓存算法优化**。书中介绍的是基于 LRU 的缓存算法，这种算法有很多弊端，读者可以进一步了解，然后实现一套更好的算法。
- **热门文章的逻辑**。书中单纯使用访问量来输出热门内容，显然会导致马太效应——访问量高的文章始终会在排行榜上，读者可以了解下排名算法（热度算法）来优化这一逻辑。
- **内容推荐**。无论是增加了爬虫内容的逻辑还是自己不断持续创造文章，当读者阅读某篇文章时，我们可以推荐相关的文章，甚至可以标记用户的阅读记录。这样当他下次访问时，可以给他推荐他可能需要的文章。
- **搜索**。在本书中，我只是通过简单的 `QuerySet` 过滤器实现了搜索功能，读者可以尝试使用 django-haystack 结合不同的搜索引擎后端（Solr、Elasticsearch、Whoosh 和 Xapian 等）来实现自己的搜索功能。这会让你对每天都在用的 Google、百度、搜狗等搜索引擎背后的原理有个初步的理解。

16.2.1 精于一点

上面的内容很多，无论读者后续想增加什么功能，我的建议是一定要做的足够深入，浅尝辄止带来的收获有限，并不足以让你掌握对应的技术点，也无法提升竞争力。

16.2.2 持续滚动雪球

无论你觉得本书的内容是简单还是丰富，整体的 Web 开发流程都已经写在书里。也就是说，你已经有一个初始的雪球了，接下来需要做的就是不断滚动这个雪球，让其越来越大，纳入越来越多的技能点和经验。

16.3 Django Web 开发技术栈清单

前面我列出了本书涉及的技术栈列表，对于日常工作来说，还需要掌握更多内容。在这一节中，我尝试整理出 Web 开发所需要的技术栈都有哪些，读者可以根据自己的情况进行查漏补缺。另外，本节内容会作为一个 Git 仓库（详见 https://github.com/the5fire/django-interview-questions）放在 GitHub 上，便于后期完善。

16.3.1 Python 基础

- 基础语法是否熟悉？介绍一下。
- 有哪些关键字？解释其作用。
- 有哪些内置方法？解释其作用。
- 解释一下什么是动态语言？动态强类型是指什么？
- 是否有编码规范的概念？采用的是哪种编码规范？
- 解释一下深拷贝和浅拷贝。
- lambda 的用法以及使用场景。
- 解释一下闭包及其作用。
- 实现一个简单的装饰器，用来对某个函数的结果进行缓存。
- Python 中几种容器类型的差别及使用场景有哪些？
- 列表推导式的使用和场景有哪些？
- 介绍一下 yield 的用法。
- 常用的内置库有哪些？举例说明它们的用法。
- 介绍一下你了解的 magic method（魔法方法）及其作用。
- 解释一下面向对象的概念及其在编程中的作用。
- 如何实现单例模式？
- 如何对 Python 对象进行序列化？
- 是否能够熟练编写多线程和多进程程序？
- 使用 socket 编写一个简单的 HTTP 服务器，成功返回 `success` 即可。
- 如何理解 Python 中的 GIL？这对我们的日常开发有什么影响？
- 解释一下协程、线程和进程之间的差别。

16.3.2 Django 基础

整体结构

- 如何理解设计模式中的 MVC 模式，你平时怎么使用这种模式？
- 如何理解 Django 中的 MTV 模型？
- 介绍一下 Django 中你熟悉的模块及其作用。

- 如何看待 Django 自带的 admin，并说说你的使用经验。
- 如何理解 WSGI 的作用？
- 如何自己实现 WSGI 协议？
- 为什么正式部署时不要开启 `DEBUG = True` 配置？

Model 层

- 如何理解 Django migrations 的作用？
- 是否有过手动编辑 migrations 文件的经历？原因是什么？有哪些需要注意的？
- 介绍一下 ORM 的概念。
- 如何理解 ORM 在 Django 框架中的作用？
- 介绍一下 ORM 下的 *N*+1 问题、发生的原因以及解决方案。
- 介绍一下 Django 中 Model 的作用。
- Model 的 `Meta` 属性类有哪些可配置项？其作用是什么？日常怎么使用它？
- 介绍一下 `QuerySet` 的作用以及你常用的 `QuerySet` 优化措施。
- 介绍一下 Pagination 的用法。
- 介绍一下 Model 中 Field 的作用。
- 如何定制 Manager？什么场景下需要定制？
- 原生 SQL 的效率跟 ORM 的效率是否进行过对比？结果如何？如何理解这种差异？
- Django 内置提供的权限逻辑以及其粒度。

View 层

- Django 中 function view 和 class-based view 的差别及适用场景。
- 如何给 class-based view 添加 login required 装饰器？
- middleware 在 Django 系统中的作用。
- settings 中默认配置的 `MIDDLEWARES` 有哪些？它们的作用分别是什么？是否可以移除？
- Django 系统如何判断用户是否为登录用户？
- 对于无 cookie 的浏览器，如何实现用户登录？
- Django 中的 `request` 和 `HttpResponse` 的作用是什么？
- 如何处理图片上传的逻辑以及展示逻辑？
- 介绍一下用过的 Django 缓存粒度。

Form 层

- 介绍一下 Django 中 Form 的作用。
- Form 中的 Field 跟 Model 中的 Field 有何关联？
- 如何在 Form 层实现对某个字段的校验？

Template 层

- 如何理解 Django 模板对设计师友好的说法？

- 日常开发中如何规划 Django 的模板继承和 include？
- 常用的标签（tag）和过滤器（filter）有哪些？
- 在模板中如何处理静态文件？
- 在模板中如何处理系统内定义的 URL？
- 如何自定义标签和过滤器？

16.3.3　Django 进阶

- 如何排查 Django 项目的性能问题？
- 如何部署 Django 项目？不同部署方式之间的差别有哪些？
- 部署时如何处理项目中的静态文件？
- 如何实现自定义的登录认证逻辑？
- 如何理解 Django 中 Model、Form、ModelForm 和 Field、widget 之间的关系？
- paginator 的原理是什么？如何自己实现分页逻辑？
- Model 中 Field 的作用是什么？
- 什么是 SQL 注入？ORM 又是如何解决这个问题的？
- CSRF 全称是什么？Django 是如何解决这个问题的？
- XSS 攻击是指什么？在开发时应该如何避免这种攻击？
- signal 的作用以及实现逻辑是什么？
- DATABASE 配置中 CONN_MAX_AGE 参数的作用以及使用场景。
- CONN_MAX_AGE 的实现逻辑是什么？
- 用 Django 内置的 User 模型创建用户时，是否可以直接用 User(username='the5fire', password='the5fire').save()？
- 上面的创建方式有什么问题？应该如何处理用户密码？
- 使用 django-rest-framework 如何实现用户认证登录逻辑？
- session 模块在 Django 中的作用是什么？
- 如何自定义 Django 中的权限粒度，实现自己的权限逻辑？
- 如何捕获线上系统的异常？
- 如何分析某个接口响应时间过长的问题？假设响应时间为 2 s，一次请求会涉及哪些数据库和缓存查询？

16.3.4　部署相关

- 如何自动化部署项目到生产环境？具体流程是什么？
- 介绍一下常用的自动化部署工具。
- 用到哪些监控工具？其作用是什么？使用中有什么不足之处？
- supervisor 的作用是什么？为何使用它？

- Gunicorn 的作用是什么？为何使用它？
- 如何对系统进行压测？如何进行流量预估？
- Nginx 的作用是什么？是否能独立配置？有没有优化经验？
- 发版逻辑是什么？如何保证新版本发生异常时能快速回滚？

16.3.5 MySQL 数据库

- 如何确定哪些字段需要设置索引？
- 什么情况下需要设定字段属性为 `unique = True`？
- 如何排查某个 SQL 语句的索引命中情况？
- 如何排查查询过慢的 SQL 语句？

16.3.6 Redis

- 你了解的 Redis 的特点是什么？为什么会使用它？
- Redis 支持的数据类型有哪些？
- 如何合理规划 key？
- 比如我需要把所有文章和分类数据写入 Redis，在 Django 中直接读取 Redis 拿到分类和文章的数据，怎么规划数据存储？如何处理分页？
- 是否支持事务？举个例子。
- 有哪些数据淘汰策略？
- 当你发现有些 Redis 查询响应时间太长时，如何排查？可能是什么引起的？
- 你用到的或者了解的 Redis 的部署结构是什么？
- 是否了解 Redis 的持久化策略？不同的策略有什么不同？
- 说说你了解的 Redis 主从同步的策略。

16.3.7 常用算法

- Python 中字典类型的实现算法。
- 你了解的高级语言中的垃圾回收机制有哪些？Python 中用的是什么？
- 介绍一下你知道的缓存相关的算法。
- 介绍一下你知道的负载均衡相关的算法。
- 介绍一下数据库索引相关的算法。

16.3.8 总结

上面列的很多内容都已经超出了 Django 的范围，但依然是属于 Web 开发领域需要掌握的知识。

就 Django 本身来说，它只是 Python 众多 Web 开发框架中的一个，单纯地掌握 Django 的用法并不能满足企业中对 Web 开发的需求。因此，可以把本书作为你 Web 开发之路的起点。扎实掌握 Django 的用法之后，可以由此展开，去涉及 Web 开发的方方面面。

16.4 最后

本书所涉及的项目源码会开源在 GitHub 上：https://github.com/the5fire/typeidea。每个章节都有对应的分支，比如 book/06-admin 就是对应第 6 章的内容，读者可以自行切换分支来查看对应代码。

本书的部分书稿放在 https://github.com/the5fire/django-practice-book 上，如果你发现书中的错误或者不合理的地方，欢迎创建 issue，the5fire 在这先行谢过。

此外，其他任何建议还可以通过我的公众号进行反馈：Python 程序员杂谈。

本书的主体内容到此结束，希望这些内容能够打开你使用 Django 的新大门。或许有一天我们可以成为同事，或者在网络上共同维护一个项目。到时我们可能会有更多的技术交流，一切可能是缘于这本书。

祝好！

附录 A

使用 Fabric 2.0

与书中介绍的 Fabric（包含兼容 Python 3 的 Fabric3）相比，Fabric 2.0 进行了很大变更。从总体上来讲，它从面向过程编程进化到了面向对象编程，最终只暴露出 `Connection` 给开发者使用。

新的版本把之前 Fabric 提供的功能拆分为两部分，分别是 Fabric（指 2.0 版本）和 `invoke`（独立的项目）。`invoke` 作为一个纯粹的任务执行工具来供开发者使用，Fabric 2.0 专注在服务器的连接和数据传输上。

从我的初步体验来说，Fabric 2.0 完全是一个新工具了，这意味着之前的代码基本上不能用了，并且从文档上来看没有太多的使用案例。不过这并不妨碍我们来探索其用法。至于是否要用于正式环境，有待考查。

A.1 invoke 的用法

我们先来看下 `invoke` 的用法。作为一个比较纯粹的工具，它提供的功能也很简单，用于定义任务和执行命令。下面通过一个简单的示例来看看。编写 tasks.py 文件：

```
from invoke import task


@task
def hello(c):
    c.run('hello', hide=False, warn=True)
    c.run('whoami')


@task
def clean(c, docs=False, bytecode=False, extra=''):
    patterns = ['build']
    if docs:
        patterns.append('docs/_build')
    if bytecode:
        patterns.append('**/*.pyc')
    if extra:
        patterns.append(extra)
```

```
    for pattern in patterns:
        c.run("rm -rf {}".format(pattern))


@task
def build(c, docs=False):
    c.run("python setup.py build")
    if docs:
        c.run("sphinx-build docs docs/_build")
```

这个例子摘自官方介绍，我添加了 `hello` 这个任务。里面定义了三个任务，就是通过 `task` 装饰过的函数。其执行方式跟之前类似，使用 `invoke -l` 命令查看有多少任务可供使用（注意你的文件名需要是 tasks.py）。

我们执行 `invoke hello` 时，会在本地执行命令 `hello` 和 `whoami`。执行 `hello` 命令时，虽然会报错（`c.run('hello', hide=False, warn=True)` 远程执行 `hello` 命令时），但是我们添加了参数 `warn=True`，只会输出警告。在所有任务中，第一个参数是固定的，即 `invoke` 会给它传一个 config 对象进来，后面的参数自己定义。

从后面两个函数的定义可以看出，这里跟 Fabric 的老版本没有太多差别。

A.2 Fabric 2.0 的用法

上面的例子虽然简单，但是基本上让我们了解了 `invoke` 的用法。而 Fabric 2.0 提供的接口更简单：`Connection`。通过这个接口，我们可以在程序中更方便地处理远程调用，这可以算是优点之一。比如，在项目中远程读取某个目录的文件列表时，可以这么做（remote_dir_list.py）：

```
from fabric import Connection


def main():
    c = Connection('root@<你的服务器 ip>')
    result = c.run('cd /tmp/ && ls', hide=True)
    if result.ok:
        file_list = result.stdout.split('\n')
        print(file_list)


if __name__ == '__main__':
    main()
```

这比之前的 Fabric 版本要方便很多，因为之前的版本要通过全局的 `env.host_string` 来处理。

我们再来看一下如何通过 Fabric 2.0 实现之前实现的自动化打包部署流程。这里依然要定义 fabfile.py 或者 fabfile/__init__.py，但多了一项内容。如果有多台主机，旧版的逻辑是定义 env.roledefs，新版的话需要定义 `ssh_config`。这其实并不是 Fabric 才需要的，我们日常使用服务器时也可以这么配置，这是 SSH 的配置。可以编辑 ~/.ssh/config，填入内容：

```
Host myserver
    HostName 127.0.0.1
    User the5fire
    Port 11022
```

定义好这个文件后，就可以用 `ssh myserver` 来替代 `ssh the5fire@127.0.0.1:11022` 了，这更加方便。而 Fabric 现在也是基于这个配置，或者我们可以通过 `fab -H myserver -S ~/.ssh/config deploy` 指定使用哪个 `ssh_config` 配置。

我们来看完整的代码：

```
"""
这是 Fabric 2.0 版本的代码，fabfile1.py 中是针对 Fabric3 写的
"""
import os
from datetime import datetime

from jinja2 import Environment, FileSystemLoader, select_autoescape
from invoke import task


PROJECT_NAME = 'typeidea'
SETTINGS_BASE = 'typeidea/typeidea/settings/base.py'
DEPLOY_PATH = '/home/the5fire/venvs/typeidea-env'
VENV_ACTIVATE = os.path.join(DEPLOY_PATH, 'bin', 'activate')
PYPI_HOST = '127.0.0.1'
PYPI_INDEX = 'http://127.0.0.1:8080/simple'
PROCESS_COUNT = 2
PORT_PREFIX = 909


@task
def build(c, version=None, bytescode=False):
    """ 本地打包并且上传包到 PyPI 上
        1. 配置版本号
        2. 打包并上传
    Usage:
        fab build --version 1.4
    """
    if not version:
        version = datetime.now().strftime('%m%d%H%M%S')  # 当前时间，月日时分秒

    _version = _Version()
    _version.set(['setup.py', SETTINGS_BASE], version)

    result = c.run('echo $SHELL', hide=True)
    user_shell = result.stdout.strip('\n')
    c.run('python setup.py bdist_wheel upload -r internal', warn=True,
        shell=user_shell)

    _version.revert()
```

```
@task
def deploy(c, version, profile):
    """ 部署指定版本
        1. 确认虚拟环境已经配置
        2. 激活虚拟环境
        3. 安装软件包
        4. 启动

    Usage:
        fab -H myserver -S ssh_config deploy 1.4 product
    """
    _ensure_virtualenv(c)
    package_name = PROJECT_NAME + '==' + version
    with c.prefix('source %s' % VENV_ACTIVATE):
        c.run('pip install %s -i %s --trusted-host %s' % (
            package_name,
            PYPI_INDEX,
            PYPI_HOST,
        ))
        _reload_supervisoird(c, DEPLOY_PATH, profile)


class _Version:
    origin_record = {}

    def replace(self, f, version):
        with open(f, 'r') as fd:
            origin_content = fd.read()
            content = origin_content.replace('${version}', version)

        with open(f, 'w') as fd:
            fd.write(content)

        self.origin_record[f] = origin_content

    def set(self, file_list, version):
        for f in file_list:
            self.replace(f, version)

    def revert(self):
        for f, content in self.origin_record.items():
            with open(f, 'w') as fd:
                fd.write(content)


def _ensure_virtualenv(c):
    if c.run('test -f %s' % VENV_ACTIVATE, warn=True).ok:
        return True

    if c.run('test -f %s' % DEPLOY_PATH, warn=True).failed:
        c.run('mkdir -p %s' % DEPLOY_PATH)

    c.run('python3.6 -m venv %s' % DEPLOY_PATH)
    c.run('mkdir -p %s/tmp' % DEPLQY_PATH)  # 创建 tmp 目录用来存放 pid 和 log
```

```
def _upload_conf(c, deploy_path, profile):
    env = Environment(
        loader=FileSystemLoader('conf'),
        autoescape=select_autoescape(['.conf'])
    )
    template = env.get_template('supervisord.conf')
    context = {
        'process_count': PROCESS_COUNT,
        'port_prefix': PORT_PREFIX,
        'profile': profile,
        'deploy_path': deploy_path,
    }
    content = template.render(**context)
    tmp_file = '/tmp/supervisord.conf'
    with open(tmp_file, 'wb') as f:
        f.write(content.encode('utf-8'))

    destination = os.path.join(deploy_path, 'supervisord.conf')
    c.put(tmp_file, destination)


def _reload_supervisoird(c, deploy_path, profile):
    _upload_conf(c, deploy_path, profile)
    c.run('supervisorctl -c %s/supervisord.conf shutdown' % deploy_path, warn=True)
    c.run('supervisord -c %s/supervisord.conf' % deploy_path)
```

打包命令为 `fab build --version 1.5`。

部署命令为 `fab -H myserver -S ./ssh_config deploy 1.5 product`。如果是多台服务器，只需要使用命令 `fab -H myserver1,myserver2`。

其逻辑跟之前基于 Fabric3 的没有太大差别，但是代码差别很大，最明显的一个问题是少了很多开箱即用的工具函数，比如说 `upload_template` 和 `exists` 等，基本上所有的处理逻辑都需要自行编写。

代码中的 `c` 就是上面说过的 config。如果在 Fabric 环境下指定了 `host`，那么 `c.run` 其实是在对应的 host 上执行，而不是在本地执行。

A.3 总结

从项目拆分的角度来说，Fabric 拆分出 `invoke` 也是合理的。我们在日常开发项目时，也会把基础的部分拆分出去，以便复用，比如我上一个团队开源出去的 essay。不过从工具使用的角度来说，无论是拆分还是进化（面向对象），用起来并不会比前面的版本方便多少。这或者是因为现在功能还不够完备。

对于日常使用来说，我建议还是使用 Fabric 1.*x* 或者 Fabric3。其原因很简单：老的版本更像是基于配置的开发，而新的版本完全需要自己编写处理逻辑。

上面其实没涉及多台服务器的部分，但仅仅通过 `fab -H myserver1, myserver2` 命令很难满足工作需要。对于高并发的系统，我们可能需要上百台机器，这通过命令行的方式很难操作。

虽然 Fabric 2.0 提供了 group 的概念，可以处理多台服务器，但是我们需要处理每一个 group 的返回，而不是像之前的版本那样，只需要编写针对一个机器的逻辑代码即可。

A.4　参考资料

- Fabric 作者博客：http://bitprophet.org/blog/2018/05/09/fabric-2-is-out/。

附录 B

使用 uWSGI 来启动 Django 程序

uWSGI 是用 C 语言开发的高性能 WSGI 容器，其功能全面，支持不同的语言、协议、代理、进程管理和监控，可以通过配置文件来配置。

B.1 基础配置

它的基础用法也很简单，通过 `pip install uwsgi` 即可安装。可以通过终端命令启动：

```
uwsgi --processes 8 --threads 2 --http-socket :8000 --wsgi-file typeidea/wsgi.py -H
/Users/the5fire/.virtualenvs/typeidea-env3
```

其中各项参数通过名字不难理解。在上面的命令中，我们配置 uWSGI 启动 8 个进程，每个进程两个线程的方式，提供 HTTP 服务，在本地的 8000 端口上监听，最后的`-H`参数的作用是指明当前虚拟环境目录。这种方式跟 Gunicorn 很类似。

其参数比较多，因此可以考虑通过 .ini 文件配置来处理。我们在 conf/ 目录下增加一个 dev_uwsgi.ini 文件，把上面的参数转化到文件中：

```
[uwsgi]
http = :8000
chdir = ./typeidea   # 运行时会切换到这个目录下
home=/Users/the5fire/.virtualenvs/typeidea-env3
PYTHONHOME = /Users/the5fire/.virtualenvs/typeidea-env3/bin/

env = TYPEIDEA_PROFILE=develop
wsgi-file = typeidea/wsgi.py
processes = 8
threads = 2
```

这样下次运行时，就可以通过 `uwsgi conf/dev_uwsgi.ini` 来运行项目了。

B.2 正式部署项目

上面只是简单的演示，不过已经可以用来运行系统了。另外，对于个人项目，如果只有一个项目（不涉及域名分发处理）的话，可以只用 uWSGI 来部署应用，因为它本身能够支持路由配置。因此，我们可以用它来处理静态文件的请求。

新增配置文件 conf/uwsgi.ini 作为正式环境中的配置：

```
[uwsgi]
http = :9090
chdir = /home/the5fire/venvs/typeidea-env
home=/home/the5fire/venvs/typeidea-env
PYTHONHOME = /home/the5fire/venvs/typeidea-env/bin/

env = TYPEIDEA_PROFILE=product
wsgi-file = bin/wsgi.py
static-safe=/home/the5fire/venvs/typeidea-env/static_files/  ; 配置目录为安全目录，
                                                              跳过 uWSGI 的安全检查
route = /static/(.*) static:/home/the5fire/venvs/typeidea-env/static_files/$1
processes = 4
threads = 2
; deamonize=1  ; 用来配置 background 运行
```

这里的 WSGI 文件在 bin 目录下，因此需要调整 setup.py 文件，在 `scripts` 部分增加如下代码：

```
scripts=[
    'typeidea/manage.py',
    'typeidea/typeidea/wsgi.py',
],
```

其实对于简单项目来说，直接用 uWSGI 来代理 HTTP 请求会比较简单，这样书中介绍的 Nginx、supervisord、Gunicorn 都不用涉及。

但是对于稍微大一点的项目来说，还需要在前面配置 Nginx，这样后端（指架构中的后端）能够更加灵活。

B.3　性能问题

在部署 Python Web 系统时，网上的大多数文章都会介绍 Gunicorn 或者 uWSGI 的用法，也有各种各样的性能对比。这里我想说的是，保持对性能的追求，对网上的文章保持怀疑。

为什么这么说呢？程序员都得有点追求，要不就是追求开发速度快，要么就是追求运行速度快。有了这些追求，才能保持对技术的热忱。

对网上文章保持怀疑的原因在于：很多文章是新手刚开始练习做的测试，顺便记录了下来。即便是网上知名博客上面的测试，你也可以持怀疑态度，因为你并不知道他测试的实际背景是什么。**最重要的是，即便是在同样的条件下，你也很难在实际环境中得到同样的结果。**不同的业务类型和不同的部署结构最终导致的结果千差万别。

因此，我的建议是参考结果，自己实践。机器是不会骗人的。

说回到 uWSGI 的性能问题，我们上新项目时也会对比两种方案，从压力测试的结果来看基本上没有太大差别。当然，这也是理论上的压力测试。

不过需要指出的是，我对于 uWSGI 的使用经验远不如 Gunicorn，这可能也会影响结果。这里建议读者选择一个或者几个压测工具对比 Gunicorn 和 uWSGI 的压力测试，在不同的 worker 模型和并发条件下将测试结果进行对比。

B.4　参考资料

- uWSGI 文档：详见 https://uwsgi-docs.readthedocs.io/en/latest/。

附录 C

Sentry 安装和配置

Sentry 是基于 Django 和 Celery 开发的异常收集系统。相对于异常是发送故障邮件来说，Sentry 提供了更友好的处理逻辑，便于我们实时看到线上的异常信息，并且我个人感觉它的一个比较重要的功能是可以指派错误给某个人，以及每周会发送错误统计。

Sentry 提供了商用的服务，可以直接通过官网注册购买，但是同时也提供开源版本，可以自行搭建。完整的 Sentry 服务包含两个部分：Web 页面和接受异常的接口。

C.1 部署 Sentry

Sentry 提供了两种安装方式：docker 和 Python 包。如果有完善的 docker 环境，那么可以使用 docker 进行安装。这里我们以 Python 包的方式在 CentOS 上安装。

C.1.1 基础依赖

安装 Python 包之前，需要先安装系统依赖：

```
yum install python-setuptools python-devel libxslt1-devel libffi-devel libjpeg-devel
libxml2-devel libxslt-devel libyaml-devel libpq-devel gcc-c++ -y
```

因为是基于 PostgreSQL 数据库的，所以需要先安装数据库，不熟悉的人可以按照官方文档进行部署。这里给出简单的安装和启动命令：

```
yum install postgresql-server postgresql-devel postgresql-contrib -y
postgresql-setup  initdb
systemctl enable postgresql
systemctl start postgresql
```

接着修改密码：

```
su - postgres
psql -U postgres
ALTER USER postgres WITH PASSWORD 'the5fire';
```

然后修改监听端口和 IP：

```
vi /var/lib/pgsql/data/postgresql.conf
```

修改下面的代码：

```
listen_addresses = 'localhost'  # 最前面的注释去掉，需要外部访问时，改为 0.0.0.0
port = 5432   # 端口配置前面的注释去掉
```

接着修改访问控制：

```
vi /var/lib/pgsql/data/pg_hba.conf
```

然后修改下面的数据：

```
# TYPE  DATABASE        USER            ADDRESS                 METHOD

# "local" is for Unix domain socket connections only
local   all             all                                     trust
# IPv4 local connections:
host    all             all             127.0.0.1/32            trust
# IPv6 local connections:
host    all             all             ::1/128                 ident
```

重启数据库，以使新配置生效：

```
systemctl restart postgresql
```

最后，创建数据库：

```
createdb -U postgres -E utf-8 sentry
```

C.1.2　安装 Redis

Redis 需要通过手动编译来安装，这个过程也不复杂。

首先，下载并解压源码包：

```
yum install wget -y
wget http://download.redis.io/releases/redis-4.0.9.tar.gz
tar -xvf redis-4.0.9.tar.gz
```

安装 Redis：

```
cd redis-4.0.9
make && make install
```

待执行完毕后，创建配置文件，并将其修改为后台运行：

```
mkdir /etc/redis/ && cp redis.conf /etc/redis/
```

然后修改 redis.conf 中的 `daemonize` 为 `yes` 以设置后台运行。

接着启动 Redis：

```
redis-server /etc/redis/redis.conf
```

可以通过 `ps axu|grep redis` 命令，查看 Redis 进程是否存在。

C.1.3　安装 Sentry

跟安装普通的 Python 包一样，我们需要先创建好虚拟环境以避免对系统包造成影响：`virtualenv sentry-env -p `which python2.7``。Sentry 只支持 Python 2.7，因此需要指明虚拟环境的 Python 版本。

接着，直接在虚拟环境中执行命令 `pip install sentry` 即可。完成后，初始化 Sentry 配置：`sentry init`。

然后修改配置文件 `~/.sentry/sentry.conf.py` 即可设置数据库配置以及其他配置，如缓存、端口等。这其实就是 Django 的 settings。

配置完成后，执行命令 `sentry upgrade` 来创建表并初始化数据。

最后启动：

```
sentry run  web

sentry run worker

sentry run cron
```

这只是简单的前台启动，其中最后一个命令用于启动 Celery 的定时任务。如果正式使用，建议使用 supervisor 来管理进程。关于 supervisor 的配置，书中已经详细介绍过，这里不再重复。

C.2　配置应用

安装好之后进入配置阶段，在执行 `sentry upgrade` 命令时会提示你输入邮箱和密码，这将作为初始的管理员账号。第一次登录时，需要配置对应网址、管理员邮箱以及 SMTP 服务器设置。

对于每一个项目的异常收集，都需要在 Sentry 中创建一个项目（project），选择用的语言并设置项目名称，如图 C-1 所示。

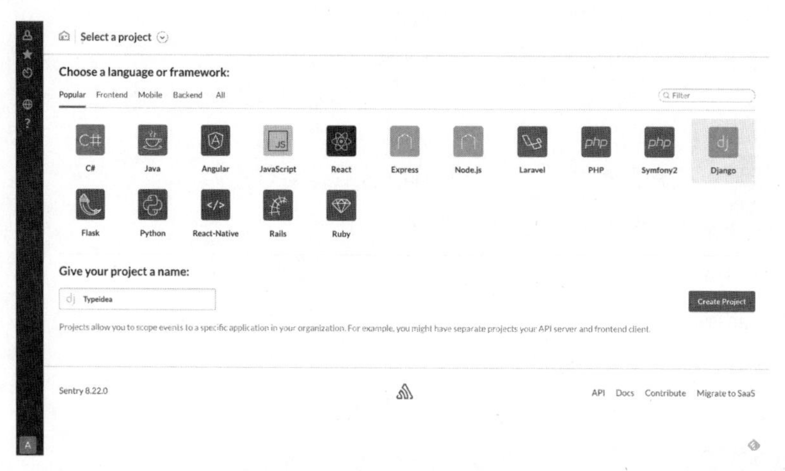

图 C-1　在 Sentry 中创建项目

确认后进入配置界面，会有详细的提示，说明如何配置 raven。针对我们的项目来修改 typeidea/settings/product.py，新增下面的代码：

```
import os
import raven

INSTALLED_APPS = (
    'raven.contrib.django.raven_compat',
)


RAVEN_CONFIG = {
    'dsn': '<sentry 提示给你的 dsn 地址>',
    'release': VERSION,  # 默认的配置是从 Git 项目读取最新的 commit，这里我们使用在
                           settings/base.py 中配置的 VERSEION
}
```

对于 Django 应用，配置 Sentry 非常简单。第一步还是安装 Sentry 的客户端：`pip install raven`。其中，raven 的作用是收集系统运行时发生的异常并将其发送到 Sentry 服务上。

完成后，执行 `python manage.py raven test` 来进行测试。注意需要激活虚拟环境以及配置 product profile，或者可以在 develop 中配置上述代码。

测试成功后，终端会有如下输出：

```
Client configuration:
  base_url        : http://127.0.0.1:19000
  project         : 3 public_key      : ac72ba920a864100b375f3f626d54835
  secret_key      : bd5aae601a234b5ca02a5441a88b7814
Sending a test message... Event ID was '421e045b9ea54d5a907c5d86016ca2f7'
```

我们可以在 Sentry 上看到异常信息的详细情况，如图 C-2 所示。

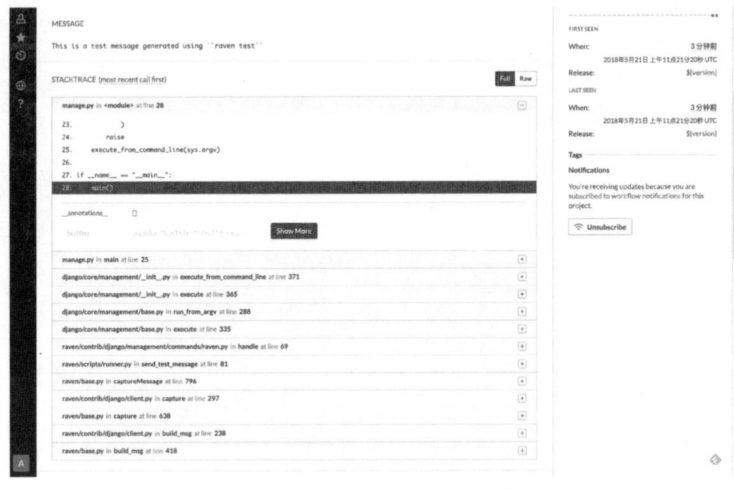

图 C-2 使用 Sentry 查看异常

C.3 参考资料

- Sentry 安装文档：https://docs.sentry.io/server/installation/。

附录D

评论验证码功能

对于具有评论功能的博客来说，无论是否为知名博客，都会被恶意广告关注，上线没几天就会有人开始通过程序灌入广告评论，因此针对所有有用户输入的页面，验证码是必需品。

在Django系统中使用验证码非常简单，因为有足够多的库供你选择，只要到djangositepackages网站搜索下就能看到：https://djangopackages.org/grids/g/captcha/。

D.1 使用django-simple-captcha

要实现一个验证码，最简单的方式就是找一个使用量最大的库，或者GitHub上star数最多、最活跃的项目。只需要根据它的使用说明配置即可，比如我们将要用到的django-simple-captcha。

第一步依然是安装：`pip install django-simple-captcha`。

第二步是配置`INSTALLED_APPS`，修改base.py：

```
INSTALLED_APPS = [
    'typeidea',
    'blog',
    'config',
    'comment',

    'captcha',
    # 省略其他配置
]
```

第三步是配置urls.py：

```
urlpatterns += [
    # 省略其他配置
    url(r'^captcha/', include('captcha.urls')),
]
```

第四步是配置comment/forms.py：

```
from captcha.fields import CaptchaField


class CommentForm(forms.ModelForm):
```

```
# 省略其他代码
captcha = CaptchaField()
```

第五步是创建表：`./manage.py migrate`。

最后得到的验证码示例页面如图 D-1 所示。

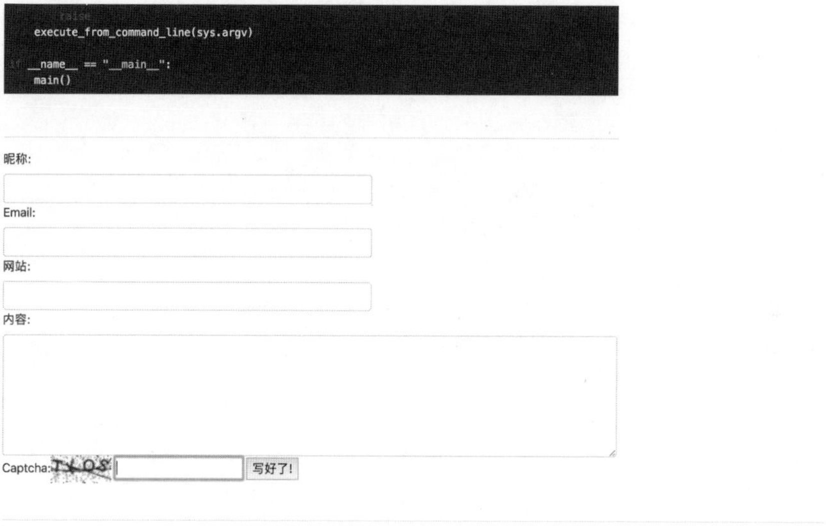

图 D-1　验证码示例页面

D.2　配置验证码的几个要素

如果仅仅是使用的话，那么只需要经过上面 5 个步骤就好了，方便、简单、快捷。但是如果老板要求你来根据自己的业务实现验证码的话，那么怎么做呢？如果你没有梳理清楚验证码的实现逻辑，基本上不可能自己来实现一套验证机制。

我们梳理一下 django-simple-captcha 的实现逻辑，有这么几个要素：

- 用户端验证码的唯一标识；
- 在图片 URL 中通过唯一标识获取到对应的图片；
- 后端存储已经生成过的验证码及标识；
- 通过用户端的标识以及用户输入的验证码来判断是否存在这条记录。

在整个过程中，你会觉得跟用户名和密码验证很相似，只是密码是实时生成到图片中的。

D.3　配置 Ajax 校验验证码

理解了原理之后，要修改为 Ajax 验证的方式就很容易了。我们只需要实现通过接口拿到验证码标识以及验证码，然后判断数据库中是否存在即可。下面我们直接基于这个插件来改造。

现在开发接口。在 comment/views.py 中增加如下代码：

```
# 注意位置
from captcha.models import CaptchaStore
from captcha.helpers import captcha_image_url
from django.http import JsonResponse
from django.utils import timezone


class VerifyCaptcha(View):
    def get(self, request):
        captcha_id = CaptchaStore.generate_key()
        return JsonResponse({
            'captcha_id': captcha_id,
            'image_src': captcha_image_url(captcha_id),
        })

    def post(self, request):
        captcha_id = request.POST.get('captcha_id')
        captcha = request.POST.get('captcha', '')
        captcha = captcha.lower()

        try:
            CaptchaStore.objects.get(response=captcha, hashkey=captcha_id,
                expiration__gt=timezone.now()).delete()
        except CaptchaStore.DoesNotExist:
            return JsonResponse({'msg': '验证码错误'}, status=400)

        return JsonResponse({})
```

在 View 里面我们完成了两件事：在 `get` 中生成图片验证码，在 `post` 中校验验证码以及清理掉校验通过的验证码。

接下来，配置 bootstrap/templates/comment/block.html，修改 `form` 位置的定义：

```
<form id="comment_form" class="form-group" action="/comment/" method="POST">
    {% csrf_token %}
    <input name="target" type="hidden" value="{{ target }}"/>
    {{ comment_form }}
    <div id="captcha_section"></div>
    <input id="verify" type="button" value="写好了!"/>
    <input id="submit" type="submit" style="display:None" value="写好了!"/>
</form>
```

在最下面新增 `script` 代码：

```
<script src="https://cdn.bootcss.com/jquery/3.3.1/jquery.min.js"></script>
<script>
    $(document).ready(function(){
        var $form = $('.form-group');
        function init_captcha() {
            $.getJSON("{% url 'verify_captcha' %}", function(data) {
                $('#captcha_section').html(
                    '<img src="' + data.image_src +'" id="captcha_id" data-id="'+
                        data.captcha_id +'"/>' +
                    '<input id="captcha"/>'
                );
```

```
            })
        }
        $( document ).on( "click", '#captcha_id', init_captcha);

        $('#verify').on('click', function() {
            var captcha = $('#captcha').val();
            if (!captcha) {
                alert('验证码不能为空');
                return;
            }
            $.ajax({
                url: "{% url 'verify_captcha' %}",
                method: 'POST',
                data: {
                    'captcha_id': $('#captcha_id').data('id'),
                    'captcha': captcha,
                    'csrfmiddlewaretoken': '{{ csrf_token }}',
                },
                success: function() {
                    $('#submit').click();
                    setTimeout(init_captcha, 500);
                },
                error: function(res, data) {
                    alert(res.responseJSON.msg);
                    return false;
                }
            });
        });

        init_captcha();
    });
</script>
```

修改 urls.py 配置：

```
from comment.views import CommentView, VerifyCaptcha


urlpatterns += [
    # 省略其他配置
    url(r'^captcha/', include('captcha.urls')),
    url(r'^verify_captcha/', VerifyCaptcha.as_view(), name='verify_captcha'),
]
```

在上面的代码中，comment/forms.py 中关于验证码部分的配置可以去掉了。

D.4 总结

当我们使用一个新组件时，需要尽可能理解它的运行原理，这样我们在必要时可以很方便地对其进行定制，甚至根据这套原理来自行实现。

D.5 参考资料

- django-simple-captcha 文档：http://django-simple-captcha.readthedocs.io/en/latest/。

附录 E

通过 signal 来解耦代码

signal 是 Django 提供的用来解耦代码的功能，通过它我们可以把之前需要强耦合在一起的代码分离开来。这里我们通过一个简单的需求来演练。

需求是这样的，在 blog/views.py 中对获取详情页的内容作了缓存：

```
class PostDetailView(CommonViewMixin, DetailView):
    queryset = Post.objects.filter(status=Post.STATUS_NORMAL)

    # 省略其他代码
    def get_object(self, queryset=None):
        pk = self.kwargs.get(self.pk_url_kwarg)
        key = 'detail:{}'.format(pk)
        obj = cache.get(key)
        if not obj:
            print('hit db')  # 用来测试
            obj = super().get_object(queryset)
            cache.set(key, obj, 60 * 5)  # 5 分钟
        return obj
    # 省略其他代码
```

上面配置的缓存时间是 5 分钟，现在有用户反馈每次修改完文章后，刷新页面后还是老的文章，因此需要进行处理。怎么处理呢？其方式其实很简单，如果用户更新这篇文章，就清空缓存，甚至可以主动更新缓存。

下面我们来具体实现一下。

E.1 耦合的处理方式

我们先来实现耦合的处理方式。所谓耦合，也就是把代码都写到一起。

我们在 blog/models.py 中修改如下代码：

```
from django.conf import settings
from django.core.cache import cache
# 省略其他代码

class Post(models.Model):
```

```
    # 省略其他代码
    def save(self, *args, **kwargs):
        if self.is_md:
            self.content_html = mistune.markdown(self.content)
        else:
            self.content_html = self.content

        if self.id:
            key = settings.DETAIL_CACHE_KEY.format(str(self.id))
            cache.delete(key)
            print('delete', key)  # 用于测试
        super().save(*args, **kwargs)
    # 省略其他代码
```

这种方式可以再次演化为：

```
class Post(models.Model):

    # 省略其他代码
    def save(self, *args, **kwargs):
        if self.is_md:
            self.content_html = mistune.markdown(self.content)
        else:
            self.content_html = self.content

        self.delete_cache()

        super().save(*args, **kwargs)

    def delete_cache(self):
        if self.id:
            key = settings.DETAIL_CACHE_KEY.format(self.id)
            cache.delete(key)
            print('delete', key)  # 用于测试
    # 省略其他代码
```

上面这两段代码的逻辑都是保存已有文章时清理缓存。其中 `settings.DETAIL_CACHE_KEY = 'detail:{}'`，当需要多处使用同一个字符串时，最好把它放到 settings 来共用，而不是每个地方都写相同的字符串。

上面的逻辑可以更进一步地修改为每次更新时主动写入，此时还是修改 `save` 中的逻辑：

```
def save(self, *args, **kwargs):
    if self.is_md:
        self.content_html = mistune.markdown(self.content)
    else:
        self.content_html = self.content

    super().save(*args, **kwargs)

    key = settings.DETAIL_CACHE_KEY.format(self.id)
    cache.set(key, self, settings.FIVE_MINUTE)  # 需要在 settings/base.py 中
                                                  定义 FIVE_MINUTE = 5 * 60
    print('reset ', key)
```

换成独立的方法也一样。但是这样的问题在于如果需要修改缓存的逻辑，就要去修改 save 函数中的代码。比如，根据不同的需求，把 cache 处理的代码放到 super().save(*args, **kwargs)之后或者之前。

我们来看一下另外一种做法：通过 Django 的 signal。

E.2　通过 signal 来解耦

signal 可以理解为 Django 提供的信号机制，当某个对象发生变化时，可以触发我们设置的监听函数。这里还是根据上面的需求来实现代码，在 blog/models.py 文件末尾增加：

```
from django.db.models.signals import pre_save
from django.dispatch import receiver


@receiver(pre_save, sender=Post)
def delete_detail_cache(sender, instance=None, **kwargs):
    key = settings.DETAIL_CACHE_KEY.format(instance.id)
    cache.delete(key)
    print('delete ', key)
```

这里不需要修改 save 方法中的代码，只需要增加这几行代码即可完成相同的工作。

下面简要解释一下其中的逻辑。

- **pre_save**：Model 保存之前会触发的信号。
- **sender=Post**：指定要监听的 Model 是 Post。
- **receiver**：可以理解为注册 delete_detail_cache 到对应信号上。

关于具体的执行逻辑，其实 Django 已经做了封装。在 Model 保存之前，会查看是否有 pre_save 信号，如果有则进行调用，然后再执行保存逻辑。整个过程是同步的方式。

有了 pre_save，就有对应的 post_save（保存之后触发的信号）。我们来实现另外一个需求——保存数据后主动写缓存：

```
from django.db.models.signals import pre_save, post_save
from django.dispatch import receiver


@receiver(post_save, sender=Post)
def reset_detail_cache(sender, instance=None, **kwargs):
    key = settings.DETAIL_CACHE_KEY.format(instance.id)
    cache.set(key, instance, settings.FIVE_MINUTE)
    print('reset ', key)
```

E.3　其他 signal

除了上面介绍到的两个信号外，还有其他常用的信号。

- django.db.models.signals.pre_delete：删除之前会触发。
- django.db.models.signals.post_delete：删除之后会触发。
- django.db.models.signals.m2m_changed：当 Model 上的多对对字段发送变化时触发。
- django.core.signals.request_started：Django 接受请求之后触发。
- django.core.signals.request_finished：Django 处理完请求之后触发。

这些信号的用法跟上面一样，理解起来比较简单。这里可以进一步说的是，如果读者有兴趣的话，可以看下 request_started 和 request_finished 的用法，以及 Django 源码中关于这两个信号的用法。

我们在第 13 章中介绍使用 CONN_MAX_AGE 来配置数据库长连接的关键点就在于这两个信号。

E.4　自定义 signal

Django 内置的 signal 已经写死到对应的代码里了，比如 pre_save 会在 Model save 之前调用。我们可以自定义 signal 来处理，然后自己触发，使用 signal 在一定程度上解耦代码。

下面用一个例子来说明。当 Post.save 中的内容被转为 Markdown 之后，需要发成一个已转换完成的信号。下面还是来看代码：

```
import django.dispatch
from django.dispatch import receiver


post_markdown = django.dispatch.Signal(providing_args=['content', 'content_html'])


class Post(models.Model):

    def save(self, *args, **kwargs):
        if self.is_md:
            self.content_html = mistune.markdown(self.content)
        else:
            self.content_html = self.content

        post_markdown.send(sender=self.__class__, content=self.content,
            content_html=self.content_html)

        super().save(*args, **kwargs)


@receiver(post_markdown, sender=Post)
def post_markdown_callback(sender, content, content_html, **kwargs):
    print('after markdown')
```

通过这种方式，我们就会自定义一个 signal 出来。

E.5 总结

从一定程度上来说，signal 能让我们合理地解耦代码逻辑。但如果不加思索地使用，会导致开发者或者维护者不知道将要维护的 Model 关联了多少个 signal，尤其是当我们存在过多的 signal，但又没有设定一个有效的管理机制时。

我个人的建议是 signal 尽量跟相关的 Model 放置在一起，这样可以在一定程度上避免修改 Model 逻辑时忘记有 signal 的存在。

附录 F

实现文章置顶的几种方案

对于内容型网站，置顶是一个普遍存在的需求，本书正文里没有实现该逻辑，特补充到这里。

这里主要有两种不同的业务形式：第一种业务是独立的版块展示置顶内容，这可以理解为每个网站都会有一些“头条”的版块，这里面放置的文章都是人工置顶（筛选）的；第二种业务是独立的内容会跟其他内容放置在一个版块中，在页面展示上不会有区别，只是排行靠前。

针对上述两种业务，有三种实现方案，我们分别来了解一下。

方案一：针对第一种业务

在 Post 模型中新增字段 `is_top = models.BooleanField(default=False, verbose_name="置顶")`，再新增类方法：

```
@classmethod
def get_topped_posts(cls):
    return cls.objects.filter(status=cls.STATUS_NORMAL, is_top=True)
```

通过这个方法可以拿到置顶文章，进而可以在 View 中获取并将其展示到对应的页面位置。

方案二：针对第一种业务

我们可以增加独立的表来存放所有置顶的文章，这仍然需要在 `Post` 模型中新增 `is_top` 字段，并在保存 Post 数据时进行处理。基于前面介绍的 signal 方式，当发现保存的数据 `is_top` 为 `True` 时，则把数据放置到置顶表中。

置顶表的 Model 可以是这样的：

```
class ToppedPosts(models.Model):
    title = models.CharField(max_length=255, verbose_name="标题")
    post_id = models.PositiveIntegerField(verbose_name="关联文章 ID")
```

这里面冗余了一份 `title` 的数据，其作用是如果需要有独立的置顶版块（可以简单理解为现在常见的“推荐”版块），那么你只需要在这个表中查询即可，而不用到一个百万级甚至上亿级的大表中来查询。

当然，这只是示例。如果你真的遇到类似业务，应该考虑冗余必要的信息以及保持数据状态同步，比如是否删除。

方案三：针对第二种业务

从展示上来说，这是最简单的一种方式。但是在实现上要多一个字段，除了需要新增 is_top 字段外，还需要增加另外一个字段：topped_expired_time = models.DateTimeField (verbose_name="置顶失效时间")。

然后需要修改下 Post 模型的 Meta 属性：

```
class Post(models.Model):

    # 省略其他代码

    class Meta:
        verbose_name = verbose_name_plural = "文章"
        ordering = ['-is_top', '-id']
```

这样即可实现置顶内容排到最前面的逻辑。但是还有一个问题，那就是指定的内容可能会有时效性，比如说最新发生的技术新闻，但过几天之后就会变成“旧”闻。因此，我们多增加了一个字段 topped_expired_time 来控制数据。

这个字段的用法有两种，一种是查询所有文章时，如果发现是指定新闻，则判断是否已经过期，如果过期则正常排序。这个逻辑的实现显然是复杂的。另外一种方案就是，用后台定时脚本来处理。比如，每天凌晨对所有的置顶内容进行过期判断，如果发现过期了，则取消置顶。

这个方案其实还可以处理得更加细致，比如把 topped_expired_time 放到另外一个模型中，毕竟置顶的数据是少数，而所有的记录都新增几个不怎么用的字段显然很浪费。

你可以根据自己的想法来选择一个方案进行实施，也可以尝试多种方案。这可以作为最后的作业。

附录 G

以腾讯云为例演示部署流程

在本书中，我介绍了自动化部署的方式。为了便于读者理解，这里以国内的云平台“腾讯云”为例进行系统初始化以及自动化部署的演示。

为了方便读者找一个线上环境进行部署并展示最终成果，我向腾讯云申请了很实惠的优惠码。

对于任何一个新手来说，把项目开发完成后，在自己电脑上调试通过并能成功运行，只是成功的一小步。如果任何程序都止步于自己电脑的话，那么你可能永远体会不到自己系统被别人访问的感觉，也无法知道自己开发的功能别人用时会出现什么问题。

把自己开发的项目部署到公开环境中，是学完开发之后的必要步骤。在企业开发中，最终的程序都需要部署到生产服务器上，会被别人访问。

因此，建议你完成本书的这个项目开发时，尝试按照企业中常见的流程进行线上部署。

好了，下面开始。

G.1 购买服务器

首先，需要购买服务器，这对于个人和企业来说都是一样的。以腾讯云为例，打开 https://cloud.tencent.com/product/cvm，点击“立即选购”按钮，选择最低的一个配置即可，如图 G-1 所示。

图 G-1　选择服务器配置

这里我们选择的是 CentOS 系统，你也可以根据自己偏好来修改。

G.2　登录并安装 Python 3

当我们购买了一台服务器之后，会得到一个外网的 IP 地址。第一步需要做的就是配置服务器的登录密码，这便于我们通过 SSH 方式进行登录和管理。

在“控制台”→“云主机”里找到你的主机列表，然后在右侧选择“更多”→“密码/密钥”→“重置密码”进行密码重置操作，这一步需要重启服务器。

配置完成后，通过 `ssh` 命令 `ssh root@<你的服务器 IP>`登录，其余操作跟本地终端没有太大差别。

首先，我们需要做的是安装 Python 3 环境。但在此之前，需要先安装好系统依赖：

```
yum install gcc python36.x86_64 python36-devel.x86_64 python36-setuptools.noarch
    python-devel -y
```

接着安装 pip：

```
wget https://bootstrap.pypa.io/get-pip.py
python3.6 get-pip.py
```

当然，你也可以选择手动编译的方式进行安装。

G.3　安装 MySQL

执行下面的命令：

```
yum install mariadb mariadb-server mysql-devel -y
```

之后配置启动：

```
systemctl enable mariadb
systemctl start mariadb
```

然后进入 MySQL 交互模式：

```
mysql -uroot -p
```

初始情况下，MySQL 的密码是空。

接着，创建我们要用的数据库：

```
create database typeidea_db default character set utf8mb4 collate utf8mb4_unicode_ci;
```

安装 Redis：

```
yum install redis -y
```

之后配置启动：

```
systemctl enable redis
systemctl start redis
```

这些基础组件配置好之后，开始自动化部署的尝试。

根据书中内容，我们需要通过 setup.py 方式打包文件，并将其上传到自己的 pypiserver 上才能完成部署。因此，我们需要在服务器上搭建一个 pypiserver：

```
pip3 install pypiserver passlib
```

接着配置密码：

```
yum install httpd-tools
htpasswd -sc /opt/mypypi/.htaccess the5fire  # 这一步会让你再次输入密码，比如输入
the5fire.com
```

启动 pypiserver：

```
pypi-server -p 18080 -P /opt/mypypi/.htaccess /opt/mypypi/packages
```

G.4　自动部署项目

配置好 pypiserver 之后，需要对本地的 ~/.pypirc 进行调整，并修改对应的账号和密码。

另外，还要修改用户家目录下的 ~/.pypirc 文件中的 pypiserver 地址、用户名和密码。

修改完成后，在项目的根目录下执行 `fab build` 命令即可完成项目上传，这里注意记录 `build` 之后的版本号。

接下来，就是配置安装了。通常，我们会创建一个非 root 用户来进行应用程序的部署。

使用命令 `useradd the5fire` 创建一个用户，并且配置 SSH 密钥登录的方式。然后修改 fabfile.py 中的 `rolesdef` 为新的服务器地址：

```
env.roledefs = {
    'myserver': ['the5fire@<你的服务器 IP>:<端口(默认 22)>'],
}
```

接下来，就可以进行部署了。

执行 `fab deploy:<刚才 build 之后生成的版本号>,product`，然后到 pypiserver 指定的 packages 目录中下载对应的依赖。通常情况下，我们会把项目依赖的包安装到私有源上，也就是我们自己启动的这个 pypiserver。

因此，我们需要先把依赖的内容列出来放到 pypiserver 对应的包目录下面，从 setup.py 中把依赖的包复制出来放到 requirements.txt 中：

```
django==2.0.9
gunicorn==19.8.1
supervisor==4.0.2
mysqlclient==1.3.13
django-ckeditor==5.4.0
djangorestframework==3.8.2
django-redis==4.8.0
django-autocomplete-light==3.2.10
mistune==0.8.3
Pillow==4.3.0
coreapi==2.3.3
django-redis==4.8.0
hiredis==0.2.0
django-debug-toolbar==1.9.1
django-silk==2.0.0
captcha==0.2.4
raven==6.9.0
django-simple-captcha==0.5.9
```

需要说明的是，因为目前使用的 xadmin 没有正式的 release 版，所以需要手动下载到 packages 里：

```
wget https://github.com/the5fire/django-xadmin/archive/2.0.1.zip -O
    xadmin-2.0.1.zip
```

接着在服务器上对应的 pypiserver 包目录下执行 `pip download -r requirements.txt`，这样就可以把相关依赖下载到我们自己打的 pypi 源上。

G.5　开始部署

接下来需要做的是打包和部署项目。在配置好 SSH key 并下载依赖包到 pypiserver 上之后，就要安装了。

首先，调整 fabfile.py 中 pypi 的配置。虽然我们在本地上传的是配置的服务器地址，但是在服务器上安装时相当于请求的本地 pypiserver。因为我们的项目和 pypiserver 都部署在同一台服务器上。

因此，需要修改项目中 fabfile.py 的配置：

```
env.PYPI_HOST = '127.0.0.1'
env.PYPI_INDEX = 'http://{}:18080/simple'.format(env.PYPI_HOST)
```

然后可以直接部署：

```
fab deploy:<version>,develop
```

其中 `version` 就是上面 `build` 命令最终产生的那个版本号，`develop` 指使用对应的 settings/develop.py 配置。

执行之后，就会执行自动化环境构建了。最终，我们可以看到输出的 supervisord 的信息。

安装成功后，第一次需要进行数据库的创建。

登录到对应的部署目录中，激活虚拟环境后，执行下面的命令来创建对应的表：

```
./bin/typeidea_manage makemigrations
./bin/typeidea_manage migrate
```

完成后就可以切换到部署的目录中，尝试手动启动项目：

```
./bin/typeidea_manage runserver 0.0.0.0:8080
```

我们可以看看能不能在外网访问到。这里需要注意的是，如果访问不到，需要去腾讯云后台配置安全组策略。点击主机列表中的“主机名”，可以打开“安全组”页面，如图 G-2 所示。

图 G-2　“安全组”页面

然后点击安全组的名称，会进入安全组配置页面，如图 G-3 所示。

图 G-3 安全组配置页面

然后开放 8080 端口即可。

G.6 安装 Nginx

接下来，需要配置的是 Nginx，毕竟我们需要正式对外提供服务，只是使用 Django 自己的 runserver 可以提供服务，但是性能不佳。

首先还是安装：

```
yum install pcre-devel openssl-devel gcc curl -y
yum install yum-utils -y
yum-config-manager --add-repo https://openresty.org/package/centos/openresty.repo
yum install openresty -y
```

OpenResty 是基于 Nginx 和 Lua 的 Web 平台，基本用法跟 Nginx 没太大差别。我们安装成功的默认配置文件路径为 /usr/local/openresty/nginx/conf。

接着，在这个目录中调整 nginx.conf 的配置，并且新增对应域名的配置文件。比如以我们的项目为例，新增 typeidea.conf：

```
user  root;
worker_processes  1;

error_log  /var/log/nginx/error.log warn;
pid        /var/run/nginx.pid;


events {
    use epoll;
    worker_connections  1024;
}


http {
    include       mime.types;
    default_type  application/octet-stream;
```

```
    log_format  main  '$remote_addr - $remote_user [$time_local] "$request" '
                      '$status $body_bytes_sent "$http_referer" '
                      '"$http_user_agent" "$http_x_forwarded_for"';

    access_log  /var/log/nginx/access.log  main;

    sendfile        on;
    tcp_nopush     on;

    keepalive_timeout  65;

    gzip  on;
    gzip_types text/plain application/javascript application/x-javascript
    text/javascript text/css application/xml;

    include typeidea.conf;
}
```

typeidea.conf配置如下：

```
upstream backend {
    server 127.0.0.1:9090 max_fails=3 fail_timeout=30s weight=5;
    server 127.0.0.1:9091 max_fails=3 fail_timeout=30s weight=5;
}

server {
    listen 80 backlog=10000 default;
    server_name default;
    client_body_in_single_buffer on;
    client_max_body_size 2m;
    client_body_buffer_size  50m;
    proxy_buffering off;

    access_log /tmp/access_log_typeidea.log main;

    location / {
        proxy_pass http://backend;
        proxy_http_version 1.1;
        proxy_connect_timeout 30;
        proxy_set_header Host $host;
        proxy_set_header X-Real-IP $http_x_forwarded_for;
        proxy_set_header X-Forwarded-For $remote_addr;
        proxy_set_header X-Forwarded-Host $http_host;
    }
    location /static/ {
        expires 1d;
        alias /home/the5fire/venvs/typeidea-env/static_files/;
    }
}
```

配置完成后，直接访问你的服务器IP，应该能看到一个没样式的页面。当然，前提是前面的自动化部署部分已经完成。

接下来就是配置静态文件了。

在上面的 Nginx 中，我们已经配置了 locaiton /static/的路径，接下来需要做的就是进入项目部署目录中，执行`./bin/typeidea_manage collectstatic`。

这样处理完成后，就可以正常访问了，整体的部署流程也就结束了。

不过还有一些后续工作需要处理。

- MySQL 安全配置。为了实验方便，我们直接使用了无密码的 MySQL 账户，这显然是不合理的，需要你自己去了解如何配置 MySQL 的账户。
- 部署后网站可以正常运行，但如果出现问题，怎么及时知道？在实际情况下，我们会有各项指标的监控，比如对状态码 4*xx*、5*xx* 的监控，以及使用 Sentry。个人项目可以用 https://sentry.io/ 提供的免费服务来监控应用的异常情况。

技术改变世界 · 阅读塑造人生

Python 数据科学手册

- 全面同时综合评价度最高的 Python 数据处理参考读本
- Scikit-Learn、IPython 等诸多库的代码贡献者 Jake VanderPlas 力作

作者： Jake VanderPlas
译者： 陶俊杰 陈小莉
书号： 978-7-115-47589-3
定价： 109.00 元 / 电子书 54.99 元

R 语言实战

- 最受欢迎的 R 语言实战图书升级版
- 用 R 轻松实现数据挖掘、数据可视化
- 新增预测性分析、简化多变量数据等近 200 页内容

作者： Robert Kabacoff
译者： 王小宁　刘撷芯　黄俊文
书号： 978-7-115-42057-2
定价： 99.00 元 / 电子书 49.99 元

R 数据科学

- Amazon 数据分析类榜首图书，全五星好评
- 知名数据公司 Rstudio 数据科学家执笔
- 学会解决各种数据科学难题

作者： Hadley Wickham 等
译者： 陈光欣
书号： 978-7-115-48639-4
定价： 139.00 元 / 电子书 69.99 元

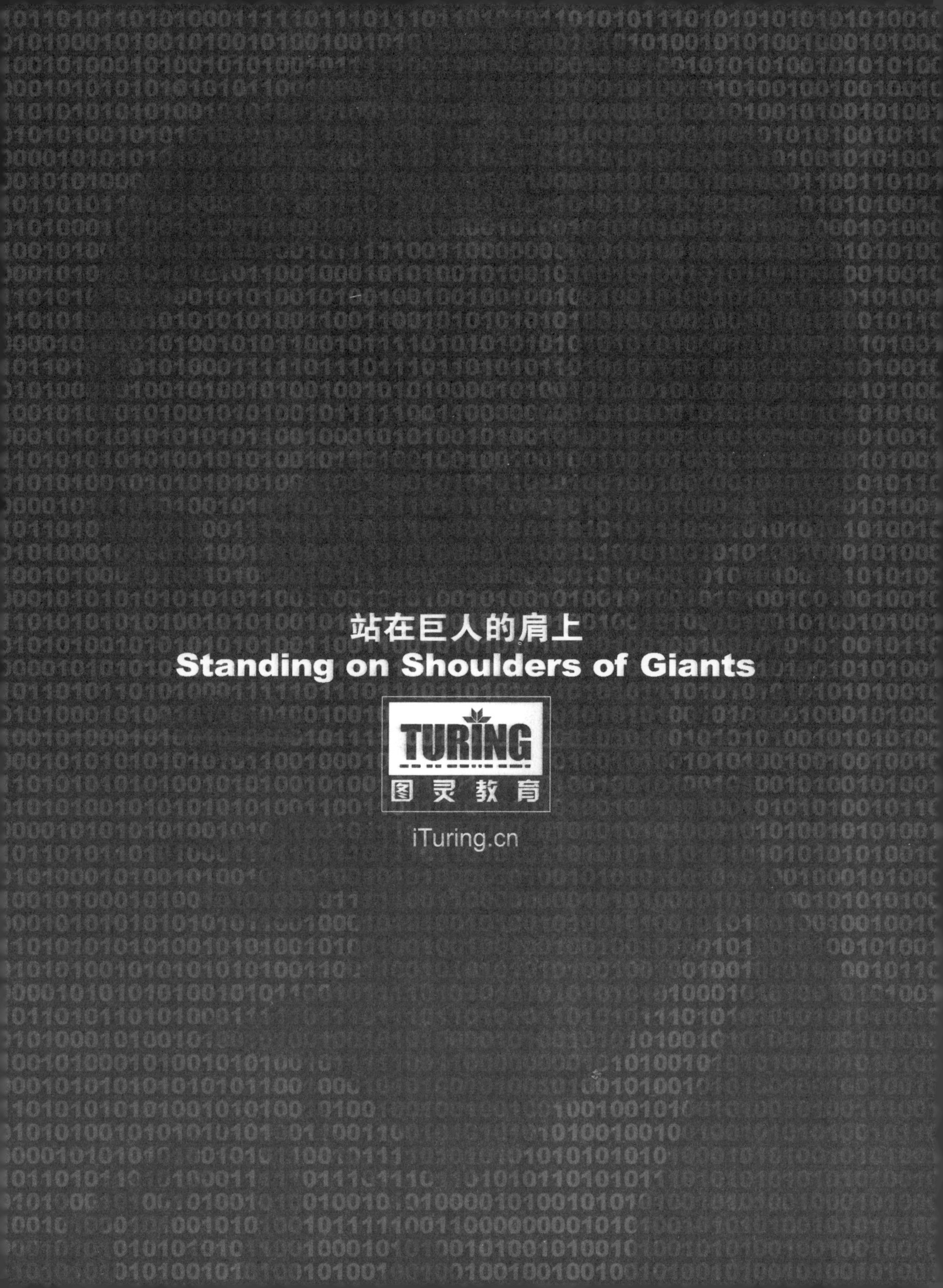

站在巨人的肩上
Standing on Shoulders of Giants
TURING
图灵教育
iTuring.cn

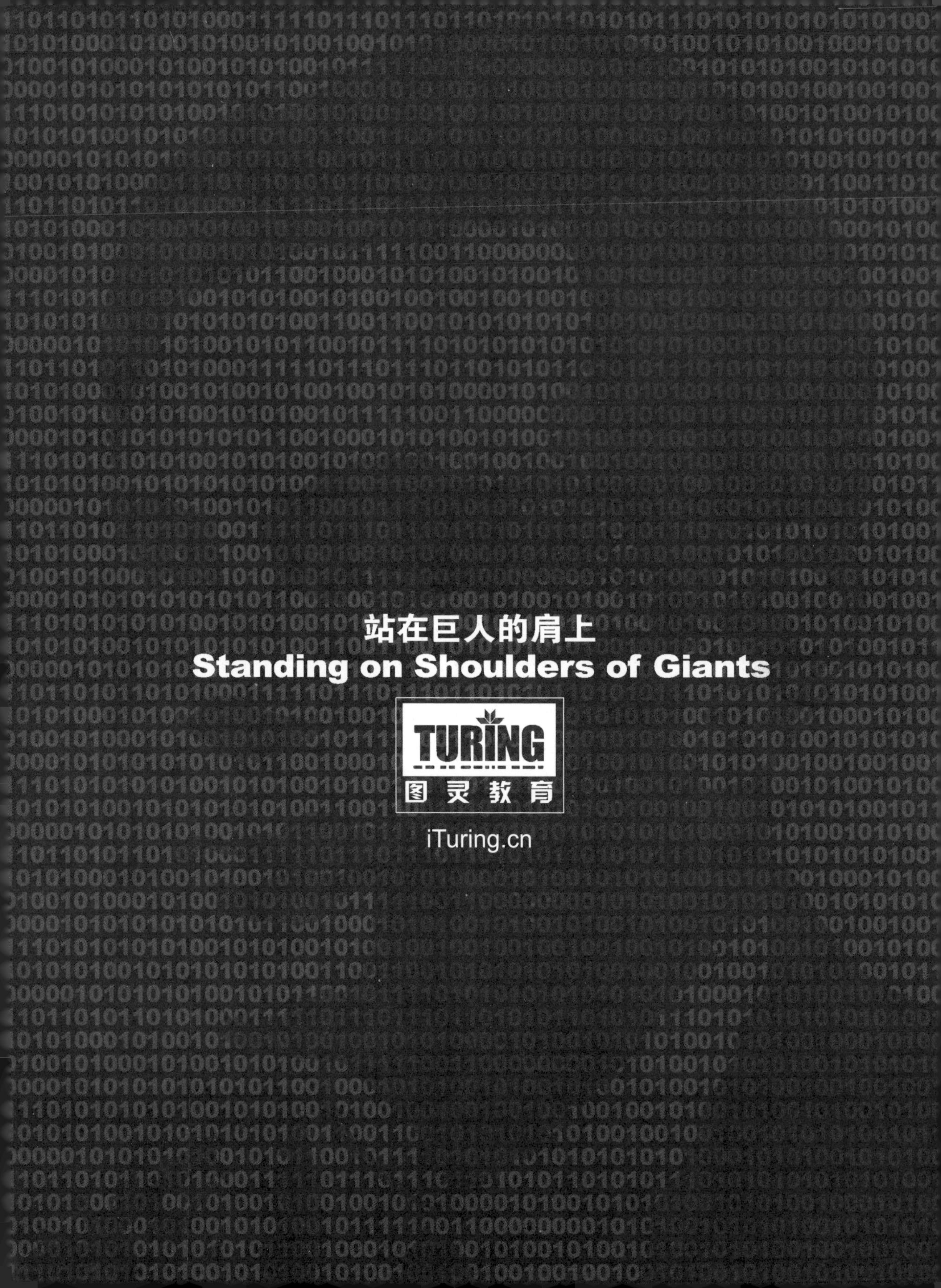
站在巨人的肩上
Standing on Shoulders of Giants
TURING
图灵教育
iTuring.cn